核电厂核蒸汽供应系统概述

主　编　夏延龄

原子能出版社

图书在版编目(CIP)数据

核电厂核蒸汽供应系统概述/夏延龄主编. —北京:原子能出版社,2010.7

(核电厂新员工入厂培训系列教材)

ISBN 978-7-5022-4985-4

Ⅰ.①核… Ⅱ.①夏… Ⅲ.①核电厂—蒸汽—供热系统—技术培训—教材 Ⅳ.①TM623.4

中国版本图书馆 CIP 数据核字(2010)第 131793 号

内容简介

本书主要介绍核电厂核岛部分主要系统设备的结构原理、运行特性、系统流程及功能。全书共分七章,内容包括典型压水堆本体结构,冷却剂环路系统设备,一回路主要辅助系统,主要专设安全设施,换料及其换料水池、乏燃料水池冷却、处理系统,放射性废液收集及硼回收系统。为便于新入厂员工培训,本书首章简单介绍了核反应堆及系统的基本组成、核反应堆的分类及核电厂动力堆的类型。

本书是中国核工业集团公司《核电厂新员工入厂培训系列教材》之一,也可供从事核电工程的相关人员参考。

核电厂核蒸汽供应系统概述

出版发行 原子能出版社(北京市海淀区阜成路 43 号 100048)
责任编辑 刘 岩
技术编辑 丁怀兰 王亚翠
责任印制 潘玉玲
印　　刷 保定市中画美凯印刷有限公司
经　　销 全国新华书店
开　　本 787 mm×1092 mm 1/16
印　　张 11 **字　数** 268 千字
版　　次 2010 年 9 月第 1 版 2010 年 9 月第 1 次印刷
书　　号 ISBN 978-7-5022-4985-4 **定　价** **55.00 元**

网址:http://www.aep.com.cn **E-mail:atomep123@126.com**
发行电话:010-68452845

核电厂新员工基础理论培训教材
编　辑　部

名誉主任　王乃彦

主　　任　李和香

副 主 任　肖　武　李济民

顾　　问　（按姓氏拼音顺序排列）
李文埮　罗璋琳　浦胜娣　邵向业　郑福裕

编　　者　（按姓氏拼音顺序排列）
陈树明　丁云峰　郝老迷　李永章　刘惠枫
浦胜娣　阮於珍　苏淑娟　田传久　夏延龄
于　宏　章　超　张松梅　赵郁森　郑福裕

本册主编　夏延龄

本册校审　浦胜娣

本册统审　（按姓氏拼音顺序排列）
刘建伟　陆鹏飞

总　序

核工业作为国家高科技战略性产业，是国家安全的重要基石、重要的清洁能源供应，以及综合国力和大国地位的重要标志。

1978年以来，我国核工业第二次创业。中国核工业集团公司走出了一条以我为主发展民族核电的成功道路。在长期的核电设计、建造、运行和管理过程中，积累了丰富的实践和理论经验，在与国际同行合作过程中，实现了技术和管理与国际先进水平相接轨，取得了骄人的业绩。

中国核工业集团公司在三十多年的核电建设中，经历了起步、小批量建设、快速发展三个阶段。我国先后建成了秦山、大亚湾、田湾三大核电基地，实现了我国大陆核电“零”的突破、国产化的重大跨越、核电管理与国际接轨，走出了一条以我为主，发展民族核电的成功之路。在最近几年中，发展尤为迅猛。截至2008年底，核电运行机组11台，装机容量907.82万千瓦，全部稳定运行，态势良好。

进入新世纪，党中央、国务院和中央军委对核工业发展高度重视、极为关怀，对核工业做出了新的战略决策。胡锦涛总书记指出：“无论从促进经济社会发展看，还是从保障国家安全看，我们都必须切实把我国核事业发展好”。发展核电是优化能源结构、保障能源安全、满足经济社会发展需求的重要途径。2007年10月，国务院正式颁布了《核电中长期发展规划(2005—2020年)》。核电进入了快速、规模化、跨越式发展的新阶段。

在中国核电大发展之际，中国核工业集团公司继续以“核安全是核工业的生命线”的核安全文化理念和“透明、坦诚和开放”的企业管理心态，以推动核电又好又快又安全发展为己任，为加速培养核电发展所需的各类人才，组织核电领域专家，全面系统地对核电设计、工程建造、电站调试、生产准备和生产运营等各阶段的知识进行了梳理，构造了有逻辑性、系统性的核电知识体系，形成了覆盖核电各阶段的核电工程培训系列教材。

这套教材作为培养核电人才的重要工具，是国内目前第一套专业化、体系化、公开出版的核电人才培养系列教材，有助于开展培训工作，提高培训质量、节约培训成本，夯实核电发展基础。它集中了全集团的优势，突出高起点、实用性强，是集团化、专业化运作的又一次实践，是中国核工业50余年知识管理的积淀，是中国核工业10万人多年总结和实践经验的结晶。

21世纪是“以人为本”的知识经济时代，拥有足够的优秀人才是企业持续发展的重要基础。中国核工业集团公司愿以这套教材为核电发展开路，为业界理论探讨、实践交流提供参考。

我们要继续以科学发展观为指导，认真贯彻落实党中央、国务院的指示精神，积极推进核电产业发展。特别是要把总结核电建设经验作为一项长期的工作来抓，不断更新和完善人才教育培训体系。

核电培训系列教材可广泛用于核电厂人员培训，也可用于核电管理者的学习工具书，对于有针对性地解决核电厂生产实践和管理问题具有重要的参考价值。

中国核工业集团公司总经理 孙勤

2009年9月9日

前　言

《核电厂核蒸汽供应系统概述》是根据核电厂新员工（非操纵人员）基础理论培训的基本要求，在编写大纲、广泛听取核电厂意见的基础上编写而成的，是中国核工业集团公司核电培训教材编制规划中《核电厂新员工入厂培训系列教材》之一。

本书教学对象为压水堆核电厂非操纵人员，具有大学本科学历非本专业的新入厂员工。考虑到培训对象专业分散、核电知识较薄弱，即将工作在核电厂非操纵人员的各种岗位的特点，本教材着重介绍压水堆核电厂一些典型的反应堆、冷却剂系统、核岛相关安全系统的基本结构、流程、工作原理。目的在于通过培训使这部分新入厂员工对核电厂利用核能产生蒸汽发电、压水类反应堆、核岛诸系统、设备、构筑物有一个基本了解；使培训中学到的反应堆物理、热工水力、材料、水化学、控制等理论知识在本书学习中进行综合，从而对压水堆核电厂的运行、安全、管理有个总体性的了解。

本书共分为七章。教材第一章引言（2.5学时）、第二章压水堆本体结构（6学时）、第三章冷却剂环路系统及设备（5学时）、第四章一回路辅助系统（3.5学时）、第五章专设安全设施（5.5学时）、第六章压水堆换料及其换料水池、乏燃料水池冷却处理系统（2学时），第七章放射性废液收集及硼回收系统（1.5学时）。

本书力求以基本概念、基本原理为主；通俗易懂、深入浅出、理论联系实际；既突出重点内容，又具有一定的通用性、全面性和系统性。本书在第一章引言中简单介绍了核反应堆及系统的基本组成、分类以及核电厂动力堆的类型，作为本书的开头。本书以目前世界上普遍在运的压水堆核电厂为主体，以典型900MW电功率压水堆核电机组为例介绍，但对俄罗斯VVER系列压水堆及系统，以及第三代AP1000压水堆及系统的特点、与普通压水堆不同之处也作了简单介绍。

本书主要参考资料包括各核电厂、大专院校、核工业研究生部等单位的各种培训教材、原子能出版社出版的各种核电、核工程出版物及少量外文资料。本书在编写和出版过程中，得到了中国核工业集团公司领导的关心支持和核工业研究生部、原子能出版社等单位和有关同志的大力帮助，在此一并表示诚挚的感谢。

由于编者水平所限，书中出现某些问题在所难免，敬请批评指正！

主编

2010 年 3 月

目　　录

第一章　引　言

第二章　压水堆本体结构

第三章 冷却剂环路系统及设备

第四章 一回路辅助系统

第五章 专设安全设施

第六章 压水堆换料及其换料水池、乏燃料水池冷却处理系统

第七章 放射性废液收集及硼回收系统

第一章　引　言

1.1　核反应堆及系统基本组成

核反应堆类型众多，但都会有一些共同的组成和功能。核反应堆内的裂变反应都必须能够加以控制，所产生的热量必须要能带出。反应堆即使发生事故，也必须有措施使后果最小。为此，每一个核反应堆都会设置一些相应职能的结构部件、系统和构筑物，以此来解决诸如核方面的、热工水力方面的、机械方面的、控制方面的以及安全等方面的问题。下面，首先扼要地介绍核反应堆及系统的基本组成和它们的功能，来作为入门。

(1) 核反应堆本体及堆芯

核反应堆本体一般由反应堆容器通过堆内结构件将堆芯固定支承，其内存装核燃料、慢化剂、冷却剂、控制、测量部件、各类实验管道，组成反应堆本体。

堆本体内装置有核燃料、慢化剂、冷却剂、控制部件的部位一般称为堆芯，是反应堆的心脏。堆芯结构必须使反应堆在寿期内能以可控的方式进行核裂变，能将所产生的热量既经济又方便地带出，能保持核燃料的结构完整性。有些堆还将直接进行核裂变反应的部位称之为"活性区"，以区别于堆芯内的"再生区"、"反射层区"。

(2) 核燃料

顾名思义，核燃料就是核反应堆内产生核裂变，放出能量和裂变中子的基体燃料。核燃料可分为易裂变的和可再生的两种。易裂变核燃料一般指以金属形式或以合金、化合物形式存在的铀-233(^{233}U)、铀-235(^{235}U)及钚-239(^{239}Pu)。可再生的核燃料指钍-232(^{232}Th)、铀-238(^{238}U)。钍-232、铀-238 在核反应堆内吸收一个中子后会分别转化为易裂变燃料铀-233和钚-239。

除了少数一些特殊堆型采取堆芯均匀装载核燃料外，大部分核反应堆堆芯都采用固体核燃料非均匀装载方式。这种非均匀堆的核燃料通常是将固体核燃料芯块装在包壳内封死，做成带包壳可更换的单元体，通称燃料元件。根据不同堆型要求，燃料元件可以做成圆棒、圆管、圆环或薄片等形状。多个燃料元件利用机械连接方式组合成一个可同时更换的整体，称为核燃料组件。

核燃料元件、组件应能在堆芯长期可靠和高效率的工作。既要能把核燃料和裂变产物密封在包壳内不使放射性物质外泄，又要能在高温下运行将热量传出。同时还要求在堆芯装卸方便、安全；中子的自身吸收小；加工和后处理成本低。

一些堆型为了再生铀-233 或钚-239，堆芯除了装载易裂变核燃料组成活性区外，还专门增设了再生区(或称再生层)。再生区内装载铀-238 含量为 99%以上的天然铀或钍-232，如快中子增殖反应堆。

(3) 慢化剂

慢化剂又称减速剂。在热中子核反应堆中，核裂变主要靠热中子引起。核裂变产生的快中子必须经过慢化剂核碰撞，损失能量变成热中子，才能参加再次核裂变。这些放在堆芯能把裂变中子迅速减速的物质称为慢化剂。对慢化剂的要求是，当快中子与慢化剂核碰撞时，快中子的能量损失要越多越好，而吸收中子的能力则要越小越好。因此，一般都选择中子吸收能力较小、慢化能力较高的轻物质作慢化剂材料。常用的慢化剂材料有轻水(H_2O)、重水(D_2O)、石墨(C)、铍及氧化铍(Be，BeO)和有机化合物等。快中子反应堆不用慢化剂，这是因为快中子堆核裂变靠快中子引起，中子不能减速。

在热中子堆堆芯的四周放置一层慢化剂类材料，把泄漏出堆芯的中子部分反射回去，以提高中子利用率，减少核燃料装载。同时使整个堆芯中子分布趋于均匀，有利于提高反应堆功率。这就是反射层。

(4) 冷却剂及其系统

堆芯核燃料裂变时，核裂变能以热能形式释放出来。这要通过导热性能好，吸收中子少的介质将堆芯热量带出，并以某种方式将热量转移。这种介质称为冷却剂(或称载热剂)。冷却剂可以是液体、气体，也可以是其他流动类物质，最常用的如轻水、重水、氦气、液态金属钠等。冷却剂以足够的流量通过密闭的冷却环路不断循环，将堆芯热量带出并转移走。这种密闭的冷却环路称为反应堆冷却剂系统(又称反应堆一回路冷却系统，反应堆主回路系统)。冷却剂系统主要由核反应堆容器、循环泵、蒸汽发生器(或各种形式的换热器)、稳压器、阀门和连接管道等设备组成。

冷却剂系统应具有良好的密封性能和承受足够温度、压力的能力，不使带放射性的冷却剂外泄。此外，冷却剂系统设备及其支撑结构还必须能承受内、外因素造成的各种负载。

许多核反应堆的慢化剂和冷却剂共用一种介质，以简化堆芯结构或适应其堆型特点，如轻水型或重水型反应堆。

(5) 控制系统

核反应堆控制系统是为了使反应堆能够安全地实现启动、停闭、改变功率；能在正常情况下稳定运行；能在异常工况下及时作出反应，采取相应对策，避免发生事故；能在事故工况快速停堆，确保安全。为了实现上述控制功能，反应堆设置有一系列探测器，以获得反应堆中子注量率、堆及系统温度、压力、液位等信号用于监测、控制；在堆内放入一种或数种吸收中子能力大的物质，如用镉、硼、银铟镉合金、铪等材料做成的控制棒，或在冷却剂中加入硼酸、硝酸钆等溶液以控制反应堆。控制棒是控制反应堆的重要控制方式。根据作用不同，控制棒一般分为用于安全停堆的事故棒，用于堆稳定功率运行的调节棒和用于补偿反应堆燃料消耗的补偿棒等。在大型核电厂，控制系统还应包括温度、压力控制系统，负荷跟踪控制系统等。

(6) 专设安全设施

在核反应堆上确保反应堆事故状态下从堆芯排出余热、实现必要冷却；控制已发生的事故不再继续扩展、恶化；缓解已发生的事故，使事故后果降至最小；将可能释放出来的放射性物质尽量密封隔离，使之不外泄或少外泄；确保周围居民和工作人员的健康不受损害，环境不被污染的系统、部件、构筑物称为专设安全设施。

(7) 屏蔽

用来吸收减弱来自堆芯及其系统的中子、γ 射线的辐射，保护工作人员和周围居民的身体健康，或防止反应堆部件因过度辐照而引起材料脆化、发热过高的措施，称为屏蔽。根据不同区域的不同屏蔽要求，对屏蔽材料有不同的要求。通常用体积质量(密度)大的材料屏

蔽 γ 射线，如铁、铅等。用体积质量(密度)小的材料屏蔽中子，如水、石墨、含硼材料及石蜡、塑料等。也可使用重元素和含氢物质的混合物，如混凝土，用来同时屏蔽中子和 γ 射线。屏蔽材料要求具有良好的抗辐照性能，一定的机械强度，尽可能大的导热系数。对中子屏蔽材料，还要求在中子被慢化、吸收过程中发生的二次 γ 能量尽可能低，活化放射性尽可能小。

(8) 二回路系统和最终热阱

二回路系统的任务是把一回路冷却剂传递来的热量转移走。不同堆型的热量转移方式和最终转换成何种能源用途各不相同。利用蒸汽发生器，最终转换成电能的为核电厂堆，转换成热能的为供热堆，转换成机械能驱动螺旋桨的为船用堆。一些实验研究堆二回路热量不被利用而排放掉，仅利用堆内中子进行辐照生产、材料考验，或做各种实验研究。有些堆型不设二回路系统，直接用一回路冷却剂热量转换成电能，如电站沸水堆(BWR)。另外还有些堆型因冷却剂介质隔离需要，二回路系统仅为中间回路，其热量需再次转移给三回路系统，随后由三回路系统转换成电能，如钠冷快中子堆。核反应堆剩余利用不了的余热或研究堆上不利用的热量一般通过循环水系统或冷却塔排放，其最终热阱为大海、江河或大气环境。

(9) 辅助系统

为了确保核反应堆及其回路系统的正常运行，必须设置各种辅助系统。辅助系统包含的范围很广，如一回路、二回路的众多辅助系统；核燃料更换、贮存、运输所需的相应系统；放射性废气、废液、废物处理诸系统；以及仪控电、辐射监测、通风、通信广播、气水暖、消防保卫等系统。

1.2 核反应堆的分类

核反应堆主要有以下几种分类：

1.2.1 按中子能量分类

按照引起堆内主要裂变的中子平均能量大小，可分为热中子反应堆、中能中子反应堆和快中子反应堆三类。热中子反应堆中子能量小于 1 电子伏特(eV)。目前世界上绝大部分核反应堆属于此范畴。快中子反应堆中子能量在 100 keV～15 MeV 范围。中能中子反应堆中子能量在 1 eV～10 keV 范围，此类核反应堆仅限于特殊用途的实验研究。

1.2.2 按用途分类

按用途不同，核反应堆可分为实验堆、动力堆、生产堆三大类(表 1-2-1)。实验堆主要用于中子物理、核物理、放射化学、生物、医学等各学科的实验研究；核反应堆燃料元件、结构材料的辐照考验研究；新设计堆型静、动态的特性试验研究；同位素、单晶硅、电子元器件、化工制品、食品、生物、医学制品的辐照、改性研究和技术应用；活化分析等。动力堆以利用核能为目的，将堆芯核裂变产生的热量在堆外转换成电能、机械能或热能，如核电厂动力堆、舰船动力堆，供热供汽堆。生产堆专门用来生产钚(^{239}Pu)和氚(^{3}H)等，为核武器提供原料。此类堆目前世界上已全部关闭。

表 1-2-1 按用途反应堆分类

主 类	支 类	反应堆名称	注 释
实验、研究、试验类堆	研究实验堆	零功率堆 临界实验装置 微型堆 中子源(束)堆 脉冲堆	
	工程试验堆（工具堆）	材料试验堆 低通量堆 高通量堆	热中子注量率小于 10^{12} n/(cm^2 · s) 热中子注量率大于 10^{14} n/(cm^2 · s)
	辐照应用研究堆	同位素辐照生产堆 材料辐照堆 食品辐照堆 化工用堆 生物医学用堆 原型堆 示范堆	
动力堆	电站堆	电站热中子堆 电站快堆	
	舰船用堆	军用舰船堆 民用舰船堆	航空母舰、核潜艇堆 破冰船堆等
	供热堆	供暖堆 供汽堆	
生产堆	易裂变材料生产堆	钚生产堆	
	聚变材料生产堆	氚生产堆	

1.2.3 按主要组成部分分类

按核反应堆的主要组成部分核燃料、慢化剂、冷却剂的性质，可分为固体燃料堆、流态燃料堆；液体慢化堆、固体慢化堆；气冷堆、液冷堆等几大类(表 1-2-2)。

表 1-2-2 按主要组成部分性质反应堆分类

主 类	支 类	反应堆名称	注 释
核燃料	固体燃料堆	砾石床堆 金属燃料堆 陶瓷燃料堆 氧化物燃料堆 碳化物燃料堆	

续表

主类	支类		反应堆名称	注释
核燃料	流态燃料堆	液体燃料堆	水均匀堆	核燃料为水溶液
			熔盐堆	熔盐混合物作核燃料和冷却剂
			液态金属燃料堆	核燃料溶解在液态金属中
		弥散体燃料堆	浆液(糊状)燃料堆	固体细粒核燃料悬浮在流体冷却剂中循环
			流化床堆	固体细粒核燃料靠冷却剂流动而悬浮在堆芯
慢化剂	液体慢化剂堆		水堆	轻水慢化堆、重水堆
			有机物慢化堆	
	固体慢化剂堆		石墨慢化堆	
			铍慢化堆	
			氧化铍慢化堆	
			氢化锆慢化堆	
			塑料慢化堆	
冷却剂	气体冷却堆		空气冷却堆	
			氮气冷却堆	
			二氧化碳冷却堆	
			氦冷堆	
	液体冷却堆		水冷堆	轻水冷堆、重水堆
			有机冷却堆	有机介质作冷却剂
			熔盐堆	熔盐混合物作冷却剂和核燃料
			液态金属堆	
			钠冷堆	
			铋冷堆	
			钠钾冷堆	

1.2.4 按核反应堆设计特点分类

根据核反应堆核及工程方面设计特点，又可进行更为详细的堆型分类(表 1-2-3)。

表 1-2-3 按核设计、工程设计特点反应堆分类

主类	支类	反应堆名称	注释
核材料	裂变材料	天然铀堆	包括各种金属、氧化物、碳化物核燃料
		低浓铀堆	
		高浓铀堆	
		钚燃料堆	

续表

主 类	支 类	反应堆名称	注 释
核材料	再生材料	钍堆	
堆芯构型	均匀性	均匀堆 非均匀堆	
	密实性	强化堆芯堆 稀释堆芯堆	
		循环燃料堆 裸堆	流体状燃料 无反射层
转换比		燃烧堆 转换堆 增殖堆	
一次冷却剂回路		压水堆 沸水堆 循环燃料堆 强制循环堆 自然对流堆	
机动性		移动式堆 可运输堆 装配式堆 空间堆	运行时能移动 可随时拆卸、组装，便于运输的堆 热电直接转换，为太空特殊用途服务
堆体结构		池式堆 压力容器式(罐式)堆 压力管式堆	

1.3 核电厂动力堆类型

1.3.1 概述

人类自 1938 年首次发现核裂变反应以来，科学家们就已经意识到利用巨大核能的可能性。1942 年美国建成世界上第一个受控链式核裂变反应装置——核反应堆。然而可悲的是，核能首先被用于军事目的，为战争服务。直至第二次世界大战结束后的 1954 年，苏联才建成了世界上第一座试验性 5 MW 电功率的核电厂。从此，核电这一核能和平利用的主要领域开始在世界各地蓬勃发展起来。

根据国际能源网讯，据统计截止 2009 年 8 月，世界商业化投运核电厂反应堆核电机组共 441 台，总净装机容量 386.45 GW，在建设中的有 47 台，计划建设的有 133 台，提案拟建的有 282 台。世界投运核电厂发电总量占世界总发电量的 15%左右。另外，世界上已关闭的核电机组约有 117 台。全世界已有约 13 800 堆・年的核电运行经验。表 1-3-1 为世界上投运核电机组反应堆类型、数量和发电能力。

表 1-3-1　世界核电厂在运反应堆类型、数量和发电能力

反应堆类型	数量/台	净装机容量/GW
轻水堆	265	251.60
沸水堆	94	86.40
压力重水堆	44	24.30
石墨气冷堆	18	10.80
石墨水冷堆	12	12.30
快中子堆	4	1.00
其他堆型	4	0.05
合计	441	386.45

1.3.2　轻水慢化堆(LWR)

利用普通轻水作慢化剂、冷却剂的堆型(LWR)约占核电厂动力堆装机总容量的 80%，是世界各国普遍采用的核电动力堆型。其主要的优势在于水的中子慢化能力强，热物理性能好(比热容、密度较高、黏度低)；与结构材料相容；价格低；核燃料采用锆合金包壳、二氧化铀(UO_2)芯块，安全性好；具有负温度反应性效应，反应堆自稳定性能好；堆芯紧凑，水、蒸汽工艺属于常规成熟的技术，建造成本较低。但普通轻水热中子吸收却远大于重水，堆芯燃料必须要用低富集度的加浓铀(2%～3%)，不能用天然铀作燃料；另外，轻水堆需要定期停堆开盖才能进行换料。

1.3.2.1　压水堆(PWR)

压水堆是目前世界上最普遍采用的核电堆型。其主要特点是利用堆容器——压力容器和冷却剂环路系统、设备包容带放射性的一回路介质。利用主泵使冷却剂循环带出堆芯热量；利用蒸汽发生器使二回路水介质，由给水变成蒸汽，从而推动汽轮发电机组输出电能；利用稳压器稳定系统压力。一回路冷却剂平均温度约 310℃，压力 15.5 MPa，二回路蒸汽压力约 6.9 MPa，温度约 284 ℃，电厂热效率 32%～34%，压水堆及具系统如图 1-3-1 所示。

压水堆堆芯为 17×17 排列的无盒燃料组件的组合，控制棒以组件形式由堆芯上部插入燃料组件的导向管内。压水堆控制除控制棒外还采用调节慢化剂水中硼酸浓度的方法来实现。因此，控制棒设计成当量很小的细棒，在堆芯均匀分布，且运行中基本处于堆芯外，使堆功率分布均匀，燃料燃耗加深，经济性好。压水堆结构紧凑，单位体积功率高；事故下能使冷却剂淹没堆芯；技术成熟、安全可靠、造价低、建造周期短，为许多国家建设核电首选。

1.3.2.2　沸水堆(BWR)

沸水堆是核电厂轻水堆的又一种堆型。沸水堆与压水堆的区别在于，压水堆一回路内冷却剂温度必须在相应压力的饱和温度以下运行，不允许介质沸腾，而沸水堆则允许堆芯冷却剂在特定压力状态沸腾，反应堆可控，核燃料运行稳定、安全可靠。堆芯冷却剂沸腾产生的蒸汽经过汽水分离后可直接推动汽轮发电机组。因此，其优势是一、二回路合一，省却了众多一回路上的重大设备，如主泵、蒸汽发生器和稳压器，简化了系统；一回路压力由压水堆 15.5 MPa 降至 7.0 MPa，使一回路承压设备减薄，成本下降。沸水堆蒸汽压力 7.0 MPa、温度约 280 ℃，电厂热效率 30%～33%。沸水堆及其系统如图 1-3-2 所示。

放气孔
压力容器顶盖
热电偶测量管
管座接头
压力容器主螺栓
上支承板(导向筒支承板)
压紧弹簧
内支承凸缘
上部支承柱(支承筒)
控制棒组件导向管(导向筒)
堆芯吊篮
上栅格板(堆芯上板)
热屏蔽
堆芯围板
辐板
燃料组件
辐照监督管
压力容器筒体
下栅格板(堆芯下板)
下部支承柱
流量分配板
径向支承块
下部支承板
中子注量率测量管
对中销
冷却剂
进口
冷却剂
出口
人孔
二次支承组件

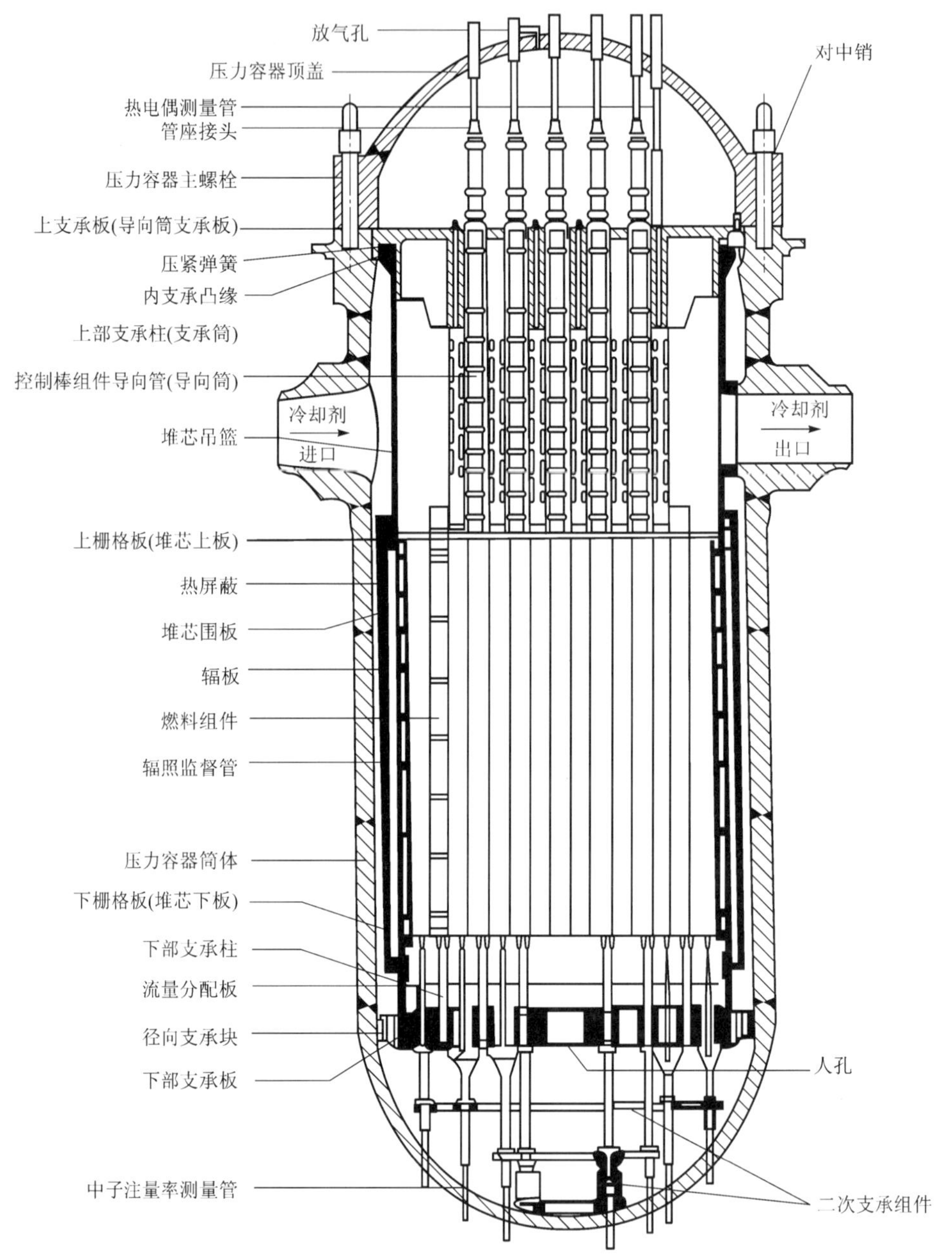

(a)

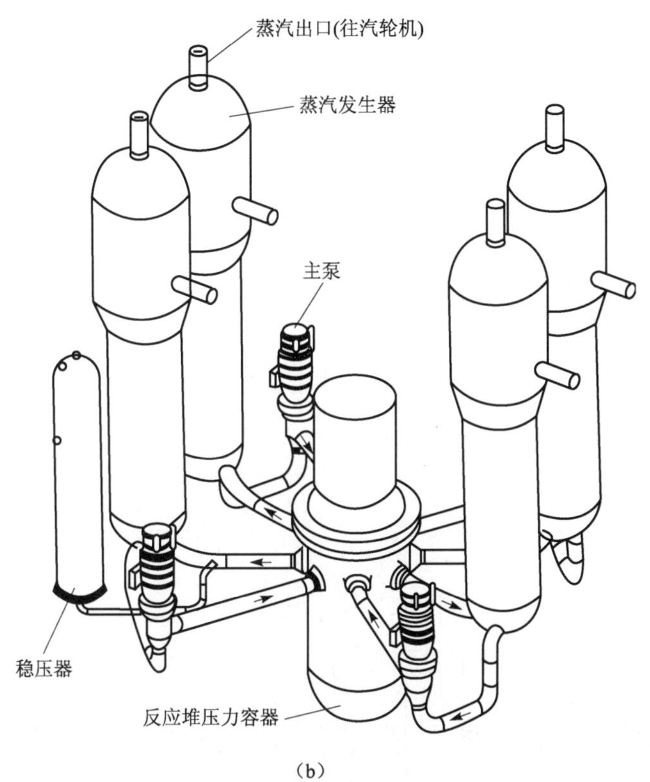

(b)

图 1-3-1　压水堆及其系统示意图

(a) 压水堆本体；(b) 压水堆一回路

由于沸水堆堆芯慢化剂汽化，密度下降，需要增大核燃料装料量；沸水堆堆芯顶部需要设置庞大的汽水分离装置，故其压力容器尺寸明显大于压水堆压力容器，且控制棒组件只能从堆底部插入堆芯。另外一、二回路合一后，将会造成蒸汽、给水常规系统设备带有放射性，因此需要设置屏蔽隔离，并给检修带来困难。由于上述因素，沸水堆核电厂发展数量要较压水堆电厂少。

沸水堆堆芯由 7×7 或 8×8 燃料棒组合的带盒组件组成。四盒燃料组件之间设置十字形控制棒组件，其驱动机构置于堆容器(压力壳)底部，控制棒由堆芯下部插入。冷却剂循环依靠压力壳外四周的再循环泵，使冷却剂进入压力壳内堆芯四周的喷射泵，利用喷射泵作为动力将堆顶汽水分离出的水和进入压力壳的给水由堆芯下部送入堆芯。由于沸水堆冷却剂再循环系统流量小、压力低，故由管道破裂引起的堆芯失水事故概率和严重性下降，相应安全性提高。沸水堆控制除控制棒外，可调节再循环流量，改变堆芯慢化剂汽泡份额，从而控制堆的反应性。

目前世界上已有将沸水堆再循环系统改为全部内部循环模式，即将数台可变转速的电动叶轮泵，由压力壳底部内置入堆芯四周，替代喷射泵，取消壳外再循环回路。这种先进沸水堆(ABWR)可提高电厂热效率至 34%～36%。

1.3.3　重水慢化堆(HWR)

将重水作为慢化剂、冷却剂的核电动力堆，其最大的特点在于：尽管重水的中子慢化能

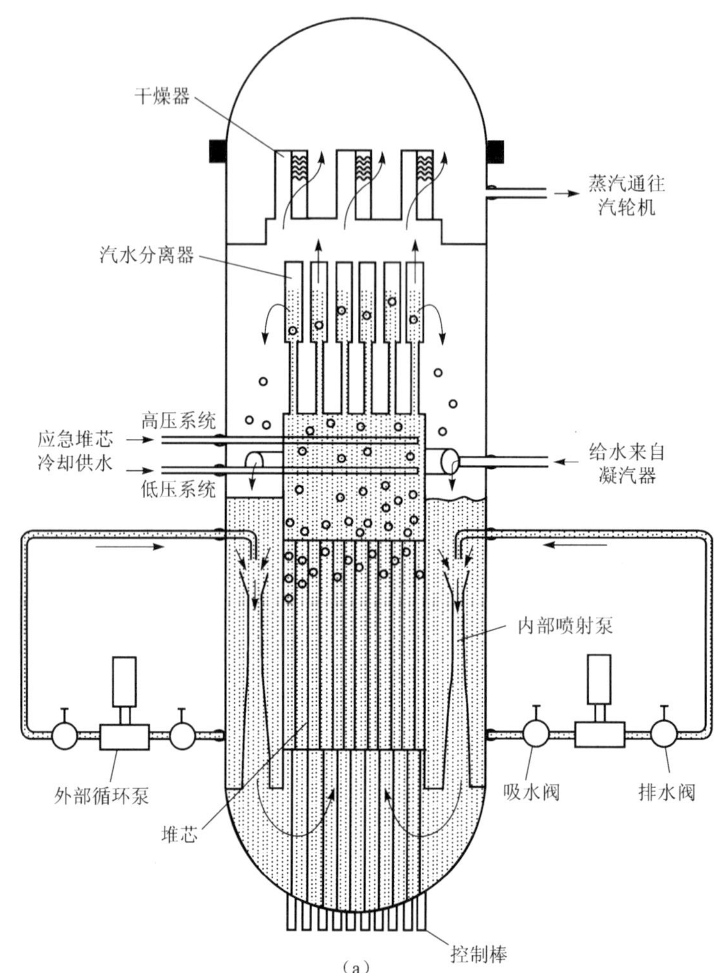

(a)

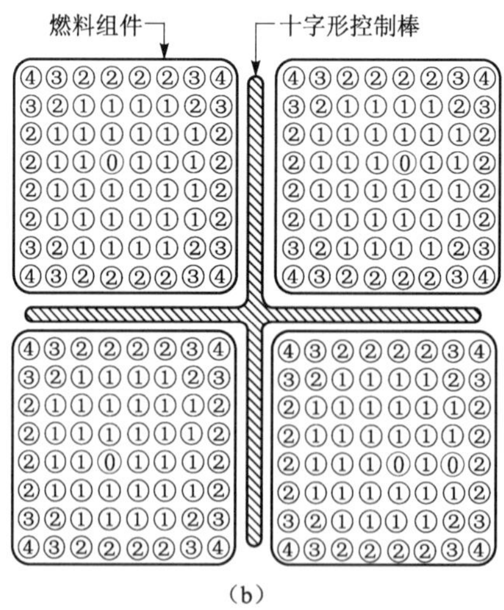

(b)

图 1-3-2 沸水堆及其系统示意图

(a) 沸水堆本体;(b) 沸水堆燃料组件

注:1. 美国 GE 公司一种配置方案;2. 数码 1～4 表示依次递减的燃料富集度,数码 0 表示无燃料

力略低于轻水，但其热中子吸收却远小于普通轻水，因此其减速比（慢化能力与热中子吸收能力之比）远大于轻水。由于重水的这个特性，用重水作为慢化剂，堆芯燃料可以采用天然铀而无须浓缩。省去了建造核燃料浓缩（扩散）厂的巨大投资和复杂技术，或摆脱了国外采购被别国控制的困境。这种堆可以充分利用天然铀中的铀-235（0.71%），堆内卸出的乏燃料中的铀-235 含量甚至低于扩散厂的尾料的丰度（约 0.2%），简化之后的后处理过程，因此，被许多国家看好，作为重点发展的对象。

重水慢化堆发展较早，经过了不同堆型探索，如容器式和压力管式堆的比较，立式和卧式堆的比较，慢化剂、冷却剂一体和分隔的比较等。发展至今，以加拿大 CANDU 型电厂堆为主体，已成为商用系列，技术成熟，可与轻水型堆进行某种程度的抗衡。图 1-3-3 为 CANDU 型典型核电厂重水堆。

CANDU 型堆为卧式压力管式慢化剂和冷却剂分离的压力重水型堆（PHWR）。其慢化剂重水处于卧式排管容器内，常温常压工况。而堆芯燃料则置于贯穿于排管内的水平压力管内，高温高压（10 MPa、310 ℃）重水冷却剂在压力管内流动将堆芯热量带出，通过蒸汽发生器使二回路给水蒸发，蒸汽经汽水分离后供汽轮发电机组发电。控制棒置于慢化剂容器内由上部插入。全堆芯 380 个压力管内均装载天然铀短组件，每根压力管内可装燃料棒束组件12个。CANDU堆的最大特点是实现不停堆换料，因此堆芯不需要装载过多的燃

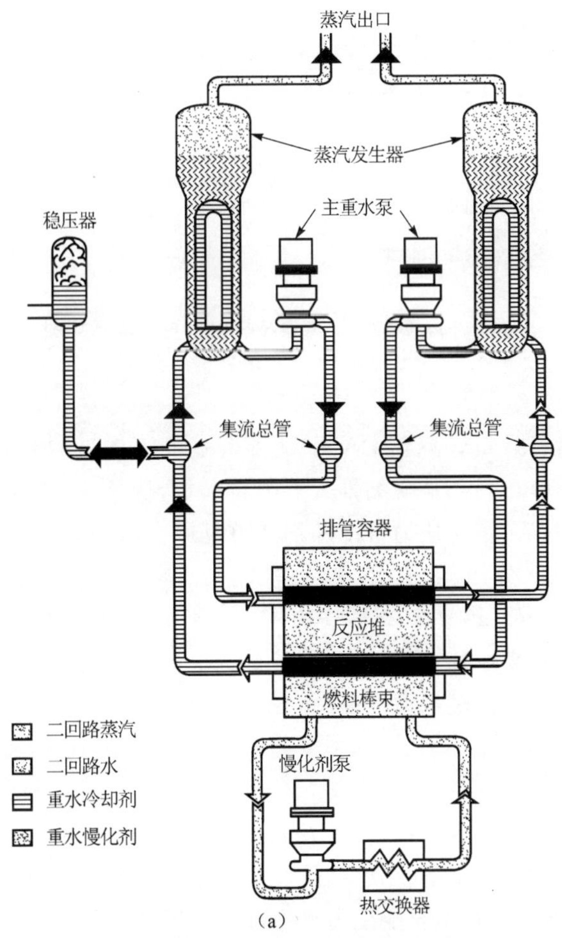

(a)

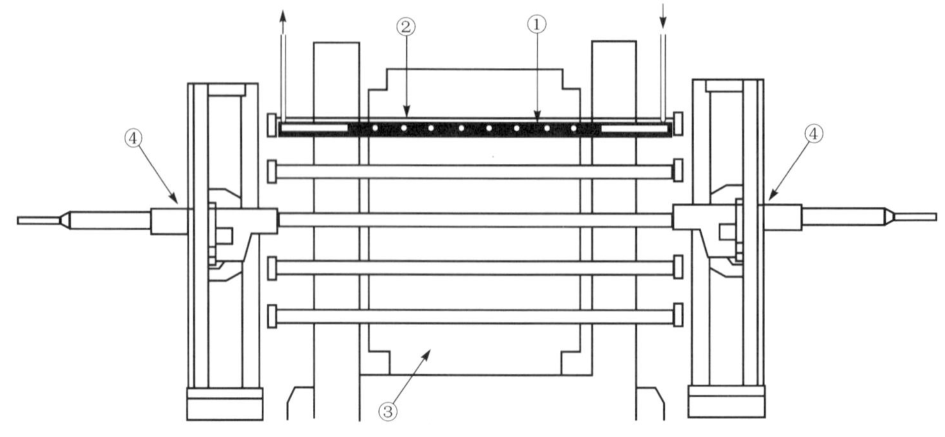

①燃料棒束；②压力管；③重水慢化剂；④换料机

(b)

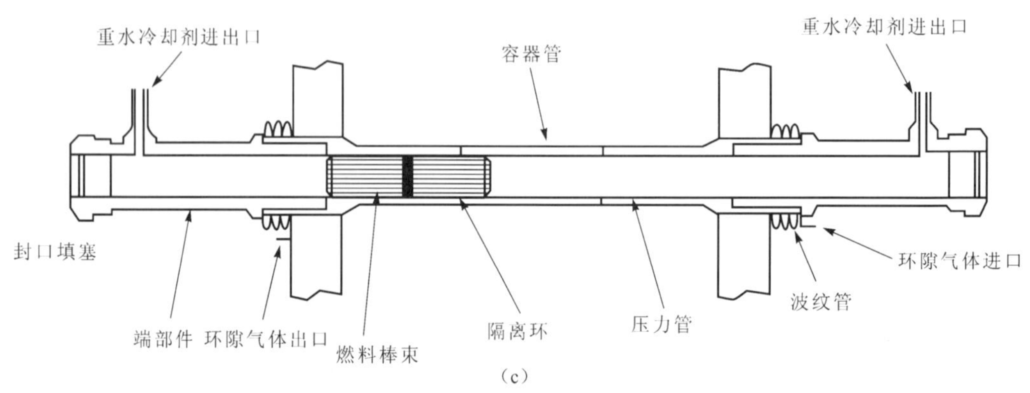

(c)

图 1-3-3　CANDU 型典型核电厂重水堆示意图

(a) CANDU 重水堆冷却剂系统；(b) CANDU 堆示意图；(c) CANDU 堆燃料管道示意图

料，堆运行期间随时实行换料。置于 CANDU 堆两端的不停堆装卸料机用计算机控制，实现压力管两端冷却剂管口切换，从一端推入一组新燃料，从另一端掉出一组乏燃料于装卸料机内。完成一次装卸料后，将该压力管冷却剂通道复原。这种双向装卸料方式，可使燃料燃耗均匀、加深，堆芯功率分布均匀，经济性提高。CANDU 堆二回路蒸汽参数温度约为 260 ℃，压力 4.7 MPa，电厂热效率 28%～30%。由于重水价格昂贵，且其随着堆运行年的增加，重水中氚浓度会积累增加，泄漏会对人身造成危害，因此密封要求高，不停堆装卸料机技术复杂，故该堆型造价要比轻水型堆高。

1.3.4　石墨水冷堆

石墨慢化轻水冷却的核电厂堆型始于苏联 1954 年建成的世界上第一座核电厂。由于固体石墨中子慢化能力强，热中子吸收少，故此类堆沿用苏联生产堆结构模式，即在堆本体石墨固体众多垂直孔道内装置铝合金压力管冷却剂水通道。每根压力管内装载多块铝包壳金属天然铀燃料元件块。高温高压水在压力管燃料通道内将核裂变热带出，通过蒸汽发生器产生蒸汽发电。此类堆采取不停堆换料方式，需装卸料的压力管上、下端通过接口转换，新燃料块由上部推入，乏燃料由下部掉落。

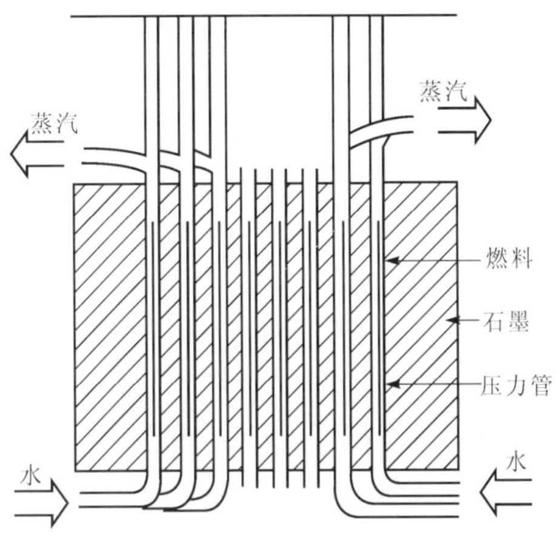

图 1-3-4 石墨沸水冷堆(RBMK)示意图

为了提高蒸汽参数、电厂热效率和核电的安全性，苏联在石墨水冷堆的基础上发展了石墨沸水冷堆型（切尔诺贝利 RBMK 堆型）。图 1-3-4为石墨沸水冷堆原理图。

此类堆型由压水变为沸水，百万千瓦电功率级堆芯参数约为 7 MPa，285 ℃，燃料由金属天然铀改为富集度为 2%的 UO_2组件，电厂热效率接近 PWR 水平。此类堆不再采用不停堆装卸料，堆结构相应较简单，但堆本体庞大。更重要的是，此类堆燃料燃耗末期气泡反应性系数为正值，且大于缓发中子份额(β)；控制棒开始插入堆芯时会引入正反应性；控制棒落棒时间过长(约 18 s)；无最终安全屏障安全壳，而反应堆厂房密封包容承压能力偏低(约 0.12 MPa)等设计不足，致使反应堆的总体安全性较差。1986 年发生切尔诺贝利核事故后，尽管此类堆设计上尽量作了改进，如堆芯设置更多的吸收棒；将铀-235 富集度由 2%提高到 2.4%，以减小气泡正反应性系数；纠正插棒初期正反应性引入；缩短落棒时间至 2.5 s等，但由于石墨沸水堆存在的固有不安全性，此类堆已逐步关闭，今后不会再建造。

1.3.5 石墨气冷堆

石墨慢化气体冷却型堆发展历史最为悠久，1938 年美国芝加哥大学首先建成世界上第一座可控链式核裂变装置(研究实验型反应堆)。该堆采用石墨块作慢化剂，金属天然铀作燃料，利用鼓风机压缩空气进行冷却。之后，欧美等国家逐步将此堆型发展为核电动力堆。

石墨气冷堆经过了三个阶段的发展历程，即早期的(低温)气冷堆(LTGR)、中期的改进型气冷堆(AGR)及目前的高温气冷堆(HTGR)。1956 年英国首先建成石墨气冷堆核电厂，采用镁铍合金包壳金属天然铀燃料，二氧化碳冷却。此阶段气冷堆一回路参数温度 345～400 ℃、压力 0.8～4 MPa，电厂热效率从 19.1%发展到 30%，单堆电功率 45～250 MW。

20 世纪 60 年代，为了改善燃料包壳在高温二氧化碳介质中的氧化，提高电厂堆的安全性、参数和电厂热效率，石墨气冷堆在原基础上进行了改进。这种改进型气冷堆，堆芯燃料包壳由镁铍合金改为不锈钢，燃料芯块由金属铀改为二氧化铀，铀-235 富集度由天然铀丰度相应提高至 2%，仍采用二氧化碳气体作为冷却剂，其参数温度由 400 ℃升至 675 ℃，压力 4 MPa，电厂热效率达到 40%，单堆电功率最大达到 600 MW。

与此同时 20 世纪六七十年代欧、美诸国也在发展一种另类的石墨慢化高温气冷核电动力堆。这种堆采用惰性气体氦作为冷却剂介质，堆芯则采用 2%～5%富集度的二氧化铀(或高富集度氧化铀加氧化钍)全陶瓷型热解碳涂敷颗粒燃料，不再采用金属包壳。这种关键技术允许燃料颗粒在 1 000 ℃，甚至更高温度运行。堆内用石墨体兼作堆芯结构。堆芯冷却剂温度由 675 ℃进一步提高至 750 ℃、950 ℃甚至 1 000 ℃，压力在 1～4 MPa，电厂热效率 40%,如兼容供热则热效率达到 60%以上。美国 1974 年已建成单堆电功率330 MW 的原型堆,之后原西德也相继建成 300 MW 电功率的原型堆。在此基础上相应设计出百万千瓦级商用核电厂堆。

将热解碳涂敷颗粒燃料弥散到石墨基体中,压制成球形燃料元件,以固定的石墨反射层作堆容器盛装燃料球,用气动方式将直径 60 mm 的燃料球由堆顶连续送入,从底部连续卸出,实现不停堆装卸料,这种堆型即为球床高温气冷堆。该堆型氦冷却剂出堆温度在 750 ℃以上,可产生 540 ℃的过热蒸汽,电厂热效率为 40%。球床型高温气冷堆(图 1-3-5),堆本体和一回路设备置于双层钢容器内,后改用预应力混凝土容器,容器中心为堆本体坑,四周混凝土坑内设置氦气鼓风机和蒸汽发生器等设备,上部用双层盖板密封。球床堆优势在于燃料球制造较容易,不停堆换料使堆功率分布均匀,燃料燃耗加深。缺点在于装卸料系统复杂,反射层石墨更换困难,需采用耐辐照、高寿命高品质石墨。

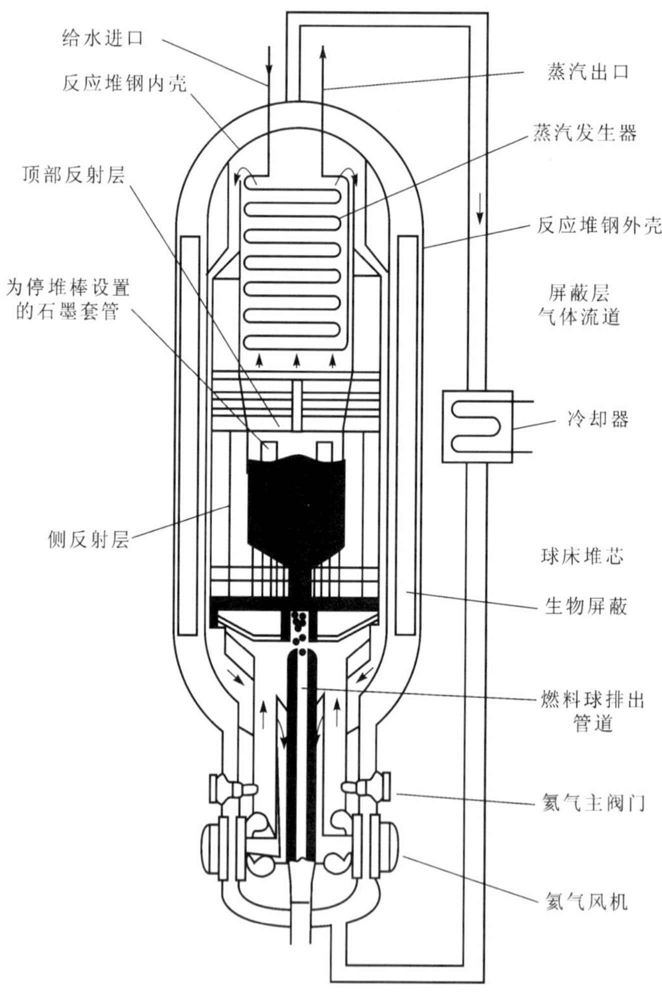

图 1-3-5 球床型高温气冷堆示意图

如将热解碳涂敷颗粒燃料弥散到石墨基体中,做成石墨棱柱燃料元件,堆芯由几百根燃料棱柱和反射层石墨棱柱堆砌而成,这种堆型即为柱床高温气冷堆。该堆型冷却剂氦气在棱柱垂直通孔内流动,堆芯燃料径向、轴向分区装载,需要停堆换料。柱床型堆同样将堆本体和一回路设备置于预应力混凝土容器坑内。柱床型堆芯优点在于堆芯布置灵活,可以改变;反射层可更换,相应对反射层石墨的要求降低;冷却通道阻力下降,降低了氦气鼓风机的功率。但柱床型堆由于分区装载燃料,需要较高富集度的燃料,图 1-3-6 为一种典型模块式柱床型高温气冷堆示意图。

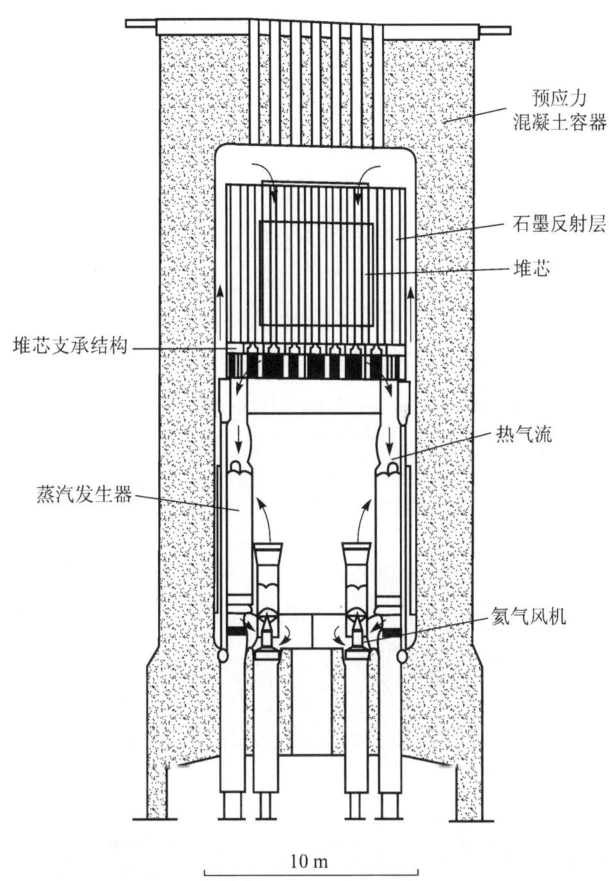

图 1-3-6　柱床型高温气冷堆示意图

综上所述,高温气冷堆主要优点为:

(1) 具有很高的内在安全性,在所有温度下反应堆均有很好的自稳能力。堆内数量巨大的石墨体和混凝土坑,热容量巨大,加上颗粒燃料耐高温特性,因此即使冷却剂氦全部流失,燃料元件温度也不会超过限值而发生熔化,引起裂变产物向环境释放。为此,高温气冷堆可不设堆芯应急冷却系统和安全壳。

(2) 冷却剂氦气可以在高温低压下运行,反应堆容器不需要承受高压。氦气核性能稳定,几乎不吸收中子,不产生感生放射性;化学性能稳定,不腐蚀其他材料;氦气导热性能良好。

(3) 燃料燃耗深,经济性好;燃料转换比接近 1,可以充分利用再生核燃料进行铀-钚循环和铀-钍循环。

(4) 电厂热效率40%,高于水堆核电厂。如实现氦气透平直接循环发电,则省去二次汽水回路,且可将发电热效率提高至50%以上。

(5) 可以实现高温气体的综合利用,如炼钢、煤炭气化、制氢和生产合成液体燃料等。

但是,高温气冷堆经济性有待实际验证。高温气冷堆的一些关键技术尚需进一步研发解决,如高温材料、设备的研制;石墨高温、强辐照损伤;燃料循环的后处理;氦气中杂质气体、水蒸气、石墨粉尘、裂变气体的净化、去除,以防堆芯腐蚀和流道沉积。

1.3.6 快中子增殖堆(FBR)

快中子堆是利用快中子直接产生核裂变的反应堆。快中子堆需要保持堆芯有高的平均中子能量(约 0.25 MeV,相当于热中子能量的一百万倍),在堆芯不设慢化剂。核裂变依靠快中子使易裂变核燃料产生可控持续的链式核反应。在堆芯快中子条件下,快中子堆特别有利于核燃料的增殖,裂变释放的多余快中子被堆芯中的再生核燃料吸收,生成新的易裂变核素;从堆芯活性区泄漏出的快中子,被外围再生区中的再生核燃料吸收,也生成新的易裂变核素,致使快中子堆转换比大于1,故快中子堆也通称为快中子增殖堆。在快中子条件下,易裂变燃料的裂变概率很小,因此需要装载大量的裂变燃料,即燃料中易裂变核素的比例越大越好,这样反应堆才能达到临界,并维持所需功率的运行。为了减少裂变燃料的积压和缩短核燃料的增殖周期,必须要提高反应堆的比功率,因此快中子堆堆芯要比热中子堆小得多。一座百万千瓦电功率快堆堆芯直径仅约 2 m,高约 1 m,其比功率约为压水堆的3倍,沸水堆的4.5倍,相应快中子注量率约为热中子堆的100倍。如此高的快中子注量率对堆芯结构、材料将会提出更苛刻的技术要求。快堆传热问题特别突出,想要将如此小堆芯中产生的巨大热量传出,冷却剂必须具有良好的传热性能且不能慢化中子。快堆冷却剂一般选择液态金属(钠、钾、铋等)或氦气,分别称为液态金属冷快堆和气冷快堆。目前世界各国普遍首选钠冷快堆。液态金属钠不过度腐蚀结构材料,在高温常压下稳定运行(常压下沸点约 1 165 K,熔点 370.96 K),无须要厚重的反应堆压力容器。高功率小堆芯要求足够大的传热面积,因此燃料棒必须做得很细(一般取约 6 mm 棒径)。为了提高快堆的经济性,需要尽量提高燃料的燃耗深度。

现行钠冷快中子增殖堆堆芯(活性区)燃料组件由不锈钢包壳氧化物烧结陶瓷燃料芯块制成的燃料元件细棒组成。200~300根细棒按三角形点阵排列,装入六角形不锈钢元件盒内,组成一个燃料组件整体。全堆芯包含200~300个组件,按易裂变燃料富集度分区布置成六角形堆芯(图 1-3-7)。碳化硼(B_4C)控制棒占用燃料组件内两个栅格位置,由堆芯上部驱动。外围再生区燃料组件采用相同的外形尺寸,但棒径较粗,棒数较少,内装天然或贫化铀氧化物,或钍氧化物作为转换原料。

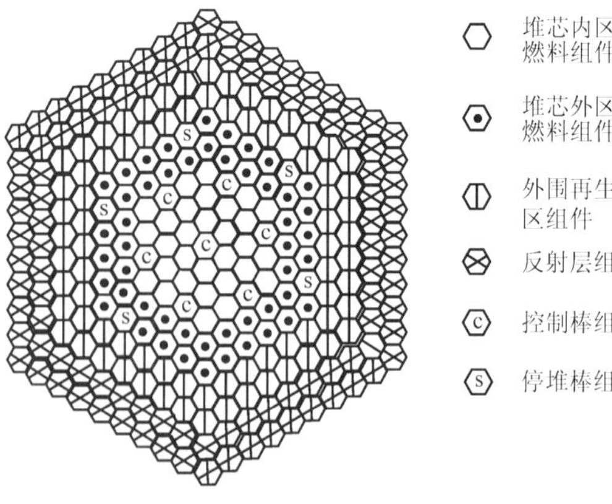

图 1-3-7 典型快中子堆堆芯横截面图

活性区燃料组件细棒的两端,也装有转换原料,形成轴向上、下再生区。径向再生区外还设置有不锈钢反射层。为屏蔽中子，堆芯外围设有中子屏蔽组件。

钠作为冷却剂最大问题在于钠被活化产生强放射性（^{24}Na 半衰期 4.7 h）；钠与水、蒸汽接触会产生激烈的钠水化学反应，放热产生钠火，反应产物（Na_2O、NaOH、H_2）具有强腐蚀性。为此钠冷快堆均设计有中间钠回路，以将一回路钠与常规岛给水、蒸汽隔离，防止放射性钠外逸或与水反应，便于运行、检修或事故处理。考虑到燃料元件不锈钢包壳蠕变性能，温度需低于 700℃，一般堆出口钠温不超过 560 ℃，产生蒸汽温度约为 520 ℃，电厂热效率可达 42%。

钠冷快堆的一回路布置分池式和回路式两种形式。回路式布置堆本体、热交换器和钠泵各自独立，由回路管道相互连接（图 1-3-8）。这种布置较灵活，堆容器较小容易制造，容器顶盖比较简单；分离的设备容易维护、检修。但回路的热、冷端存在热应力和应力集中问题；管道、设备需要设置屏蔽。

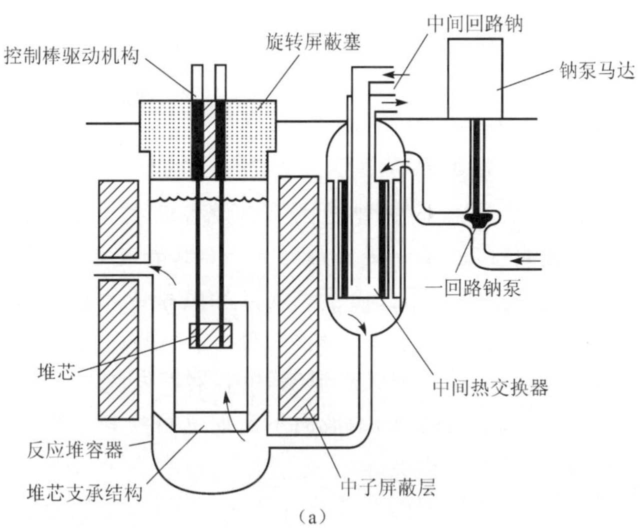

(a)

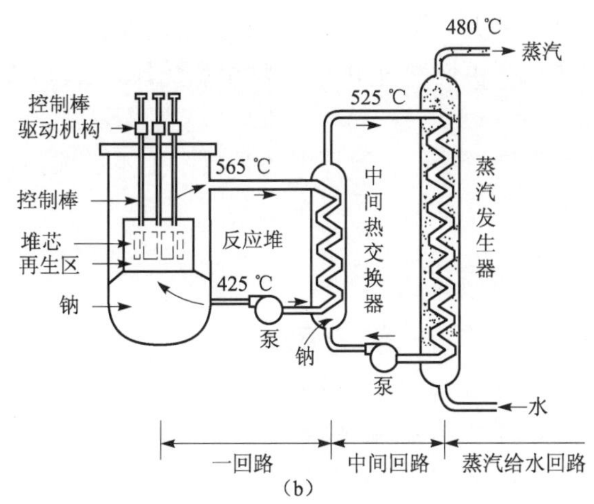

(b)

图 1-3-8　回路式钠冷快堆示意图

(a)回路式钠冷快堆；(b)回路式钠冷快堆流程

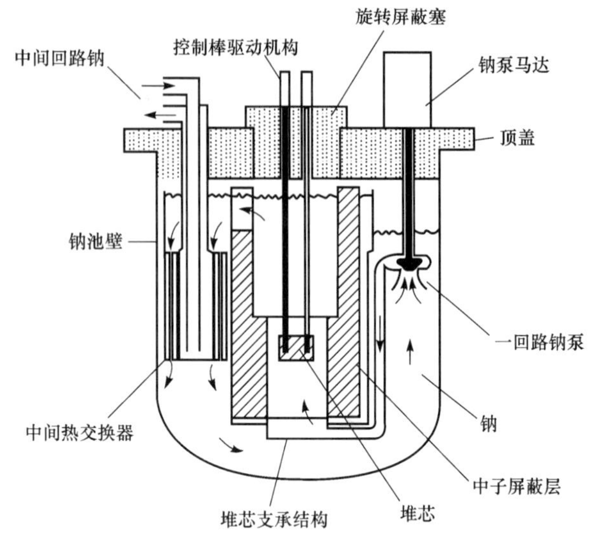

图 1-3-9　池式钠冷快堆示意图

池式布置是将一回路设备全部置于堆芯容器内，形成一个大的钠池。此方式省去了堆外钠冷却回路，将热交换器、钠泵，包括余热交换器、钠净化设备等置于堆芯四周池内。中间回路由钠池上部顶盖进出，这样可保证堆芯在钠池中不会裸露(图 1-3-9)。池式堆一回路几千吨钠置于双壳钠池内，热容量极大，即使应急冷却失效，无法排出堆芯余热，单靠自然循环，10 多个小时才会使燃料包壳达到烧毁极限(800～1 000 ℃)，但钠池尺寸要增大很多。另外为防止中间回路钠在堆芯被活化，在堆芯与热交换器之间需设置一圈厚约 1 m 的钢和碳化硼组成的中子屏蔽层。钠池钠液面需覆盖高纯氩气，上部为巨大、复杂的大顶盖部件，钠池内所有设备都悬挂在顶盖上。顶盖中央设置有大、小旋转屏蔽塞。顶盖直径在 12～18 m，厚约 2 m，起着支承、屏蔽、密封、隔热和引导装卸料机、控制棒驱动机构等多项作用。由于钠的高导热系数，会使一回路管道、设备承受大的热应力、热冲击，因此对材料的技术要求高；钠对不锈钢腐蚀与氧含量关系很大，故需靠净化系统除去氧及其他杂质。为防止腐蚀和泄漏，钠容器都做成双层不锈钢结构。

钠冷快堆需在停堆状态，氩气保护的钠液面下定期进行换料。高温液钠环境和钠的不透明增加了装卸料操作的复杂性和难度。

利用快中子堆将核电厂乏燃料中的高放长寿命核素烧掉，是快堆的另一种用途和发展方向。每吨轻水堆乏燃料含有约 10 kg 超铀和锕系核素，其半衰期在几千年、数万年以上，成为核电发展中难于解决的重大问题。这些核素却能吸收能量高于 0.1～1 MeV 的中子而裂变。因此可将其适当掺入到快堆燃料中，在快堆中燃烧掉，最终转变为仅需隔离百年的较短寿命的放射性核素。

目前世界上快中子堆发展较慢的主要原因还是技术上不够成熟，经济上竞争能力低于轻水堆核电厂。

复习思考题

1. 试述核反应堆及其系统的基本组成和它们的功能。
2. 描述核反应堆四种主要的分类方法，并试举例。
3. 试述电厂动力堆的类型特点，主要优、缺点。

第二章　压水堆本体结构

2.1 概　述

从本章开始将着重围绕目前世界上典型的 900～1 000 MW 电功率压水堆(第二代 PWR)核电厂的蒸汽供应系统作介绍(教材中未加说明的数据均为典型 900 MW 电功率压水堆核电厂的数据)。本教材同时对俄罗斯 VVER 压水堆系列、AP1000 第三代核电厂较大差别之处作简单介绍。

核反应堆本体结构的任务是确保堆芯能安全可控地进行链式反应;确保核裂变释放的热量能有效地导出;确保全寿期能满功率运行,堆内所有部件保持良好性能;在事故时能保证反应堆结构的完整性和安全性。

典型压水堆核电厂反应堆本体结构由堆芯结构、堆内构件、压力容器和控制棒驱动机构等几部分组成(图 2-1-1)。

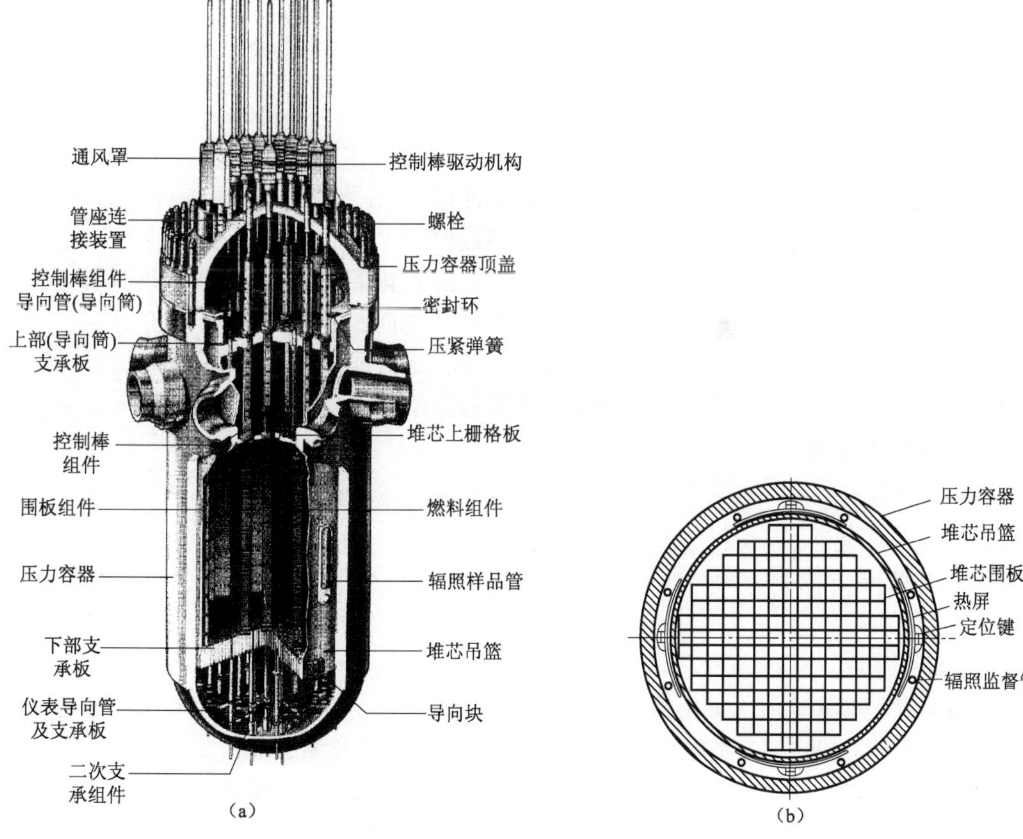

图 2-1-1　典型压水堆本体结构

(a)立体图;(b)横截面示意图

2.2 堆芯结构

堆芯结构由核燃料组件及其功能性组件(控制棒组件、可燃毒物棒组件、中子源棒组件、阻力塞棒组件)组成。157个横截面为正方形的燃料组件直立坐在下部堆内构件上,径向被堆芯围板包围,上部被上部堆内构件压紧,组成等效直径约为3 m,高约4 m的圆柱形堆芯。约有1/3燃料组件的导向管内,从上部放入控制棒组件,其余燃料组件中放入不同数目的其他功能性组件。高温高压冷却剂轻水从堆芯下部进入,从上部将热量带出。为了提高反应堆的功率,加深核燃料燃耗,堆芯采用不同铀-235富集度核燃料分区装料(图2-2-1)。

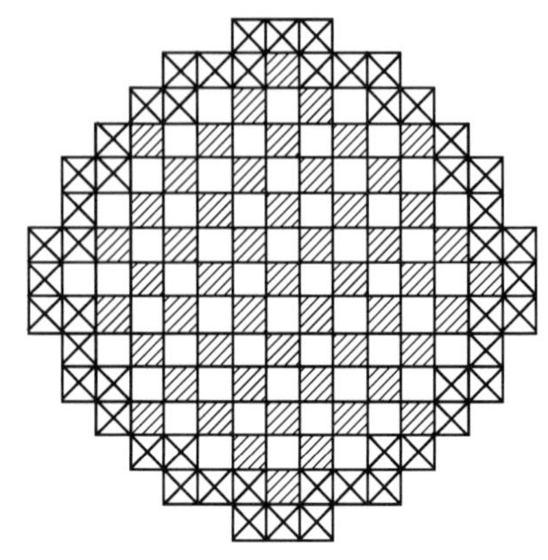

图2-2-1 典型900 MW压水堆核电厂堆芯首炉料富集度分布

2.2.1 燃料组件

燃料组件长期处于强中子辐照、高温高压水力冲刷、振动、腐蚀等恶劣条件下工作,因此燃料组件的性能直接关系到反应堆的安全可靠性。

燃料组件由燃料元件棒、定位格架、组件骨架等零部件组装而成(图2-2-2)。元件棒按17×17排成正方形栅格,其中共有264根燃料元件棒,另外25个栅格位置分别为24根控制棒导向管和一根中心中子测量导向管。组件横截面214 mm×214 mm,高约4 m,总重约650 kg,骨架由上、下管座和导向管构成刚性结构。整个组件沿高度方向设8层弹簧定位格架,与导向管固定连接。元件棒插入定位格架内,按一定间距定位并夹紧,但允许元件棒沿轴向自由伸缩。元件棒在轴向被上、下管座挡住。上、下管座设有定位孔,燃料组件装入堆芯后,依靠这些定位孔与上、下堆内构件栅格板上的定位销相配定位。

2.2.1.1 燃料元件棒

燃料元件棒是堆芯产生核裂变并释放热量的部件。棒长约3.85 m,直径约9.5 mm,棒间距12.6 mm。图2-2-3为典型PWR燃料元件棒。

燃料元件棒由燃料芯块、包壳管、隔热片、压紧弹簧和端塞组成,元件棒内充有氦气。

(1) 燃料芯块

压水堆燃料普遍采用二氧化铀(UO_2)烧结陶瓷型芯块。芯块性能稳定,不与水发生反应,熔化温度高达2 800 ℃,是较理想的燃料芯块。芯块直径约8.2 mm,高约13.5 mm。每根燃料元件棒内装275个芯块。由于高温和辐照下会使芯块龟裂、肿胀、变形,有可能造成包壳管损伤。因此,燃料芯块一般做成碟形端面加倒角形状(图2-2-4)。

二氧化铀芯块能够滞留固化核燃料中除气态及挥发类裂变产物外的大部分裂变产物。

如果增加、改善芯块表面的包覆涂层工艺，还能进一步减少裂变产物向外扩散。因此从核安全角度，核燃料芯块是防止放射性物质向环境泄漏的首道安全屏障。

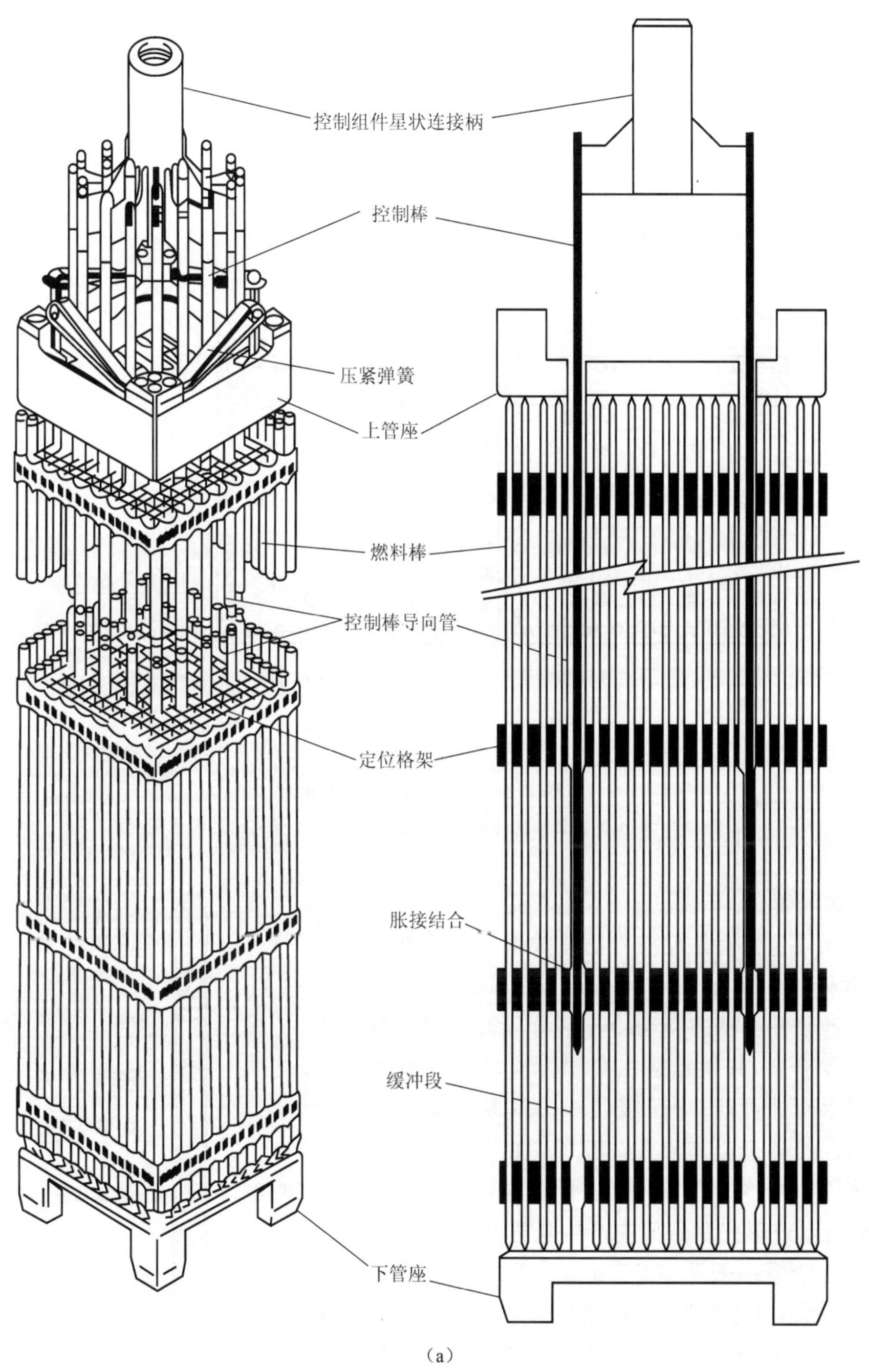

(a)

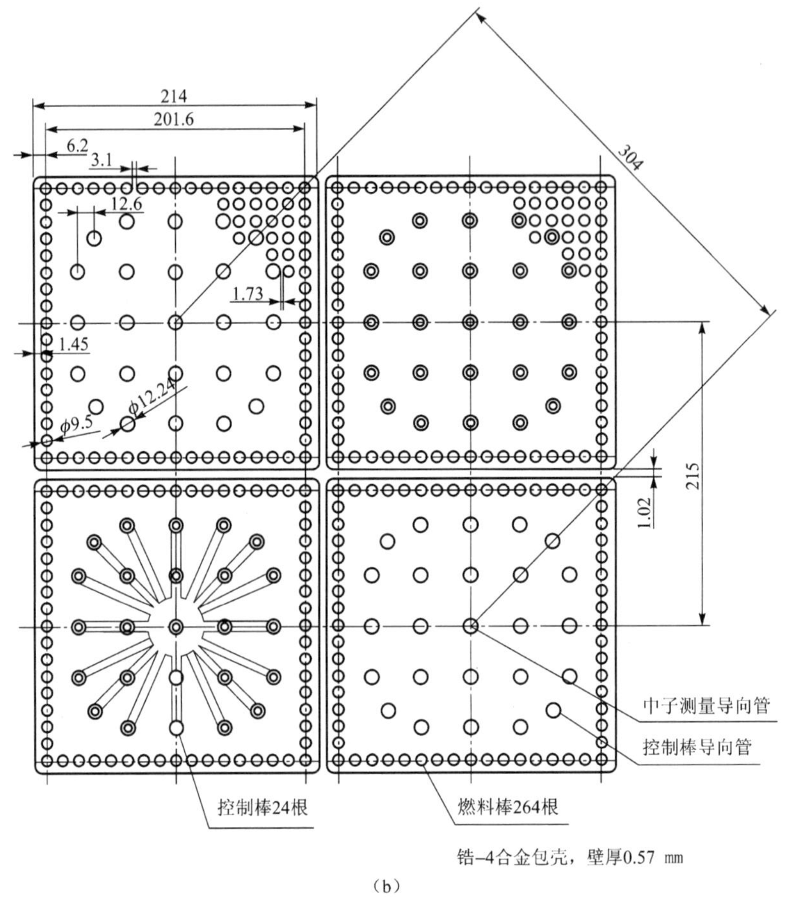

(b)

图 2-2-2 燃料组件示意图

(a)压水堆燃料组件及其顶部控制棒组件；(b)堆芯 4 个燃料组件的横截面图

(2) 包壳管

燃料元件包壳管是反应堆防止放射性物质外泄的又一道安全屏障，它的作用是与上、下端塞一起，包容裂变产物并将核燃料与冷却剂分隔开。包壳材料采用锆-4 合金，其优点是在高温下有较高的机械强度和耐水腐蚀性能；中子吸收少。其缺点是导热性能较差。锆-4 合金熔点 1 250 ℃，在 500 ℃以下与 UO_2 相容，在 350 ℃以下与水相容，温度高于 800 ℃将与水或蒸汽激烈反应产生氢气和放热。

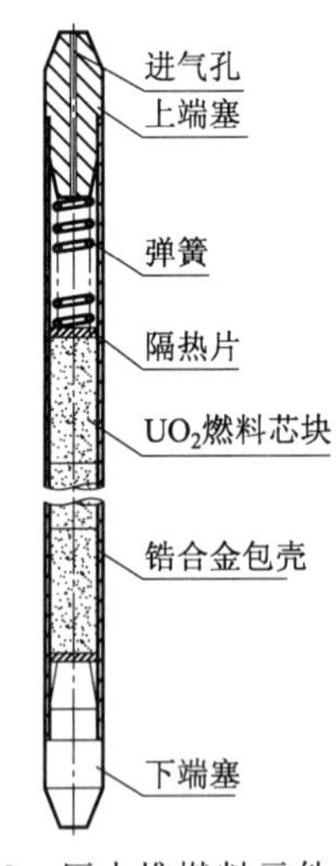

图 2-2-3 压水堆燃料元件棒剖面图

包壳管壁厚一般为 0.57 mm。考虑到装配需要，补偿燃料芯块热膨胀和辐照肿胀，芯块与包壳管之间留有 0.164 mm 的冷态间隙，其内充以约 3 MPa压力的氦气。芯块与包壳间的间隙以及元件棒上端压紧弹簧处的空腔还可以容纳从燃料中释放出的裂变气体。

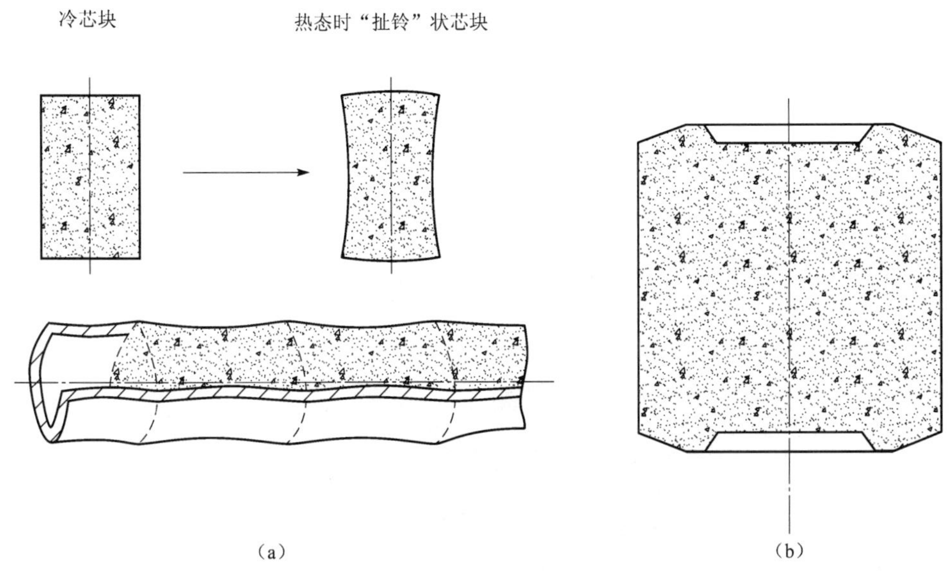

图 2-2-4 燃料芯块
(a)燃料芯块变形;(b)碟形端面倒角燃料芯块

(3) 上下端塞

燃料棒的上下部用锆-4 合金端塞与包壳管焊接密封组成安全屏障,以防止氦气及裂变气体逸出,冷却剂进入,同时使压紧弹簧产生预压力,压住隔热片和燃料芯块。另外,在燃料组件组装时端塞有上下抽插的用途。上端塞上有一个进气孔,以便在燃料棒制成后进行充氦,随后将其堵焊密封。

(4) 隔热片

隔热片用来减小燃料芯块的轴向传热,以减小端塞热应力和压紧弹簧的温度。材料为三氧化二铝陶瓷片,置于燃料芯块组合体的上、下两端。

(5) 压紧弹簧

压紧弹簧用来压紧芯块防止轴向窜动。一般用镍基不锈钢作材料,置于包壳管内上端塞与上部隔热片之间空腔内。

2.2.1.2 组件骨架

燃料组件骨架是由导向管和上、下管座焊接而成。骨架的功用是确保组件的刚性和强度,承受整个组件的重量、流体的振动,承受控制棒快速下插时的冲击力,准确为控制棒导向,保障燃料组件在堆芯就位、固定并可靠工作,确保组件在装卸和运输中安全。

(1) 导向管

每个燃料组件共有 24 根控制棒导向管和 1 根位于中心位置的中子注量率测量导向管。导向管材料为锆-4 合金,直径约 12 mm,厚 0.6 mm。控制棒导向管为控制棒、可燃毒物棒、中子源棒或阻力塞棒导向。导向管与这些棒之间留有 1 mm 左右的间隙,以便于相对移动,同时可使少量冷却剂流通,进行必要的冷却。导向管下部约 0.5 m 位置处管径略为缩小,形成缓冲段，在紧急停堆控制棒快速下落接近行程底部时，起缓冲阻尼作用，使降棒速度减慢。在缓冲段偏上部位，管壁上面开有几个小流水孔，用于插棒时将部分冷却水从管内挤出。中心测量导向管用来自下而上引导中子注量率测量装置导管进入堆芯，其上部用端塞堵死。

(2) 下管座(图 2-2-5)

下管座为 214 mm×214 mm 正方形不锈钢箱体空腔构件。它对流入燃料组件的冷却剂流量起分配作用，是燃料组件的底座。由带流水孔的支撑板和具有四个支撑脚的下框架组成。支撑板上流水孔径小于燃料棒径，以防燃料棒向下位移。支撑板与导向管下端螺纹连接后焊死。四个支撑脚下形成一个水腔，以便冷却剂进入燃料组件。燃料组件在堆芯的定位由两个对角支撑脚上的孔与下部堆内构件栅板上的两个定位销来保证。

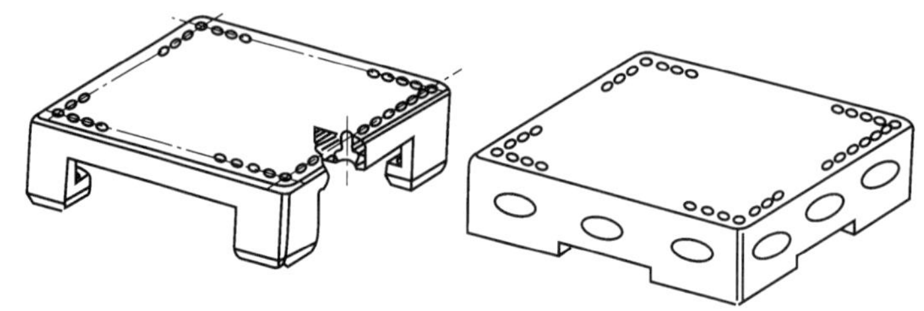

图 2-2-5 压水堆燃料组件下管座

(3) 上管座(图 2-2-6)

上管座也是一个 214 mm×214 mm 正方形箱体空腔构件。冷却剂通过上管座由燃料组件向上流出。上管座又是燃料组件防止控制棒、可燃毒物棒、中子源棒、阻力塞棒等功能组件撞击的护罩。上管座由连接板、围板、顶板、四个片状弹簧和压紧块等部件组成。弹簧和压紧块螺栓材料为因科镍，其余部件材料为不锈钢。连接板上流水孔径同样小于燃料棒径，以防燃料元件棒从组件中向上弹出。导向管上端固定在连接板上。围板为正方形框架结构，组成了管座的水腔。正方形顶板与围板固定成一体，中央有一个通孔以便控制棒等功能组件的棒束穿过，并使功能组件的连接柄坐在连接板上。四个弹簧通过压紧块，利用螺栓固定在顶板上。簧片自由端向下弯曲扣在顶板键槽内。在堆内上部构件就位时，弹簧被上栅格板压下，以此压紧燃料组件，补偿燃料组件和堆内构件间各种轴向偏差。

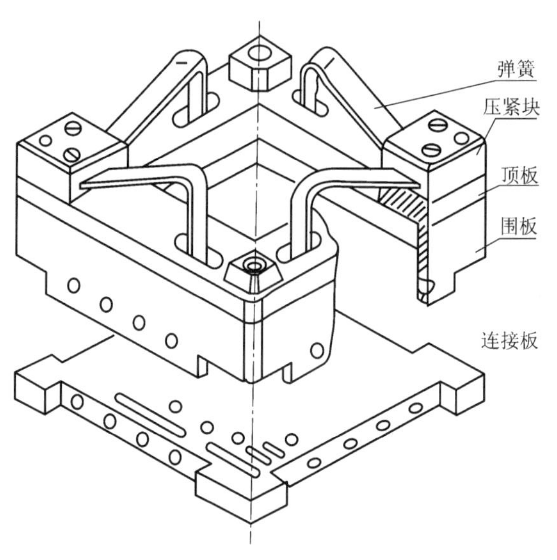

图 2-2-6 压水堆燃料组件上管座

2.2.1.3 定位格架

典型压水堆燃料组件轴向按一定间隔设置有 8 层定位格架，用以将燃料元件棒定位、夹紧。格架的夹紧力应使燃料棒振动磨损降到最小，又要允许有热膨胀引起的轴向位移，避免燃料棒弯曲。

格架是由冲压成形的条带，刚性凸起支承和弹簧夹支承等组装焊接而成的弹性组件(图 2-2-7)。除弹簧夹材料为因科镍外，全部为锆-4 合金。条带开槽，相互上下插配锁住，组装成 17×17 正方形栅格，交叉处电子束焊连接。每个小栅元四边条带上分别设有弹簧夹支承和刚性凸起支承。元件棒插入栅元后，两种支撑共同作用使燃料元件棒既保持中央定位，又利用弹簧力将元件棒夹紧。

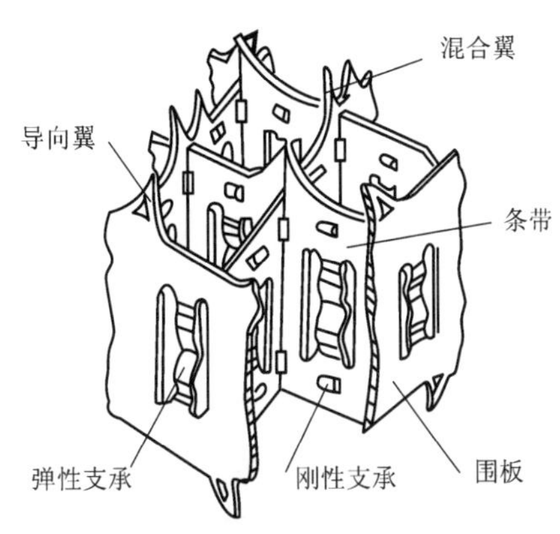

图 2-2-7 压水堆燃料组件定位格架

格架与 25 个导向管固定连接。格架四周条带较厚，以便增加刚性。格架四周条带上设有导向翼，除起搅混冷却剂提高传热效率作用外，还为组件装卸时导向。燃料组件中间 6 个格架的内条带上也设有搅混翼以搅混冷却剂。

2.2.2 控制棒组件

控制棒组件是由多根吸收体细棒组成的头部呈多角星形架状的束棒结构(图 2-2-8)。星形架上有 16 个连接翼片固定在中央连接柄上。共有 24 根细棒悬置固定在 16 个连接翼上。这些细棒束直接插在燃料组件的导向管内，实现对中导向并上下移动。连接翼片和连接柄材料为不锈钢。在连接柄上端，设计有与控制棒驱动杆可远距离连接、脱口及提供吊运用的凹槽。在连接柄下部装有一个弹簧，以便在控制棒快速下插到底部时吸收冲击能量，起缓冲作用。弹簧被置于连接柄内，确保运行期间不会脱落。

约有 1/3 堆芯燃料组件中设置控制棒组件。其中大部分为“黑”棒组件，24 根细棒全部为吸收体棒，中子吸收能力强，主要作安全停堆用途。少量几组为“灰”棒组件，每组中设小部分吸收体细棒，其余为阻力塞细棒，其中了吸收能力较弱，主要用于反应堆调节。

控制棒组件吸收体细棒一般采用重量比为 80%-15%-5% 的银-铟-镉合金以挤压成形的芯块形式密封在不锈钢细管内制成。控制棒吸收体芯块直径约 9 mm，高约 100 mm，装入外径约 10 mm，厚约 0.5 mm 的不锈钢包壳管内，两端用端塞焊接密封。包壳与吸收体芯块间留有 0.03 mm 冷态间隙和足够的轴向空腔(约 35 mm)，内充 0.1 MPa 的氦气。上端塞穿过组件星形架连接翼片上的孔用螺纹连接销钉固定并焊死。上端塞上的缩颈可增加一定挠性，使细棒能矫正与导向管间微小的对中偏差。下端塞尾部做成弹头状，可减少水中阻力和便于导入导向管底部缓冲段。控制棒长度应能保证控制棒组件提至上部最高位置时，细棒仍有一段留在导向管内，这样既可避免过量冷却水从导向管旁流，又可确保反应堆停堆时控制棒下插。

压水堆这种细棒束型控制棒组件的优点是，棒径细，数量多，均匀分布在堆芯，有利于使堆内功率均匀分布，不会出现较大的功率分布畸变；众多细棒提高了吸收体表面积与体积比，提高了中子吸收的效率，大大减轻了控制棒的重量和吸收体的装载；控制棒细而长，增大了挠性，在保证与导向管同心的前提下，可相对放宽装配工艺要求，而不致引起卡棒。

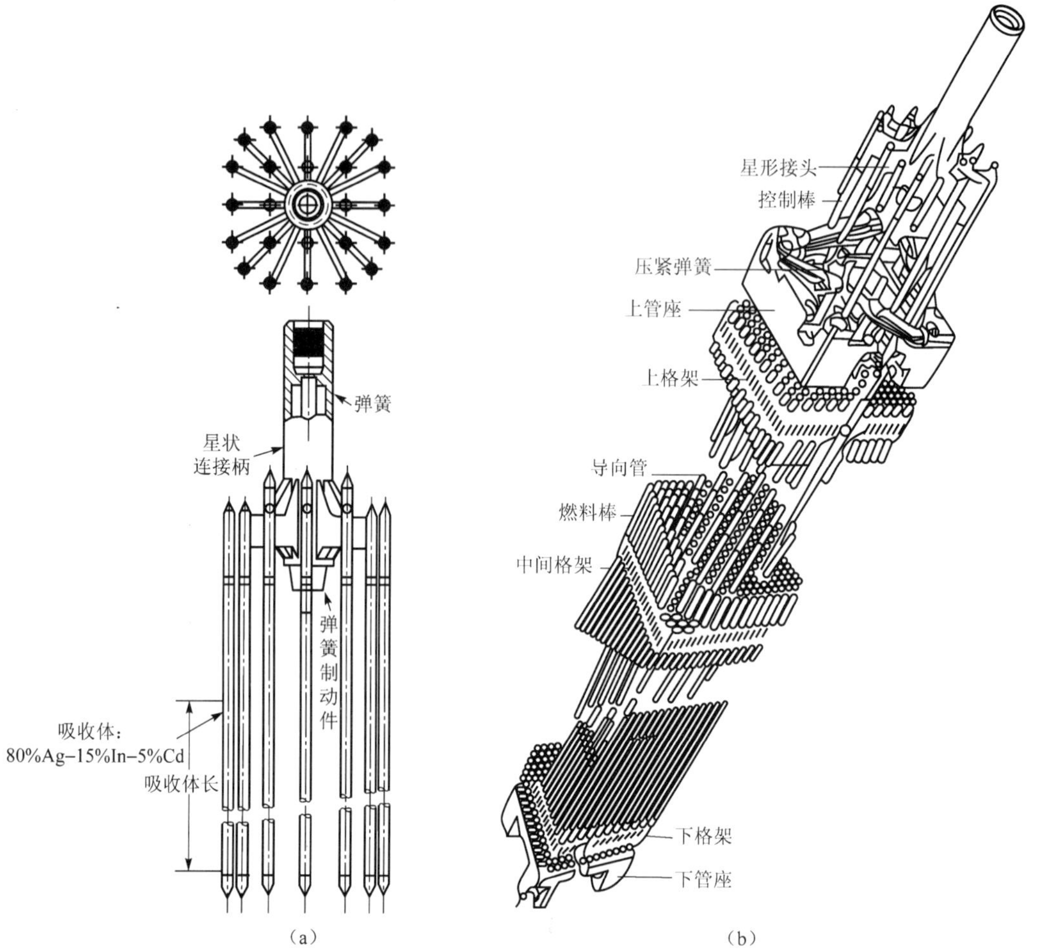

(a)　　　　(b)

图 2-2-8　控制棒组件

(a) 压水堆控制棒组件；(b) 压水堆燃料组件及其顶部控制棒组件

2.2.3　可燃毒物棒组件

核电厂压水堆在日常运行中，反应性控制采用改变控制棒组件堆芯内的数量、高度和调节慢化剂(冷却剂)水中硼(酸)浓度来实现。然而，压水堆电厂在新堆首炉满装载核燃料，零燃耗状态，其堆内后备反应性很大，单靠控制棒组件和增加硼浓度已不足以抑制住其过大的正反应性。这是因为：① 堆内控制棒组件数和中子吸收材料量是依据核设计最终确定的，并在堆建成后已经固定；② 水中增加硼含量不是无限制的，当水中硼浓度达到并超过某个极限值，含硼水综合的温度反应性系数会由负值转变为正值，影响反应堆的自稳性能，这是不允许的。

鉴于上述原因，电厂压水堆新堆设计时有一种称为“可燃毒物棒”的功能组件，用以作为抑制新堆过多正反应性的安全措施，在新堆前一个乃至几个运行循环内置于堆芯内参与运行。随着反应堆运行，燃料燃耗不断增加，剩余反应性逐步减少，相应可燃毒物中子吸收材料也在较快地消耗掉。故可在首次换料或前几次换料中，将可燃毒物棒组件一次性或分批取走，并由阻力塞棒组件替代。压水堆新堆运行初期还可以利用可燃毒物棒组件在堆芯的布置及组件内毒物棒的数量，使堆芯功率均匀分布。

可燃毒物棒组件由吊架、弹簧、可燃毒物细棒等组成。结构及外形尺寸基本与控制棒组件相似(图 2-2-9)。细棒顶端与吊架底板连接固定。细棒插于燃料组件导向管内。吊架底板坐在燃料组件上管座内的顶板上。整个组件通过吊架上的压紧体及弹簧，由上部堆内构件的上栅板将其向下压紧。为了便于在换料时远距离取出，同样在组件吊架连接柄上端作了专门的设计。吊架材料为不锈钢，弹簧材料采用因科镍。

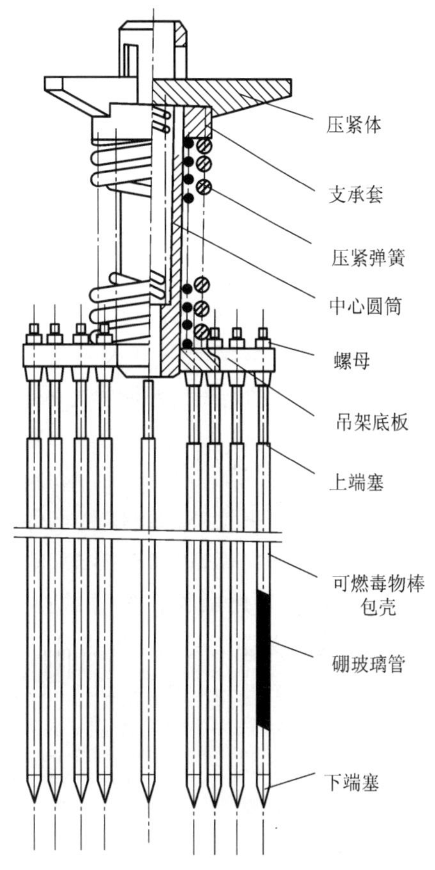

图 2-2-9　压水堆可燃毒物棒组件

固体可燃毒物要求采用吸收中子能力较强，又能随反应堆运行而被消耗掉的材料，故一般用线含硼量为 0.03 g/cm 的硼玻璃管。制成长约100 mm，直径约 9 mm，厚约 1.55 mm 的小管段，装在与控制棒外形相似，长度与燃料棒相同，厚度为 0.5 mm 的不锈钢包壳内。硼玻璃管与不锈钢包壳间，同样在径向和轴向均要求留有一定间隙。上下用端塞密封。可燃毒物棒也可采用其他吸收中子芯块及包壳材料。另外，压水堆还可用可燃毒物涂层或弥散形式与燃料一起制成“一体化可燃毒物燃料芯块”。

以典型电功率 900 MW 压水堆为例，新堆首炉装料时，堆芯共装载可燃毒物棒组件 68 组。每组 24 根细棒中 18 组由 16 根毒物棒、8 根阻力塞棒组合；48 组由 12 根毒物棒、12 根阻力塞棒组合；2 组由 16 根毒物棒、2 根中子源棒、6 根阻力塞棒组合。可燃毒物棒组件在堆芯内的布置取决于使堆芯功率分布均匀。

2.2.4　中子源棒组件

核反应堆首次启动运行，以及之后的每次停闭后的再启动，都需要 $10^7 \sim 10^8$ n/s 量级的中子源，以使反应堆能够安全可靠的启动，并可通过测量通道获得可测的中子注量率水平，监测反应堆接近临界的过程，克服核测量盲区。电厂压水堆在堆芯配备有两种不同的中子源棒组件。它们是两组初级中子源棒组件和两组次级中子源棒组件。

初级中子源一般采用 α 源与铍组合或直接用自发裂变中子源。其中 α-铍中子源，由 α 射线与铍核反应产生中子。可用的 α 源如镅、钚、镭、钍、钋等。

自发裂变中子源典型的如锎源。锎源体积小，源强度高，能自发裂变放出中子。

初级中子源棒组件的 24 根细棒中实际往往只含 1 根初级中子源细棒，其余则可能有 1 根次级中子源棒，若干根可燃毒物棒和阻力塞棒。初级中子源一般采用均匀混合压制成小柱体，放在双层钢包壳内，两端焊封，管内径向、轴向留间隙并充氦。堆芯对称布置的两组初级中子源棒组件，将随可燃毒物棒组件一起在换料时卸出，并由阻力塞棒组件替代。反应堆再次启动依靠堆芯两组次级中子源棒组件。

次级中子源是利用铍在高能γ射线下核反应产生中子。核电厂次级中子源普通采用锑-铍源。锑-铍源入堆时没有放射性,不会放出中子,需要锑在堆芯吸收中子活化后才能放出高能γ射线,使铍发射中子。

次级中子源锑-铍芯块叠放在不锈钢包壳管内,两头用端塞焊封,管内径向、轴向留有空隙并充氦气,组成次级中子源细棒。锑-铍源在压水堆满功率运行2个月后,放射性活度可满足停堆12个月后再启动反应堆的要求。压水堆堆芯内一般对称设置2组次级中子源棒组件,每个组件中一般仅需设置4根次级中子源细棒,其余则用不锈钢阻力塞棒补齐。次级中子源棒组件一般情况下将永久置于堆芯,故要求其结构可靠,使用寿命长。

中子源棒组件结构、外形尺寸及被压紧方式与可燃毒物棒组件相同。

2.2.5 阻力塞棒组件

阻力塞棒用来填补那些燃料组件导向管内没有设置控制组件细棒、可燃毒物细棒或中子源细棒的空导向管,以避免冷却剂在这些空管内过度旁流损失。堆芯部分燃料组件顶部无控制棒组件、可燃毒物棒组件或中子源棒组件,则必须设置专门的阻力塞棒组件。组件24根细棒全部为阻力塞棒,其结构、外形尺寸及压紧方式与可燃毒物棒组件相同。阻力塞棒一般采用不锈钢实心短棒,位于堆芯上部,以减少中子不必要的吸收损失。

2.3 堆内构件

堆内构件位于反应堆压力容器内,由不锈钢或因科镍型的高合金钢制成。主要包括上部堆内构件和下部堆内构件两大部分(见图2-3-1)。堆内构件的作用是:

(1) 承受堆芯结构的重量,使堆芯燃料组件定位并被压紧,保证其位置和方向的准确性,防止其在运行过程中移位。

(2) 为控制棒组件导向,确保燃料组件和控制棒组件相互对中,以便于控制棒顺利抽插。压紧可燃毒物棒组件、中子源棒组件和阻力塞棒组件,防止其运行中振动、移位。

(3) 为堆芯测量装置导向定位,使测量装置顺利到达所需的测量部位,并提供支承。

(4) 使堆内冷却剂流量合理分配,引导冷却剂按一定方向流过各燃料组件,导出堆芯热量并冷却堆内各部件。

(5) 减弱中子和γ射线对压力容器的辐照,延长压力容器的使用寿命。

2.3.1 下部堆内构件

下部堆内构件由堆芯吊篮、堆芯支承板、堆芯下栅格板、流量分配孔板、二次支承组件、堆芯围板组件及热屏组件等主要部件组成(图2-3-2)。构件整体重约84 t,直径约3.9 m,高约9.9 m。

2.3.1.1 堆芯吊篮和堆芯支承板

堆芯吊篮和堆芯支承板(下支承板)主要用来支承堆芯重量,并将重量传递给压力容器,同时使冷却剂沿固定方向流动。堆芯支承板还为下部堆内测量装置导向。

堆芯吊篮是一个高约10 m的不锈钢圆筒。吊篮通过上部凸肩悬挂并被压紧在压力容

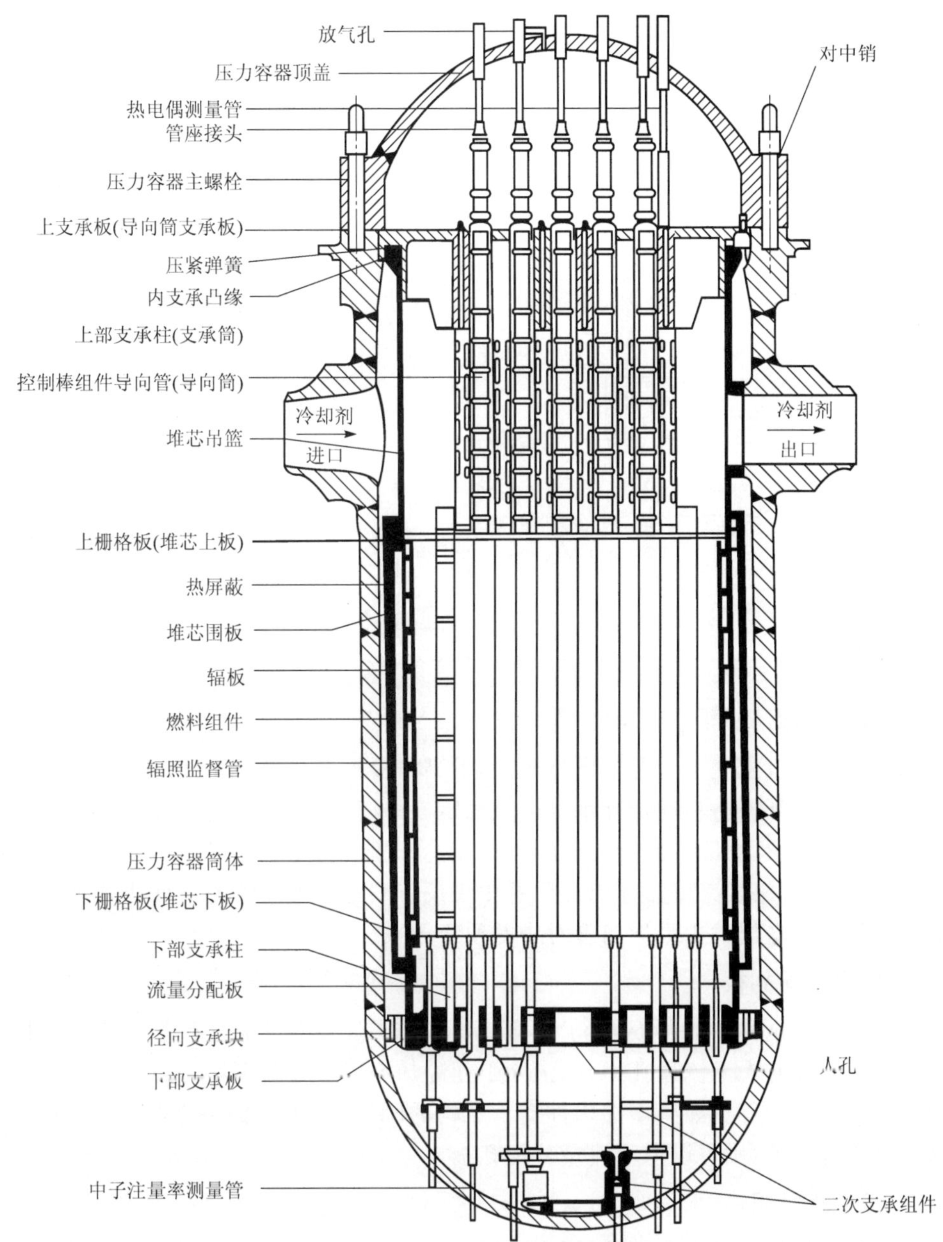

图 2-3-1 典型 900 MW 电厂压水堆压力容器内构、部件布置

器内结合面位置的凸肩上。吊篮凸肩周边上开有 4 个对称的键槽，利用定位销使上、下堆内构件及压力容器实现周向定位。吊篮上部位置设有冷却剂出口管嘴，每个出口管嘴与压力容器出口接管位置一一对应，以便于引导冷却剂从吊篮上部经由压力容器出口接管流出。400 多毫米厚的堆芯支承板被焊接在吊篮下部，堆芯重量由堆芯下栅板及下部支承柱传递到支承板上。支承板上开有许多孔为堆内测量装置导管导向并使冷却剂通过。在吊篮筒体下部外表面，设有四个对称的定位块(或槽)，与压力容器上的四个定位块相配，用以径向定位并允许吊篮有少量轴向自由胀缩位移。

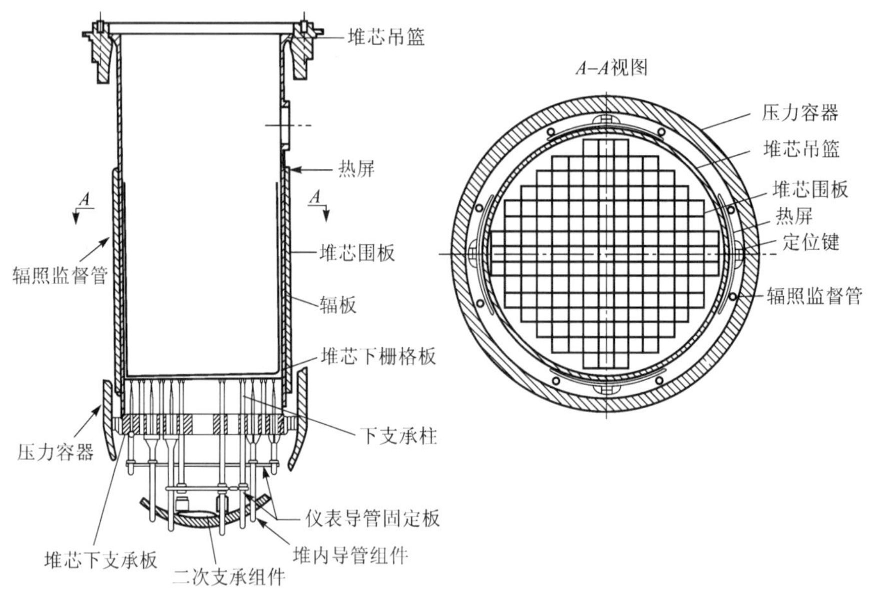

图 2-3-2 压水堆下部堆内构件

2.3.1.2 堆芯下栅格板和下支承柱

堆芯燃料组件直立坐于堆芯下栅格板上，下栅格板上每个燃料组件位置设一对对中销，给燃料组件定位。下栅格板通过支承柱连接固定在吊篮底部的支承板上。在下栅格板相对于每个燃料组件位置上开有冷却剂流通孔，以使冷却剂流入燃料组件。根据中子注量率测量设计要求，在下栅格板某些燃料组件位置中央设有测量装置导管的支承和导向装置，以使测量装置导管与燃料组件中央导向管对中并便于导入。

2.3.1.3 流量分配孔板

流量分配孔板也称扩散器板，位于下栅格板和堆芯支承板之间，定位固定于支承柱上。流量分配孔板上开有大量流通孔，用以消除引起冷却剂流量分配不均匀的涡流，保证通过每个燃料组件的流量相等。如果增加构件支承结构的刚性，加大下栅格板与堆芯支承板间的距离来满足设计要求，则可以取消流量分配孔板。

2.3.1.4 二次支承组件

二次支承组件是一种安全装置，用来限制发生堆芯吊篮断裂事故造成的后果。组件由一个外形与压力容器底部形状相似的防断底板和悬挂在堆芯支承板下面的 4 根圆柱形支柱，以及吸能缓冲器等组成。二次支承组件的防断底板与压力容器底面在热态时只有十几毫米的间距。在吊篮发生断裂时堆芯下落，此时设于支柱与防断底板间的 4 只吸能缓冲器依靠单薄的横截面产生变形而耗去冲击能量，从而防止压力容器受冲击而损坏。由于包括吸能缓冲器的变形，吊篮实际仅下落约 30 mm，因此控制棒实际相对从堆芯燃料组件中抽出也只有约 30 mm，还不足以造成反应堆严重的超临界失控事故。另外，设计中已考虑即使控制棒组件处于顶部位置，吊篮断裂下降的 30 mm 左右的位移，也不会将控制棒头从导向管中抽出，造成细棒无法再次插入导向管。吊篮断裂堆芯下落时，二次支承组件的防断底板还能够限制堆芯径向位移，从而确保控制棒组件能顺利下插停堆。

堆芯几十根中子注量率测量探头套管通过压力容器底部接管座插入压力容器后，也依靠二次支承组件进行定位、支承并导向。

2.3.1.5　堆芯围板组件

堆芯围板是根据燃料组件构成的堆芯外廓形状，做成直角曲折状的，垂直置放于堆芯外沿的平板，围板确立了堆芯燃料区的边界，它坐装在堆芯下栅格板固定位置上，自下而上一直到刚好高出燃料组件位置，将整个燃料区紧紧围裹住。这样做可以强制冷却剂流经堆芯燃料组件，阻止冷却剂从堆芯外沿与吊篮筒体间隙大量旁路流失。围板依靠自下而上设置的多层辐板固定，辐板外周边呈圆形与吊篮筒体连接固定，内周边呈直角曲折状与围板连接固定。辐板上开有一些小孔，围板与吊篮筒体间充满水起反射层作用，同时使这部分冷却剂温度、化学成分均匀，带走热量并减小围板两侧压差。

2.3.1.6　热屏组件

热屏组件位于压力容器与堆芯吊篮筒体之间，用来减弱堆芯贯穿出的中子和 γ 射线对压力容器的辐照损伤和热应力。早期压水堆热屏为很厚的一个不锈钢圆筒，吊挂固定在吊篮筒体外壁的堆芯高度位置。现行压水堆作了改进，只在燃料组件最靠近压力容器的 4 个对称的扇形区装有 4 个瓦片状的热屏蔽，用螺钉直接固定在堆芯吊篮上。在 4 组屏蔽上固定有样品辐照管，管内装有随堆辐照的多批压力容器材料试验样品。这些试样可以通过吊篮凸肩处的取样孔，借助专用工具在换料时定期取出，送往实验室检验以随时监督压力容器的辐照损伤发展情况(图 2-3-3)。

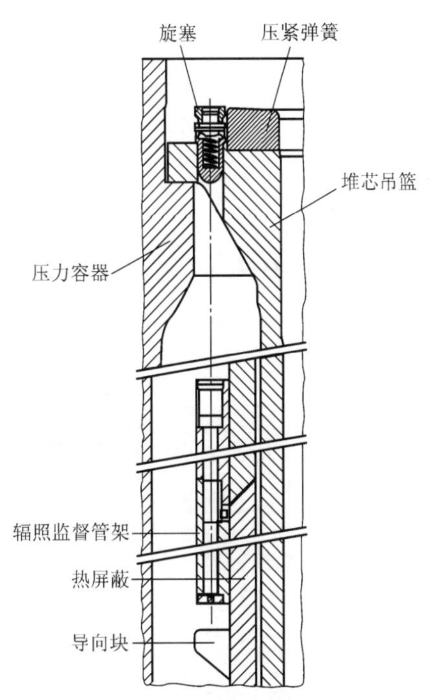

图 2-3-3　压水堆热屏组件及压力容器钢辐照样品监督管

如果适当加厚吊篮筒体，加大压力容器内径，增加水反射层厚度，则可取消热屏，简化结构。

2.3.2　上部堆内构件

上部堆内构件位于堆芯燃料组件上方，用来压紧并固定燃料组件，防止燃料组件在水力作用下向上冲击，使控制棒组件及其驱动机构与燃料组件对中并为控制棒束上下抽插提供导向，引导冷却剂流出反应堆。上部堆内构件同时还对除控制棒组件外的其他功能组件起压紧作用。上部堆内构件组装成一个整体，重约 43.7 t，直径约 3.9 m，高约 4.2 m，装卸时实行整体吊装。

上部堆内构件由堆芯上栅格板、导向管支承板、控制棒导向管及支承柱等主要部件组成(图 2-3-4)。

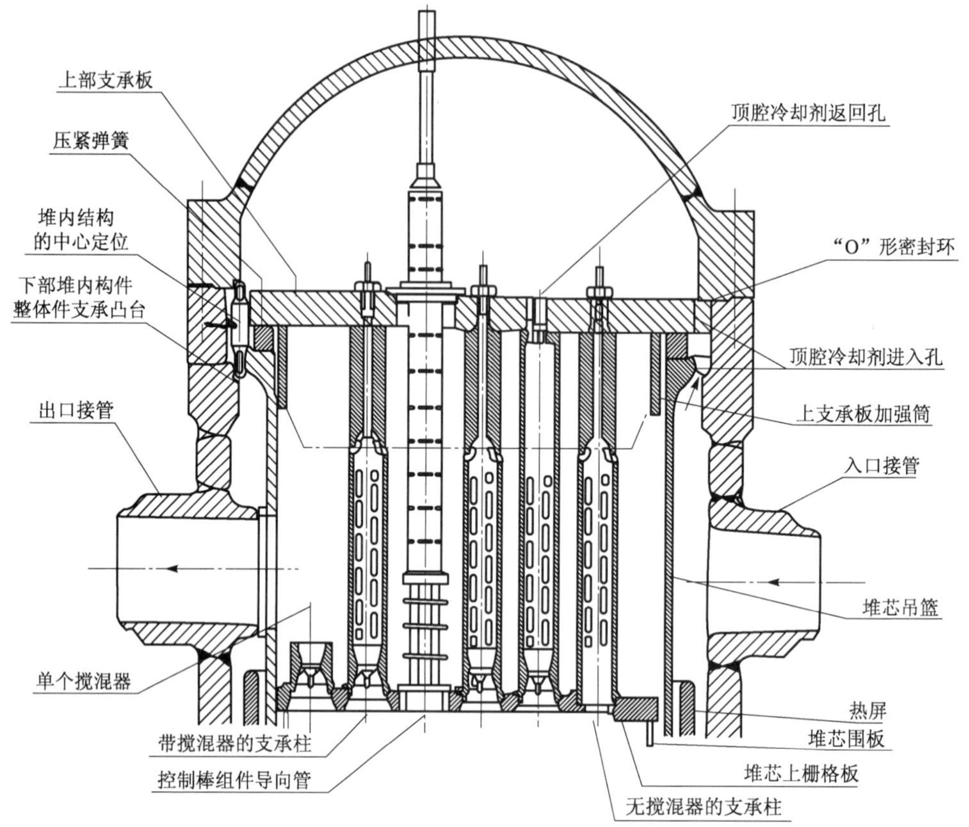

图 2-3-4　压水堆上部堆内构件

2.3.2.1　堆芯上栅格板

堆芯上栅格板是位于堆芯燃料组件上部的压紧定位板，它直接压紧燃料组件，可燃毒物棒组件、中子源棒组件和阻力塞棒组件。上栅格板上开有许多与每个燃料组件一一对应的流水孔、控制棒组件导向管孔和支承柱孔，以便冷却剂从堆芯流出；与控制棒组件导向管、支承柱固定连接。上栅格板上设有向下的定位销，每个燃料组件位置一对，与燃料组件上管座上的定位孔相配合，将燃料组件定位。堆芯上栅格板通过支承柱与上部导向管支承板连接固定。除控制棒组件导向管、支承柱外，在堆芯外围燃料组件位置的上栅格板上，另外还设置部分带有短管座搅混器的出水孔。

2.3.2.2　导向管支承板

导向管支承板又称上部支承板，是一块直径约 3.9 m，厚 100 多毫米的圆板。为了加强刚性避免变形，在支承板下平面焊接有圆筒状肋板进行加固。

导向管支承板利用支承柱与堆芯上栅格板连接成为一个整体。上部堆内构件通过导向管支承板法兰坐在吊篮法兰上面。两个法兰间有一个环形的板状压紧弹簧，用以补偿上下堆内构件加工、装配误差，补偿堆内构件热胀冷缩造成的尺寸偏差，补偿水力冲击产生的附加作用力。压力容器顶盖就位时，顶盖重量及压力容器法兰主螺栓拧紧力将通过导向管支承板、支承柱、堆芯上栅格板传递给堆芯燃料组件上管座弹簧及可燃毒物棒、中子源棒、阻力塞棒组件弹簧，从而将上部堆内构件、堆芯部件、下部堆内构件压紧。导向管支承板法兰周侧设有4个对称的键槽，用来与堆芯吊篮法兰、压力容器一起使上下部堆内构件、堆芯、压力容器获得精确的定位。导向管支承板上开有多种用途的孔，用来贯穿控制棒组件导向管，用来使压力容器顶腔形成冷却剂小流量旁通流，使顶腔冷却剂温度、化学成分均匀化。

堆芯约有40只测温热电偶，用以测量典型位置燃料组件冷却剂出口温度。热电偶热端接点固定在所测燃料组件出口处上栅格板的支承柱底部位置。热电偶导线管通过支承柱、支承板，分成4组进入固定于导向管支承板上的4根热电偶支撑柱导管从压力容器顶盖管座引出。

2.3.2.3　上支承柱

导向管支承板和堆芯上栅格板之间用几十根上支承柱来连接固定并保持距离，用以传递机械载荷。支承柱下端是空管，管壁上有流水孔，以此引导冷却剂横向进入出水口管嘴。部分支承柱顶部与导向管支承板连接口上开有孔洞，用以压力容器顶腔冷却剂旁通流返回。

2.3.2.4　控制棒组件导向管

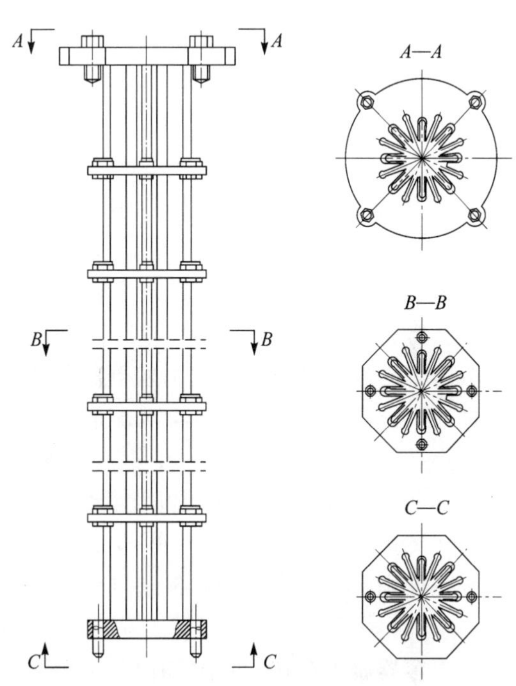

图2-3-5　压水堆控制棒组件导向管

控制棒组件导向管是给控制棒组件在堆芯燃料组件内上下抽插时起导向作用的部件。控制棒组件导向管分上下两部分。支承板与堆芯上栅格板之间，为连续导向管段，其上部法兰用螺栓与支承板连接。导向管下部法兰通过销钉与堆芯上栅格板定位连接。该段控制棒组件导向管由不锈钢异型管装配而成(图2-3-5)。管孔形如控制棒组件连接柄横截面，但略大以便留有一定间隙让控制棒束顺利通过。控制棒组件导向管壁上开有一些孔洞以便冷却剂流通。导向管支承板以上管段为控制棒组件棒束的延伸段，内部形状与下部管段基本相似，结构相应较简单。上导向管段仅在其下部利用法兰、螺栓与导向管支承板固定连接，上端无固定连接，但与压力容器顶盖上的控制棒组件管座口一一对应，以便为控制棒组件传动轴定位并上下导向。

2.4　反应堆压力容器

压水堆核电厂反应堆压力容器俗称压力壳。它是一个底部焊有半球形封头的圆筒形承压密封容器，顶部为用法兰螺栓连接的可拆卸半球形封头顶盖(图2-4-1)。控制棒驱动机构及堆内测温装置的支承件装在压力容器顶盖上。压力容器底部设有堆芯中子注量率测量装置的管座。压力容器冷却剂进出水接管设在法兰下部堆芯燃料组件上部位置的同一水平面上。

反应堆压力容器的主要作用是：

(1) 固定、支承堆芯及堆内构件，确保燃料组件在堆芯内定位，确保冷却剂流道畅通无阻，将热量带出反应堆。

(2) 承受强γ、中子的辐照及冷却剂的高温、高压载荷，承受控制棒的撞击和一回路管道传递的应力；作为一回路压力边界安全屏障的一部分，压力容器的承压密封可以避免放射物质外逸；与堆内构件一起，起生物屏蔽作用。

(3) 为控制棒驱动机构以及堆内测量装置，提供连接管座和导向通道。

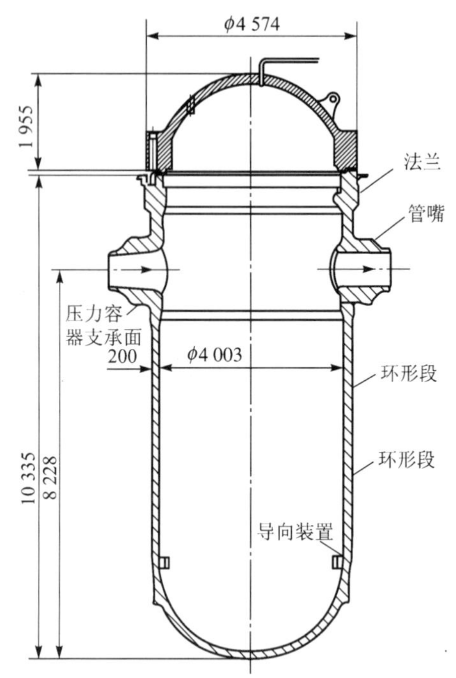

图 2-4-1 典型压水堆压力容器

压力容器采用高强度低碳铁素体低合金钢锻造材料。其成分及其质量分数一般为碳(C)≤0.25 %、锰(Mn)1.15%～1.5%、钼(Mo)约0.6%、镍(Ni)0.4%～1.0%、其余为铁(Fe)。这种材料具有良好的加工性能和焊接性能，成本较低。为防止高温含硼酸水对压力容器材料的冲刷和腐蚀，压力容器内表面所有与冷却剂接触的部位都堆焊一层厚度不小于 5 mm 的不锈钢衬里。以电功率 900～1 000 MW 核电厂压水堆为例，压力容器高约13.2 m，内径约 4 m，壁厚约200 mm(接管段约 230 mm)，筒体部分重约 260 t，顶盖重约54 t。压力容器在制造过程中需要反复热处理，反复探伤检验，制造周期 2～4 a。为了减少压力容器内外壁的温差，降低壳体的热应力，降低压力容器外部空间的温度，压力容器表面包覆一层不锈钢板片绝热保温层。压力容器属于在核电厂寿期内不可更换的设备，压力容器被中子活化后具有强放射性，无法进行近距离检查和维修，因此压力容器使用寿命应与核电厂全寿期相一致。

压力容器由顶盖和压力容器筒体两部分组成，利用顶盖和筒体上的法兰、螺栓及上下法兰间的两个“O”形环紧固、密封。

2.4.1 压力容器筒体

压力容器筒体由一个下法兰环段、一个接管环段、两个直环段、一个过渡段和一个半球形下封头通过全透焊连接成一体。下法兰端面上开有均匀布置的几十个螺栓孔，与顶盖上法兰螺栓孔一一对应。接管环段的同一水平面上对称焊接有数个环路的进口接管和出口接管。其中出口接管内套有出口衬套管，用以减弱出口管嘴处的热应力。压力容器内侧下部焊有 4 个导向凸缘，为下部堆内构件导向、对中和径向定位。压力容器筒体法兰水平面内侧有一个凸台，用以悬挂下部堆内构件。压力容器下封头球面上设有几十个中子注量率测量装置管座，以便通过这些管座引导测量装置套管进出。

电厂压水堆利用压力容器冷却剂进出口接管作为压力容器的支承，整个压力容器依靠接管和钢垫支承在混凝土的基础上。支承结构用强迫通风冷却，使混凝土表面温度小于允许值(图 2-4-2)。

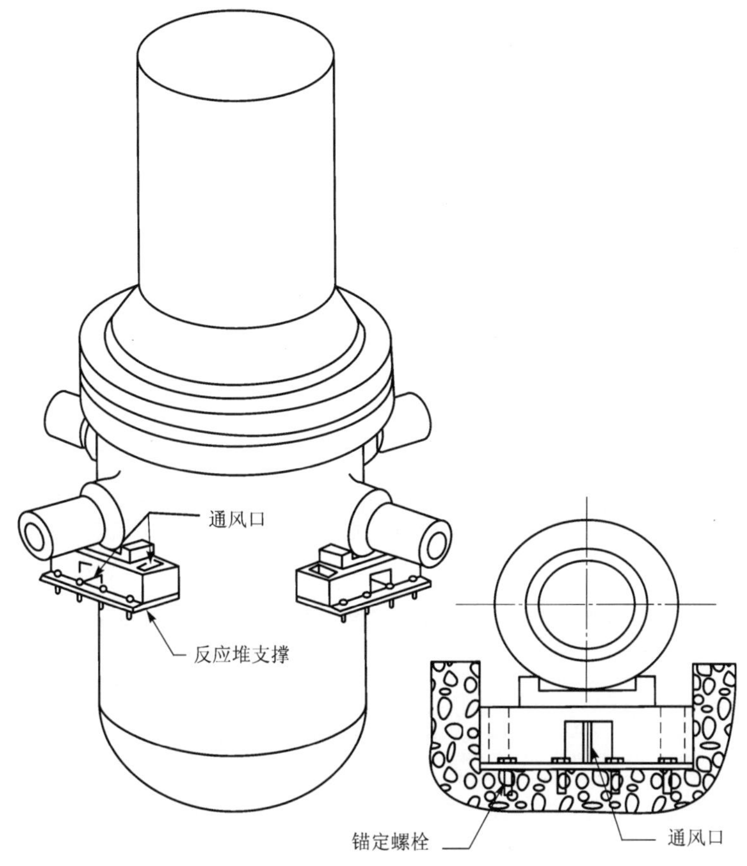

图 2-4-2 典型压水堆压力容器支撑

2.4.2 压力容器顶盖

压力容器顶盖由一个上法兰环段和一个半球形上封头焊接而成。上法兰端面上同样开有均匀分布的与下法兰一一对应的贯穿螺栓的通孔。上封头球面上开有几十个孔,每个孔上焊有一个连接管座,用于安装控制棒驱动机构、堆芯温度测量装置,以及堆芯应急安全注水、顶腔排气等用途。压力容器顶盖及容器底部采用球面封头结构的优点是受力状态好,封头厚度及用材可以相对节省,重量减轻。顶盖球面封头上排气管的作用是在冷却剂系统充水时排出压力容器顶腔的空气。顶盖法兰上部压紧螺栓的操作需要用液压螺栓拉伸机在拧紧螺母时首先将螺栓拉伸,然后拧紧螺母。拉伸力解除后螺栓就可以得到正确的预紧力矩。需要拆卸拧松螺母时,则需进行相反操作。为了实现顶盖与压力容器筒体的正确对中,应先将几个比螺栓长的导向螺栓旋入压力容器筒体法兰螺孔内,然后将顶盖正确位置与导向螺栓对中使顶盖就位。反应堆换料开盖时也应采取此导向方法。

由于压力容器是由多个部件焊接而成,在压力容器上、下封头上还焊有许多管座,应力情况十分复杂,因此要求采用多层埋弧焊或电渣焊,焊透全厚度,焊前预热,焊后作热处理。全部焊缝作 100%探伤检查,并取代表性焊样做机械性能测试。

2.4.3 压力容器密封

为了防止压力容器内带放射性的冷却剂外泄，在压力容器顶盖和筒体法兰连接处设置有内、外两道同心的“O”形密封环。结构如图 2-4-3 所示，材料为不锈钢和镍基合金。压力容器顶盖、筒体间靠螺栓连接并压紧“O”形密封环。在“O”形内环管的一侧表面上开有一条环缝，堆运行时环内腔压力升高使环管直径胀大，“O”形环表面紧贴在压力容器法兰密封面上，达到密封的目的。外“O”形环管内腔则预充氦气，当堆运行时，氦气受热膨胀，使“O”形环管随之胀大实现密封。在两道“O”形环之间及外“O”形环外，由下法兰引出接管，并设有泄漏监测，以便及时发现泄漏。运行中稳态工况额定温度压力下，密封处应没有泄漏。

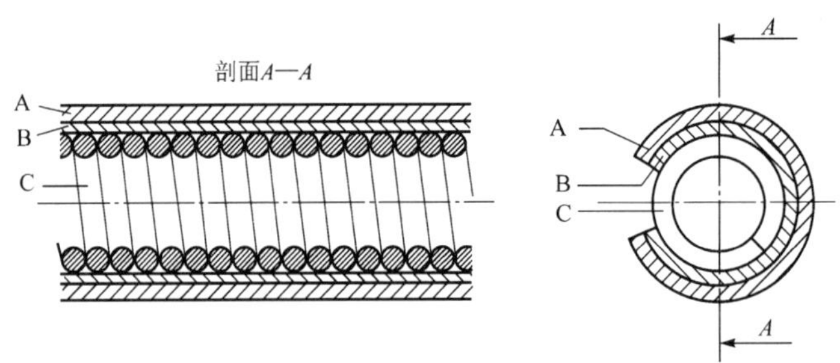

图 2-4-3 压力容器密封环(内环)

A—密封⊃形环 B—中间⊃形环 C—螺旋弹簧

2.5 控制棒驱动机构

2.5.1 概述

控制棒驱动机构是确保核反应堆安全可控的重要动作部件，用以带动控制棒组件在堆芯内上下抽插，实现反应堆的启动、调节和停闭。控制棒驱动机构置于压力容器顶盖上部，其驱动轴穿过顶盖与控制棒组件的连接柄相连接。为了防止高温高压的冷却剂泄漏，控制棒驱动机构的钢密封承压壳焊接在压力容器顶盖的管座上。驱动机构在承压壳内而驱动线圈则在承压壳外。图 2-5-1 为压水堆控制棒驱动机构的布置。

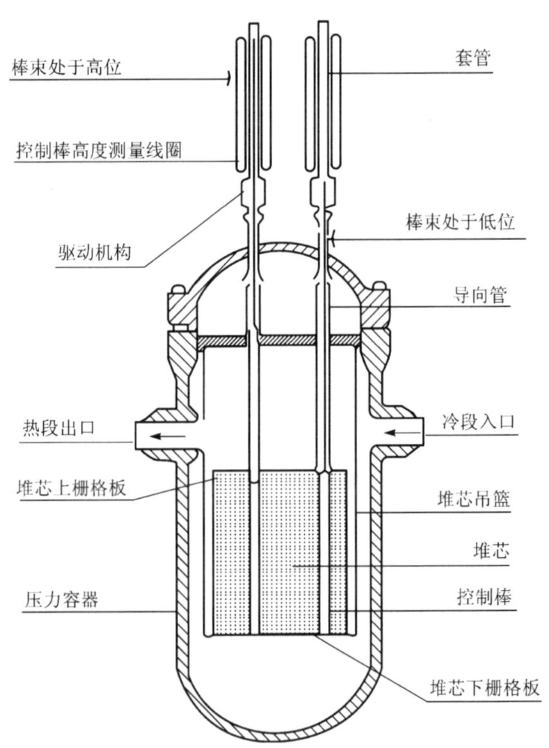

图 2-5-1 压水堆控制棒驱动结构

控制棒驱动机构要求在正常运行时棒移动速度缓慢(约 10 mm/s)，在事故状态驱动机构获得信号后自动脱扣，控制棒组件靠自重快速插入堆芯，时间一般不超过 2 s。控制棒驱动机构要求动作灵活可靠，具有足够的使用寿命；承压壳密封可靠，不发生破裂泄漏；装卸维修方便，并在换料时能使驱动轴杆与控制棒组件实现远距离灵活脱开和装复。压水堆控制棒驱动机构采用销爪式磁力提升型结构，它具有控制简单、制造方便、磨损小、寿命长、安全可靠的优点。

2.5.2　销爪式磁力提升型驱动机构

销爪式磁力提升型控制棒驱动机构由驱动轴、销爪组件、密封壳组件、运行线圈组件及位置传送组件组成（图 2-5-2）。

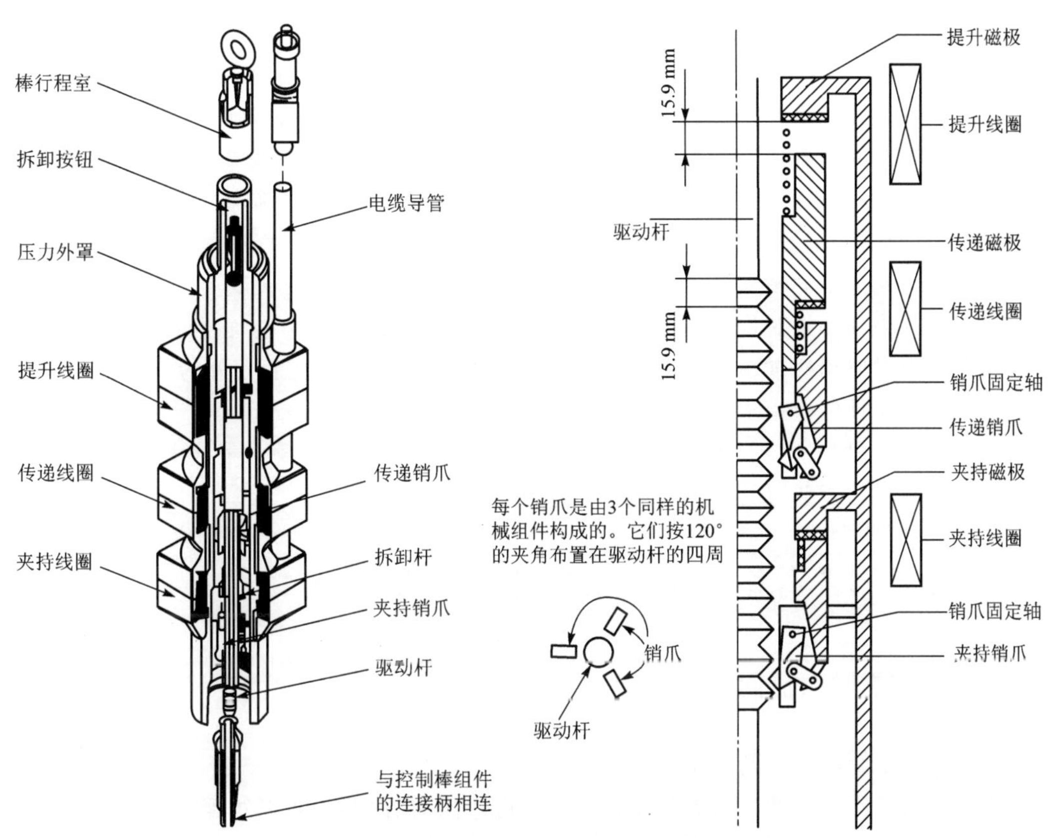

图 2-5-2　控制棒组件销爪式磁力提升型驱动机构

驱动轴是一根加工精度、光洁度要求很高的杆轴。杆轴中段带有环形沟槽，能让销爪与其啮合，从而驱动杆轴上下移动或保持在所需的位置。杆轴上段是控制棒组件位置传送器铁芯的上光杆，下段光杆端部通过可拆接头与控制棒组件连接柄上端相连接。

销爪组件共有两组，一组为夹持销爪组件，另一组为传递销爪组件。每组各有 3 个沿圆周均匀布置的钩爪，通过销爪组件连杆机构与衔铁连接。当线圈通电，电磁铁吸合衔铁，3 个销爪就会收拢并与驱动轴杆中段上的环形沟槽相啮合。线圈断电时 3 个销爪则依靠弹簧迅速张开，与沟槽脱开。销爪机构能做到销爪在插入或拔出环形沟槽时使其上下均有约 1 mm的轴向间隙，销爪与环形沟槽啮合、脱开过程中均不承载不磨损。其具体做法是，夹持销爪在啮合空载插入驱动轴沟槽后增加向上提升约 2 mm 的动作，使其承载，同时使传递销爪由承载变为空载；相反，夹持销爪承载状况下，夹持线圈断电时，在销爪拔出前，先有下降约 2 mm 的动作，使控制棒组件载负由夹持销爪转移至传递销爪上，自身变为空载，再抽出脱开。

控制棒组件的提升、下降，则依靠夹持销爪和传递销爪两个组件的配合。其中夹持销爪的电磁铁固定在密封壳体上，因此销爪只能使驱动轴带着控制棒组件停留在某一固定位置上。而传递销爪组件则是一个活动的整体，其电磁铁与上部提升衔铁连接。当提升线圈通电时，提升电磁铁吸合提升衔铁，将会带动传递销爪组件一起提升一个步长；反之则会依靠弹簧和自重使提升衔铁和传递销爪组件一起下降一个步长。销爪一般采用钴基合金材料，组件连杆机构摩擦活动表面则镀以硬钴层，以提高寿命。

运行线圈组件由提升线圈、传递线圈和夹持线圈组成，装在承压密封壳外面。3 个线圈的电源通断状态和先后程序决定了控制棒组件的动作。运行线圈的允许温度为 200 ℃，采用强迫通风冷却并设有通风罩。运行线圈由专用电动发电机供给交流 260 V 电源。发电机轴上带有飞轮，目的是时间不超过 1.2 s 的瞬时断电，可以不掉落控制棒。供电电缆穿过一根电缆管垂直安装在线圈罩上，电缆管长度与密封承压壳相同，顶部为一个多头插座。

密封壳组件是驱动轴和销爪组件的包壳，由圆长管密封承压壳及其上部位置传送器套管组成。密封壳顶部设有排气装置，在冷却剂系统充水时需把其中空气排光。控制棒位置指示信号是通过驱动杆轴顶部铁芯在位置传送器套管内移动，感应套管外的传送线圈，发送信号给控制棒组件位置指示器。

销爪式磁力提升型控制棒驱动机构具有控制简单、动作稳定、磨损小寿命长、安全可靠的优点。但其结构复杂、加工精度要求高、造价较贵。

2.6 压水堆本体结构技术讨论

2.6.1 冷却剂堆内流向及旁通流

2.6.1.1 冷却剂堆内流向(图 2-6-1)

典型压水堆冷却剂通过压力容器入口接管进入压力容器，沿堆芯吊篮和压力容器之间的环形通道向下流到压力容器底部腔室，然后改变方向向上流，在堆芯下栅板与支承板间将冷却剂混流，确保通过堆芯的流量分布均匀。冷却剂进入被堆芯围板包围的堆芯，将燃料产生的热量带走。冷却剂经堆芯上栅板从燃料组件顶部流出，经堆芯上栅板孔及支承柱和控制棒导向管孔横向流动，到堆芯吊篮的出口接管，把水引向压力容器出口接管流出压力容器。

2.6.1.2 旁通流

冷却剂进入压力容器内流动时，实际用于堆芯载热的流量约为 94%～96%，其余则为旁通流，并不用于将燃料核裂变热能带出。这些旁通流分别为：

(1) 接管旁通流

约有 1% 的冷却剂从压力容器入口接管直接通过堆芯吊篮出口接管和压力容器出

口接管间的小间隙进入出口接管流出压力容器。这部分旁通流量是不可避免的。

(2) 控制棒导向管旁通流

约有2%的冷却剂通过燃料组件控制棒导向管与控制棒等功能组件细棒间的环隙旁通。这部分流量将为插入堆芯的各类细棒的吸收中子发热提供冷却。

(3) 堆芯围板旁通流

约有0.6%的冷却剂通过堆芯围板组件辐板上的小孔,使冷却剂从堆芯吊篮与堆芯围板之间旁流。这部分流量将用来保持这个区域内水化学成分均匀,同时冷却吊篮内表面。

(4) 封头冷却旁通流

约有2%的冷却剂经过堆芯吊篮法兰和上部堆芯支承板法兰上的孔进入压力容器顶盖空腔,用于清扫、冷却压力容器顶腔。这部分流量进入压力容器顶盖空腔后向下流经上部堆芯支承板上的小孔,与堆芯出口冷却剂汇合,经堆芯吊篮出口接管和压力容器出口接管流出压力容器。

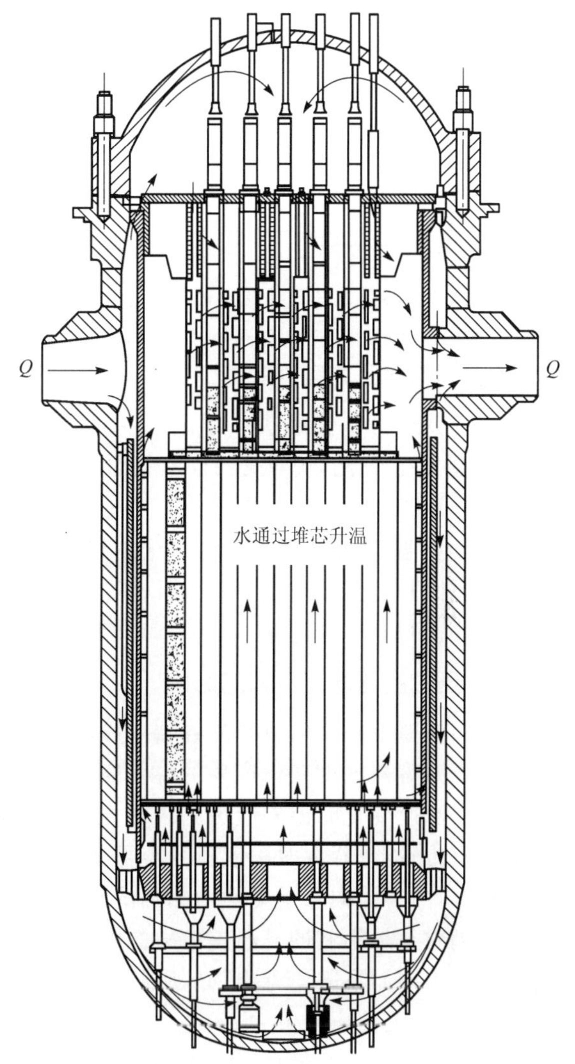

图 2-6-1　典型压水堆冷却剂堆内流向及旁通流

2.6.2　压力容器安全问题

2.6.2.1　压力容器的脆性转变温度

对同一种钢材而言,材料韧性随温度而变,差别很大,从低温到高温存在几十倍的变化(图 2-6-2)。由图可知其中有一个温度转化点。在该点温度以下,韧性急剧下降,钢材呈脆性状态,此时施以很小的应力就可能使钢材沿某个缺陷处断裂并扩展。在该温度点以上,韧性则急剧上升,此时要想使钢材沿缺陷处断裂并扩展较困难,需要施加很强的应力。这个转变温度称为脆性转变温度(NDTT)。

对压水堆压力容器来说,脆性断裂是一种灾难性的破坏,在脆性转变温度以下只要存在材料缺陷,应力集中点、应力较大的突变,就可能会使压力容器断裂。因此,在压力容器选定钢材型号后,还应确保材质及制造中不出现任何缺陷、应力集中。在运行中应按照规定的温度、压力应力曲线使压力容器在限值内运行(图 2-6-3)。

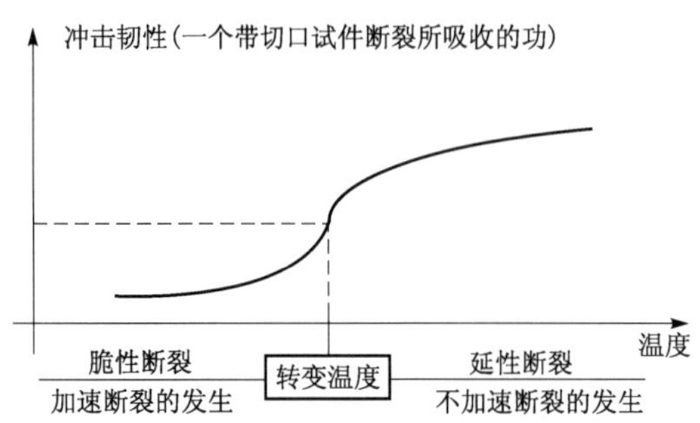

图 2-6-2 钢材韧性随温度变化曲线

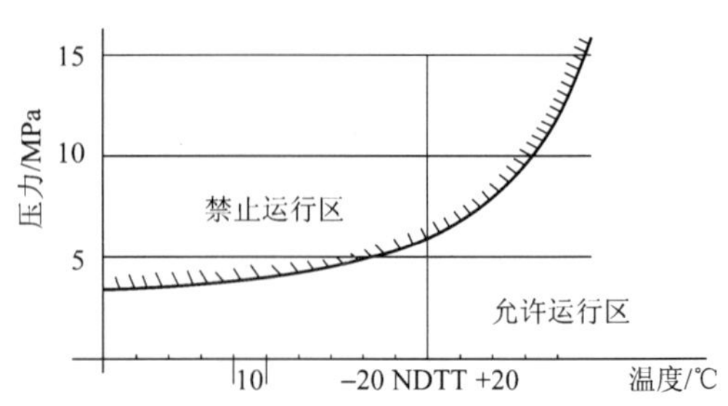

图 2-6-3 压力容器不同温度下压力应力限制

2.6.2.2 辐照对压力容器的影响

压力容器运行中受到快中子的辐照，其机械性能会发生变化，脆性增加，塑韧性降低，对压力容器运行不利。图 2-6-4 是压力容器脆性转变温度随辐照时间的变化曲线，由图可见脆性转变温度随辐照而上升。这种变化意味着运行允许区的缩小。

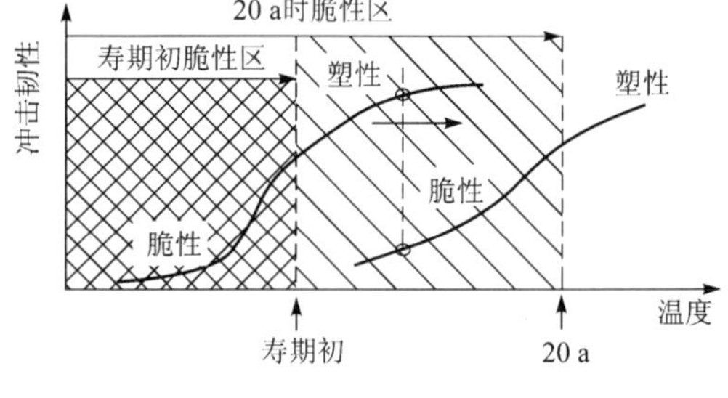

图 2-6-4 脆性转变温度随辐照时间的变化

2.6.2.3 压力容器温差应力的影响

压力容器壁上所受的应力是容器内冷却剂压力与压力容器温度变化产生的温差应力之和。冷却剂压力使压力容器壁承受拉应力，而压力容器温度变化时温差应力则表现为冷却剂升温时引起压力容器内壁承受压应力，外壁承受拉应力；冷却降温时引起压力容器内壁承受拉应力，外壁承受压应力(图 2-6-5)。这样，降温时压力容器内壁承受两个相加的拉应力，使内壁拉伸总应力达到最大，这种工况对压力容器钢材是最不利的。温差应力的大小取决于冷却剂温度变化的速率。为了把压力容器的最大应力限制在限值以内，必须限制冷却剂压力和温度变化速率。压水堆正常工况下冷却剂的升、降温速率限值为 28 ℃/h。

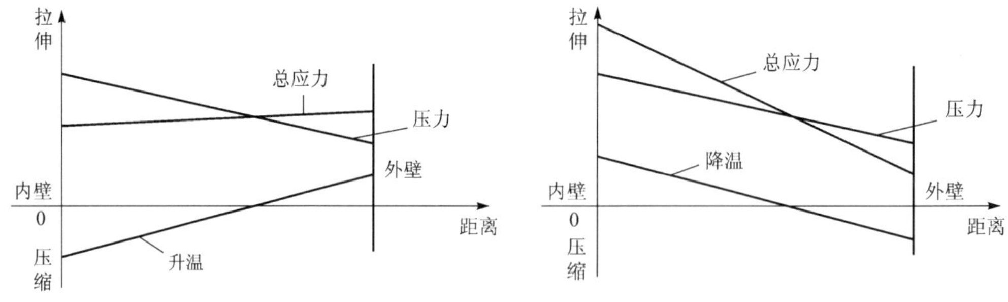

图 2-6-5 升、降温时压力容器应力

2.6.2.4 压力容器运行限制

根据目前典型压水堆压力容器设计计算和运行中随堆试样测试的验证，压力容器钢在受辐照前初始的脆性转变温度约为 −27 ℃。当快中子注量达到 10^{20} n/cm^2 时，约升至

50 ℃。为此，每个核电厂压水堆都会给出类似图 2-6-6 的运行限值图。

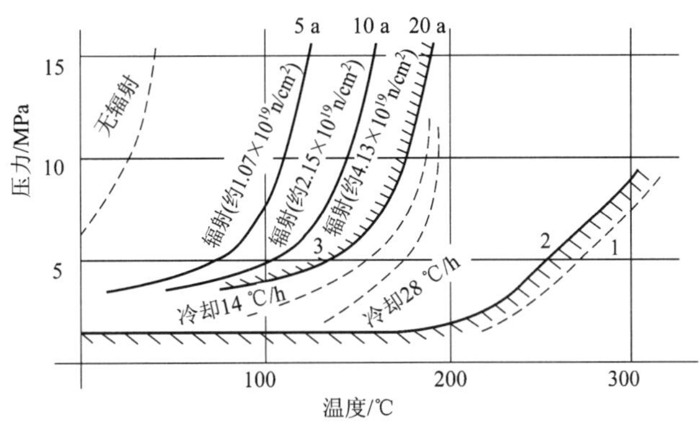

图 2-6-6　压力容器不同辐照时间下的运行图

1—饱和度曲线；2—水泵限制曲线；3—压力限制曲线

为防止压力容器低温下可能引起的脆性断裂，压水堆冷却剂系统温度在 160 ℃以下时，需要启动投入余热排出系统，利用余热排出系统上的阈值仅为 45×10^5 Pa 的自动卸压阀保护压力容器，防止其低温时经受高压下过大的拉应力发生脆性断裂。

压水堆冷态水压试验时，也需要考虑压力容器的脆性断裂问题。随着压水堆运行时间及相应压力容器脆性转变温度的增加，冷态水压试验需要事先将试验介质水温预热至相应的限值以上。

2.6.3　俄罗斯(VVER)系列堆本体结构简介

俄罗斯(VVER)系列压水堆堆本体结构(图 2-6-7)有其独特的设计思路，在此仅对该类型堆本体结构与本章上面介绍的结构的主要不同之处作一简单介绍。

2.6.3.1　堆芯

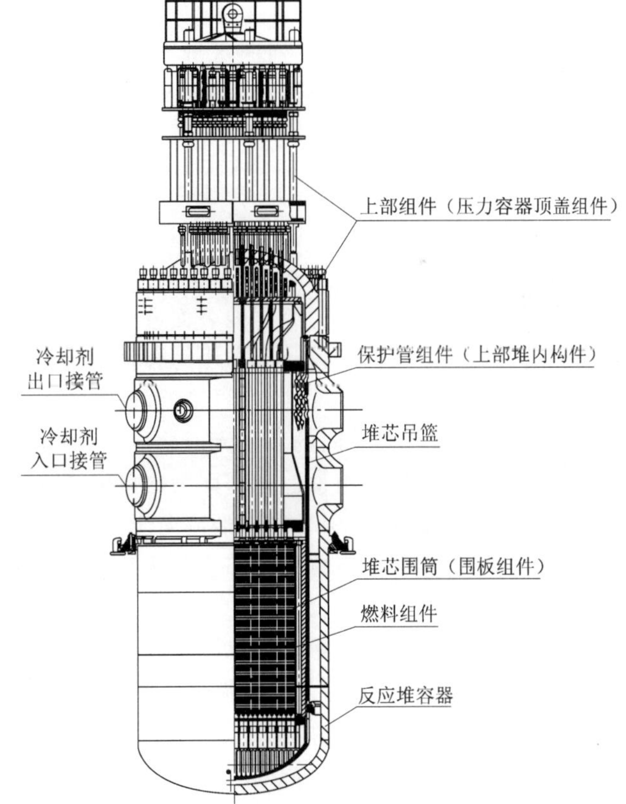

图 2-6-7　VVER 系列压水堆本体图

以田湾核电厂 VVER 堆为例，燃料元件棒间距 12.75 mm，按三角形排列，组成每边为 11 根燃料棒的六边形燃料组件结构。每个燃料组件 331 个栅格中共有 311 根燃料棒，18 根控制棒导向管，1 根中心管和 1 根温度、中子测量导管。组件全长约 4.6 m，共设 15 个定位栅格。另外，在燃料组件底部增加一个不锈钢的钢性支承格架将元件棒插入，导向管与支承格架焊接，然后再与下管座连接。其上部则依靠导向管的套环与上管座形成可拆式连接(图 2-6-8)。定位格架与导向管之间依靠弹簧夹持摩擦力定位，而不作焊接固定。元件棒内燃料芯块中央开有直径1.5 mm中心通孔，以降低中心温度，改善辐照及热应力变形。包壳管材料为 Zr-1%Nb 合金。

控制棒及其相应功能组件每束由 18 根细棒组成。控制棒吸收体以振动密实的 B_4C粉末为主体，细棒下端 300 mm 区段为 Dy_2O_2-TiO_2 吸收体，其目的是为了延长控制棒组件的寿命。控制棒上端贮气腔内，在上端塞上焊有不锈钢增重块，增重块下部采用镍网塞为吸收体压紧限位。可燃毒物棒吸收体为铝基 CrB_2 弥散体。

反应堆堆芯由六角形燃料组件垂直排列成每边 7 个组件的六边形，另外在每边外侧布置 6 个组件，组成共有 163 个燃料组件的等效圆柱形堆芯。整个堆芯设计布置有 85 个控制棒组件和 42 个可燃毒物棒组件(首炉料时)，俄罗斯 VVER 系列压水堆不设中子源组件，故其余燃料组件顶部插入导向管内的均为阻力塞棒组件。

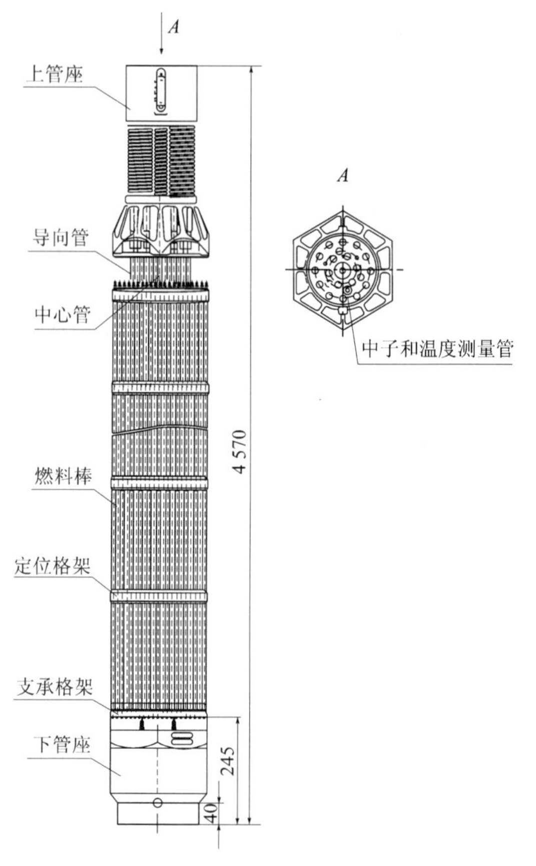

图 2-6-8 VVER 系列压水堆燃料组件

2.6.3.2 压力容器及堆内构件

VVER-1000 压水堆压力容器，4 个冷却剂环路的进口、出口接管不在一个水平面上。压力容器法兰段下部为出口接管段，出口接管段下部为进口接管段。压力容器内表面进、出口接管段之间焊有隔流环。而在堆芯吊篮的相同高度位置的外表面上设计有与压力容器隔流环相对应的隔流带。这样，反应堆冷态时，两者间存在微小的环形间隙，以便装配，而在热态时，则由于热膨胀使环形间隙基本堵死，从而使压力容器与吊篮间的环形流道分成上、下两个部分。下部为冷却剂进入流道，冷却剂向下流进入堆芯燃料组件。上部则为出口流道，冷却剂从燃料组件流出，通过吊篮隔流带以上壳段上的许多圆孔，引导冷却剂流向压力容器的出口接管。在入口接管和出口接管水平面位置的压力容器上布置有堆芯应急冷却系统若干个注水接管。在出口接管位置还有一个仪表接管。共有十多个仪表脉冲管连接套管焊在该仪表接管的密封端盖上，用于硼酸浓度取样，堆芯压力、压差测量及水位测量。在出口接管段压力容器外表面上焊有 2 个测温电阻套管，用于监测压力容器外表面温度。在进口接管段下方，压力容器筒体部位，为支承容器段，其外表面上加工出一个支承凸肩，上面开有一些键槽。支承凸肩专门用于支承压力容器和整个堆本体结构重量于混凝土堆坑。压力容器利用支承凸肩固定在支承环、止动环上，凭借支承环、止动环将压力容器固定在混凝土堆坑内，安装于键槽的键与支承环配合，可防止周向转动，而支承结构则不妨碍反应堆结构的热膨胀位移，同时可防止冷却剂环路主管道断裂或地震冲击时对主结构体的影响。该系列压力容器底封头上不设任何开孔。压力容器顶盖上设有 121 个控制棒驱动机构管座，18 个堆芯仪表接管，1 个排气管和 1 个后备接管。

在与压力容器内壁隔流环相对应位置的吊篮筒体外壁上的隔流带，除用于使冷却剂进入和冷却剂流出分隔外，还用于热态压力容器内壁隔流环与吊篮外壁隔流带紧贴状态下使吊篮中部固定。吊篮隔流带以上筒体上除了开有许多圆孔，用于引导冷却剂流向压力容器出口接管外，在压力容器 2 个堆芯应急冷却注水接口位置，吊篮上对应开有 2 个相同直径的通孔，用于堆芯应急冷却蓄压箱注入含硼水进入堆芯上部。

VVER 上部堆内构件称为保护管组件，其上共设 121 根保护管及 54 根堆芯测温导向管。每 3 根导向管为 1 组从压力容器顶盖上的 18 个管座引出。控制棒组件由保护管导向。图 2-6-9 为 VVER 压力容器和吊篮示意图。

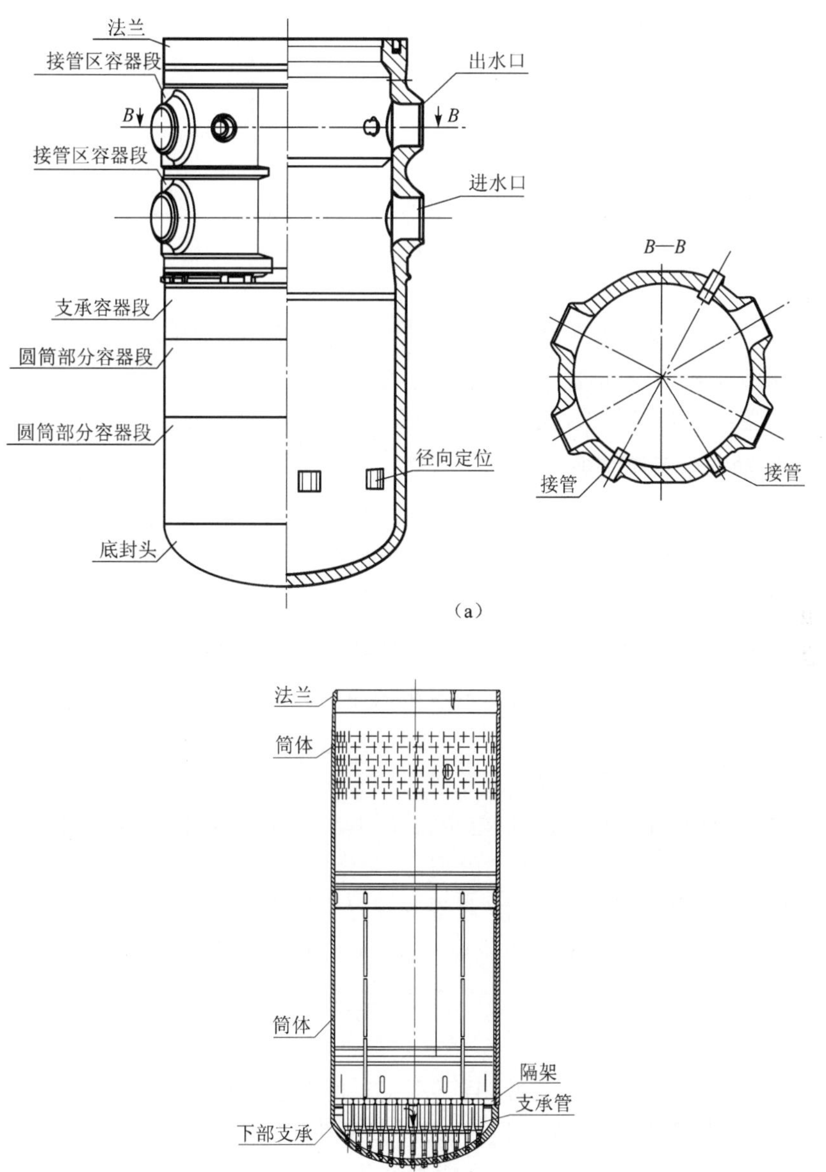

图 2-6-9　VVER 压力容器和吊篮示意图

(a) VVER 系列压水堆压力容器；(b) VVER 系列压水堆堆芯吊篮

2.6.4 第三代核电厂压水堆及 AP1000

2.6.4.1 第三代核电堆设计理念

1. 降低堆芯熔化、放射性向环境释放风险，严重事故概率降低到极致，消除公众顾虑；
2. 减少核废物排放量，寻求更佳处理方案，减小对人员、环境影响；
3. 降低造价、缩短建造周期，提高热效率、利用率，延长寿命，提高经济性。

对应于第三代核电堆，第四代核电堆则要求进一步改善第三代指标；无须厂外应急；具有防核扩散能力。

第三代核电堆需要克服第二代20世纪七八十年代老设计规范“严重事故不作设计基准(如三哩岛、切尔诺贝利事故)，仅作有限防范和缓解，安全壳不能承担严重事故负载”等的弱点。

2.6.4.2 AP1000 电厂堆设计思路

1. 安全系统非能动化，对严重事故设置预防和缓解措施；
2. 简化安全系统配置，减少安全支持系统；
3. 大幅度减少安全级设备(阀、泵、电缆)及抗震厂房；
4. 取消1E级应急柴油机系统和安全级能动设备，降低对大宗材料的需求；
5. 简化系统设备、工艺布置，减少施工量，缩短工期；
6. 降低应急响应时限要求，人因误操作概率下降，安全性、经济性提高。

2.6.4.3 非能动安全系统概念

利用日常碰到的自然循环、重力、压缩空气膨胀等物理现象和原理，不用泵、交流电、应急柴油发电机组以及相应的电动阀、通风、冷却水等支持系统，实现堆芯冷却、安全壳排热，简化系统，增加操纵员干预宽限时间至72 h，降低系统设备共因失效概率。

2.6.4.4 AP1000 核岛主设备、专设安全系统与第二代 PWR 区别

1. 冷却剂两环路四进二出方案，蒸汽发生器出口直接连接2台大型屏蔽电机泵；
2. 四级自动降压系统，第4级采用大型爆破阀；
3. 控制棒驱动杆加长，采用双钩爪驱动机构；
4. 安全系统中少量能动阀由直流电全自动驱动，采用失效、失电故障安全原则；
5. 事故72 h之内操纵员无须干预处理，无交流电源下保持堆芯和安全壳冷却；
6. 交流电源、设冷水、重要厂用水、暖通空调等支持系统无须设计为安全级。稳压器上不设动力操作释放阀。无须厂外多重供电功能，无须1E级应急柴油发电机系统。

2.6.4.5 AP1000 堆本体结构(图 2-6-10)简介(与第二代 PWR 不同处)

1. 堆芯

燃料棒加长，上、下均设很长空腔，且下端塞长度大于管座厚度，以防包壳磨损。燃料棒下部空腔由空心支撑管提供(图 2-6-11)。燃料棒两端(各 20 cm)内芯块为低富集度轴向低功率再生区，以防止轴向中子泄漏，提高燃料利用率，其芯块高度略高于正常芯块，以示区分。部分燃料棒中部位置设置含一体化可燃毒物吸收体芯块，芯块表面涂以 0.002 5 mm 硼化物。这类燃料棒具体数量和堆芯位置因用途而异。燃料组件设置多层格架，包括上下

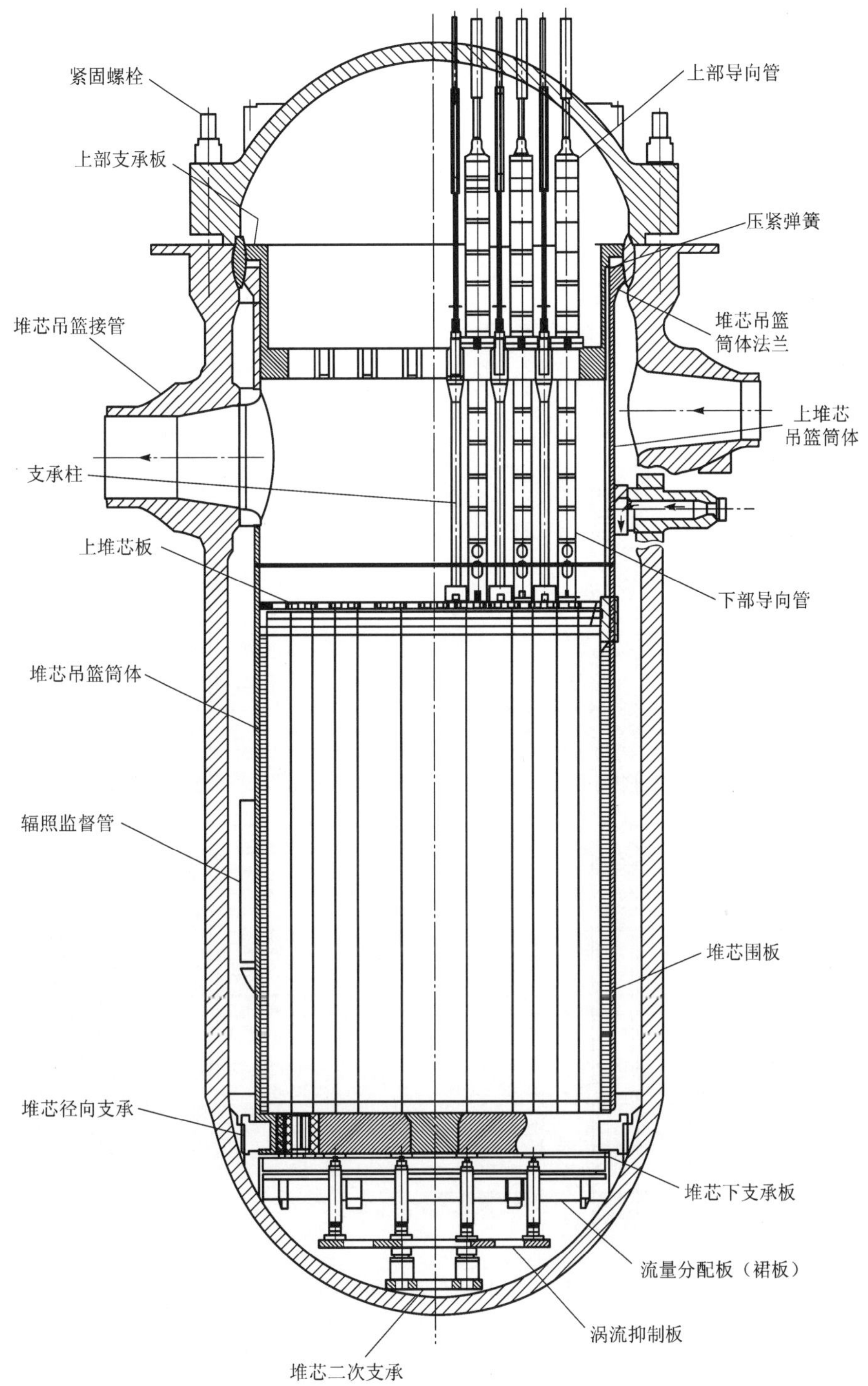

图 2-6-10　AP1000 反应堆压力容器与堆内构件

格架、8 层中间格架、4 层搅混格架、1 层保护格架。保护格架位于下管座上部，防止异物进入组件。搅混格架位于 8 层中间格架的上部 5 个之间的高热流密度区段。上、下格架及保护格架采用高强度耐腐蚀镍基合金钢，其余材料为锆-4 合金。燃料组件上管座采用可拆式连接，管座接头板(底板)与导向管护套通过锁紧管锁定。去掉锁紧管，管座即可与燃料组件分离，并直接抽插燃料棒。下管座通过导向锁紧螺钉与导向管固定。螺钉穿过下管座、导向管，与导向管内带螺孔端塞连接，同样具有可拆性，易于将下管座从燃料组件上拆下。

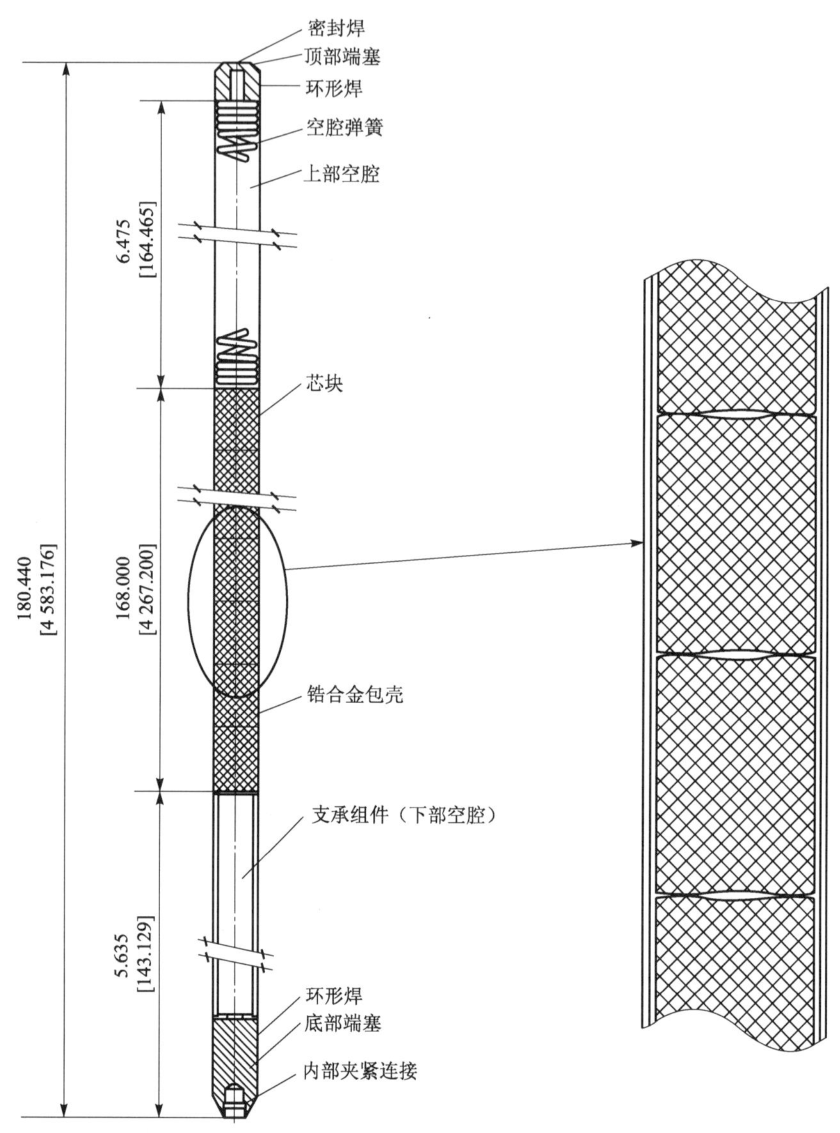

图 2-6-11 AP1000 燃料棒结构示意图

控制棒组件数量较 PWR 多，除了用于常规停堆、调节用途外，许多控制棒组件用来补偿系统启停温度变化、负荷跟踪和核燃料损耗，替代冷却剂硼浓度调节，减少废水处理量。

2. 压力容器

AP1000 冷却剂系统为两环路，每个蒸汽发生器出口直接连接 2 台主泵。每环路 1 个热管段、2 个冷管段，无中间过渡段。1 个热管段上通过波动管与稳压器连接。压力容器同一水平面上设 4 个进口接管，压力容器利用 4 个进口接管支承在安全壳内一次屏蔽混凝土堆坑上。2个出口接管直径较进口接管直径大,位置较低于进口接管(图 2-6-12)。

压力容器活性区段采用环形锻件,取消纵向焊缝。材料中降低镍、铜含量,脆性转变温度略低于 PWR。上封头为整体锻件,下封头不设贯穿件。堆芯围板焊于吊篮上,取消螺栓连接。压力容器在假想熔化事故时可作为换热器与容器外冷却水热交换。压力容器设计寿命由 40 a 增至 60 a (图 2-6-13)。

采用一体化堆顶结构设计,实施整体吊装。一体化堆顶结构包括:① 屏蔽罩及检查门;② 螺栓起吊轨道;③ 控制棒驱动机构、风冷通道(冷却围筒);④ 控制棒驱动机构抗震支承和堆内测量仪表支承结构;⑤ 电缆托架及支承结构;⑥ 起吊三角架;⑦ 中子注量率测量探头提升绞盘(图 2-6-14)。

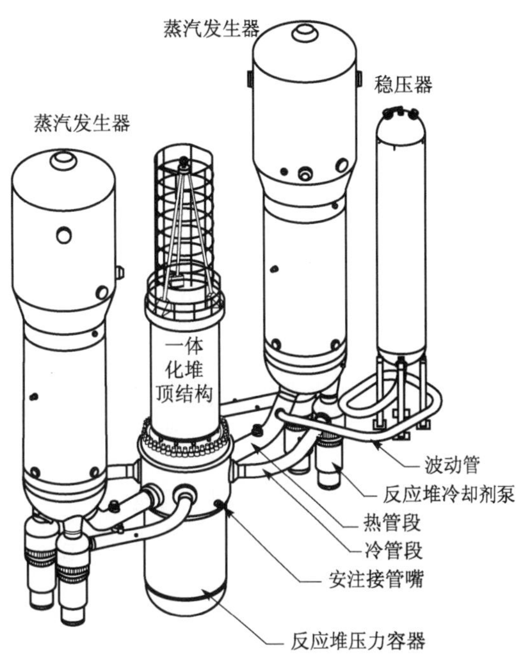

图 2-6-12 AP1000 核蒸汽供应系统的布置

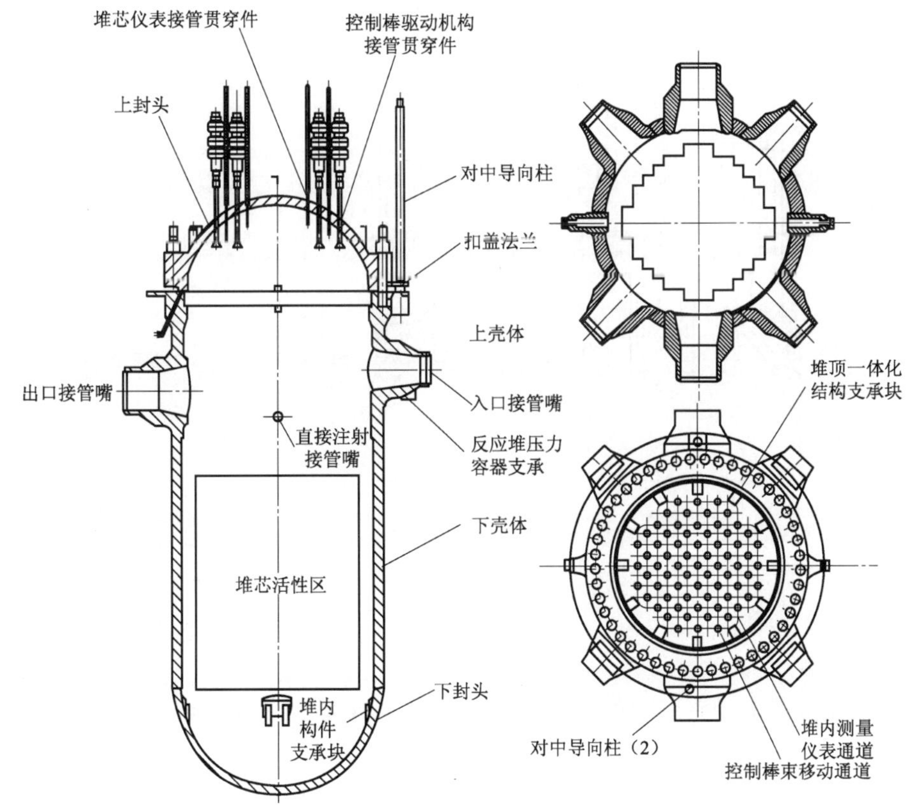

图 2-6-13 AP1000 反应堆压力容器

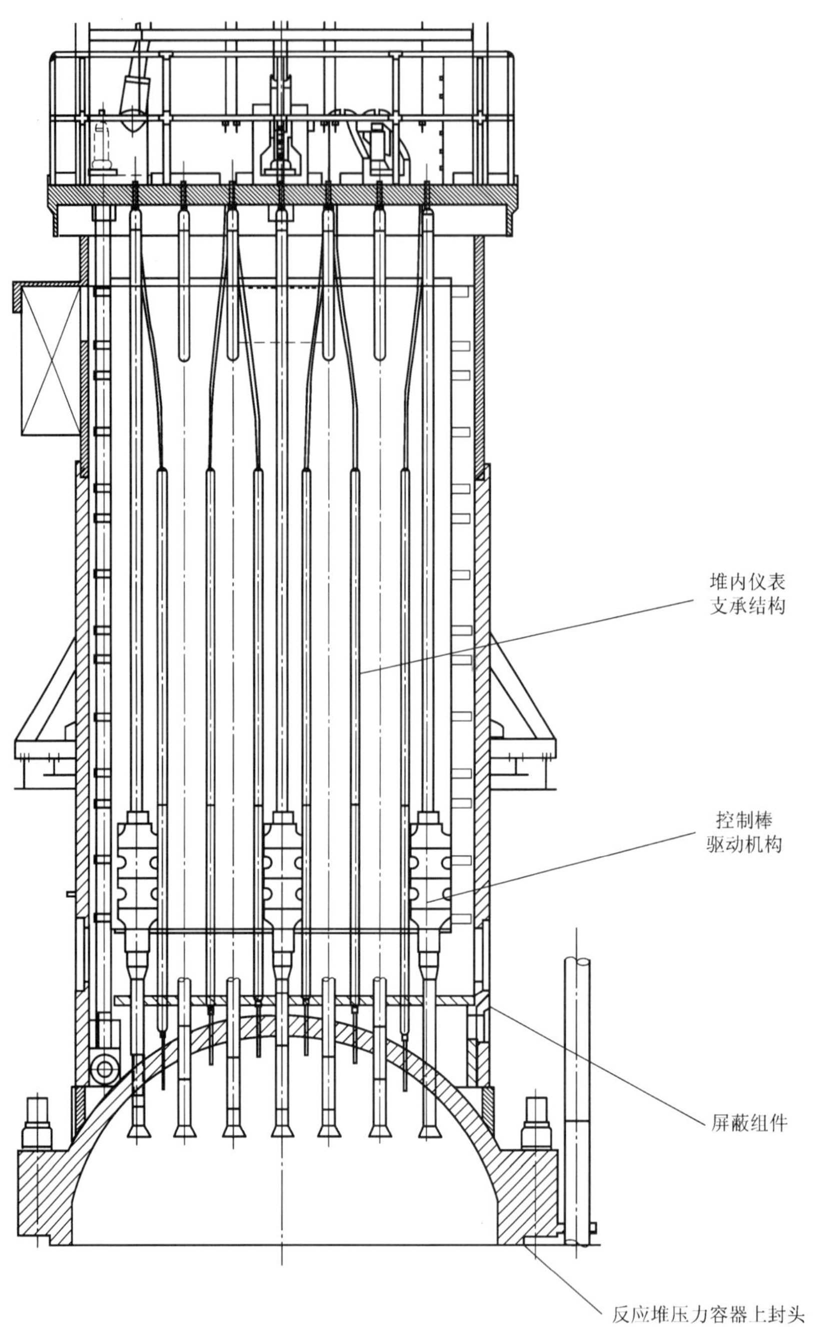

图 2-6-14　一体化堆顶结构

3. 堆内构件

① 取消热屏中子反射层；② 上部引入中子注量率测量导管；③ 吊篮底板下移；④ 焊接式围板结构。

复习思考题

1. 核电厂压水堆本体由哪些部件组成？

2. 压水堆本体部件怎样相互对中、压紧定位、密封、导向？

3. 描述典型压水堆堆芯布置。

4. 描述燃料组件及燃料元件棒结构与功能。

5. 描述堆芯各功能组件的用途、分布、结构及运行方式。

6. 为什么新堆首炉装料要设可燃毒物棒组件？

7. 描述堆内构件的结构及作用。

8. 描述二次支承组件的功能，它起什么作用？

9. 描述压力容器的作用及结构。

10. 描述堆内有哪两种测量装置。

11. 描述控制棒驱动机构结构及工作原理。

12. 冷却剂在压力容器及堆芯内是怎么循环的？有哪些旁路流？

13. 运行中压力容器存在什么问题需要引起重视？

14. 为什么规定冷却剂温度在 160～180 ℃范围以下时，余热排出系统必须投运？

15. VVER 压水堆本体结构与普通 PWR 比较有哪些区别？

16. 试述第三代压水堆 AP1000 设计思路，堆本体结构有哪些特点。

第三章　冷却剂环路系统及设备

典型压水堆核电厂冷却剂系统由3～4条冷却剂环路与反应堆压力容器进、出口接管相连接，对称分布。每条环路设1台蒸汽发生器、1台冷却剂泵。在一个环路堆出口至蒸汽发生器入口间管段上通过波动管设置1台稳压器。冷却剂环路系统、设备、反应堆压力容器以及与之相连的承压密封壳、2道隔离阀前的管道组成一回路压力边界，是核电厂防止放射性物质外泄的又一道安全屏障。

3.1　冷却剂环路系统

3.1.1　环路系统功能

冷却剂环路系统的主要功能是利用水泵驱使冷却剂强迫循环流动，将堆芯核燃料裂变产生的热量带出堆外，通过蒸汽发生器传给二回路给水产生蒸汽。冷却剂在导出堆芯热量的过程中冷却堆芯，防止燃料元件烧毁。压力容器内冷却剂还兼作堆芯中子的慢化剂和堆芯外围的中子反射层。冷却剂水中溶有硼酸，硼是中子吸收剂，因此调节冷却剂中含硼浓度，可配合控制棒组件用以控制反应堆，补偿堆芯核燃料的损耗。系统内的稳压器用于控制冷却剂系统压力，以防止压力过低堆芯沸腾；压力过高损坏压力边界完整性。当系统超压时，稳压器安全阀实现超压排放。

3.1.2　环路系统

3.1.2.1　环路分段

为便于运行操作和区分识别，压水堆环路系统一般分为3个区段。位于压力容器出口和蒸汽发生器之间的管段称为环路热管段，主泵与压力容器入口之间的管段称为冷管段。蒸汽发生器与主泵间的管段则称为中间过渡段。稳压器通过其下部波动管连接在某一个环路的热段上，稳压器顶部喷淋液则一般来自于另外环路上的冷管段。图3-1-1(a)为典型核电厂压水堆环路的示意图。图3-1-1(b)为典型压水堆环路设备与反应堆压力容器间的布置及相对标高示意图。

3.1.2.2　环路系统与主要辅助系统的接口

化学与容积控制系统的下泄、上充管线连接于环路冷段，过剩下泄管线则与环路过渡段连接。其上充管线还通过稳压器辅助喷淋管线与稳压器相连，通过泵轴封注水管线与主泵相连。余热排出系统由环路热段引出冷却剂进入余热排出系统，排出余热后冷却剂再由环路冷段接口进入环路系统。反应堆堆芯应急冷却系统能动高、中、低压安全注入管线及非能动蓄压箱安全注入管线分别连接于环路的冷段、热段或反应堆压力容器顶部。

在环路系统、设备的不同位置，还与核岛排气疏水系统、核取样系统、硼和水补给系统、

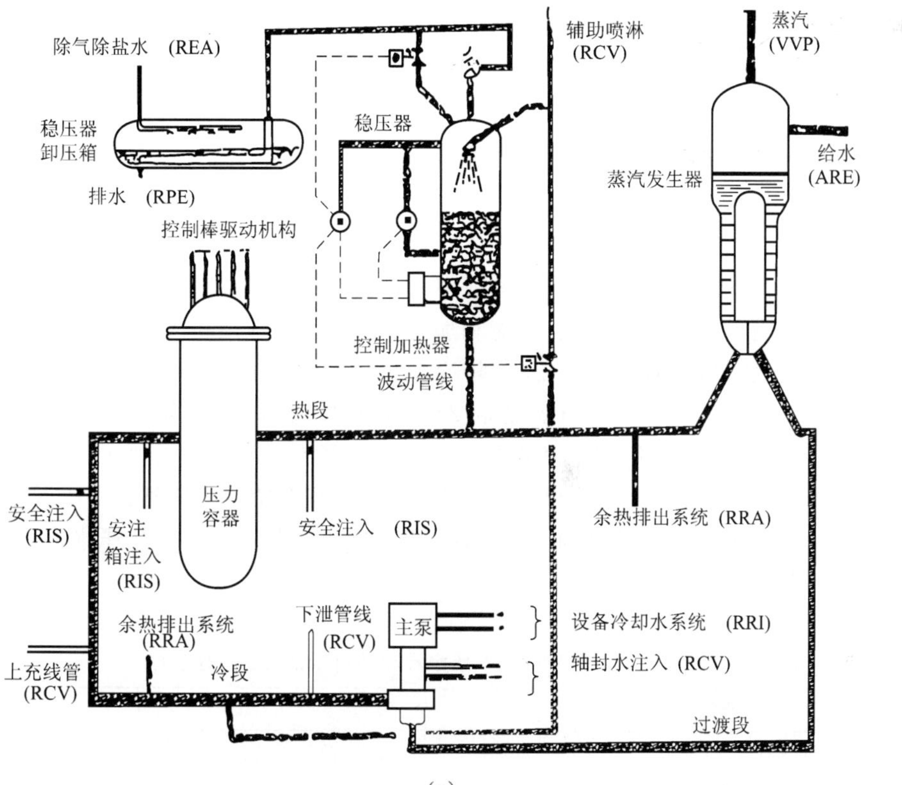

(a)

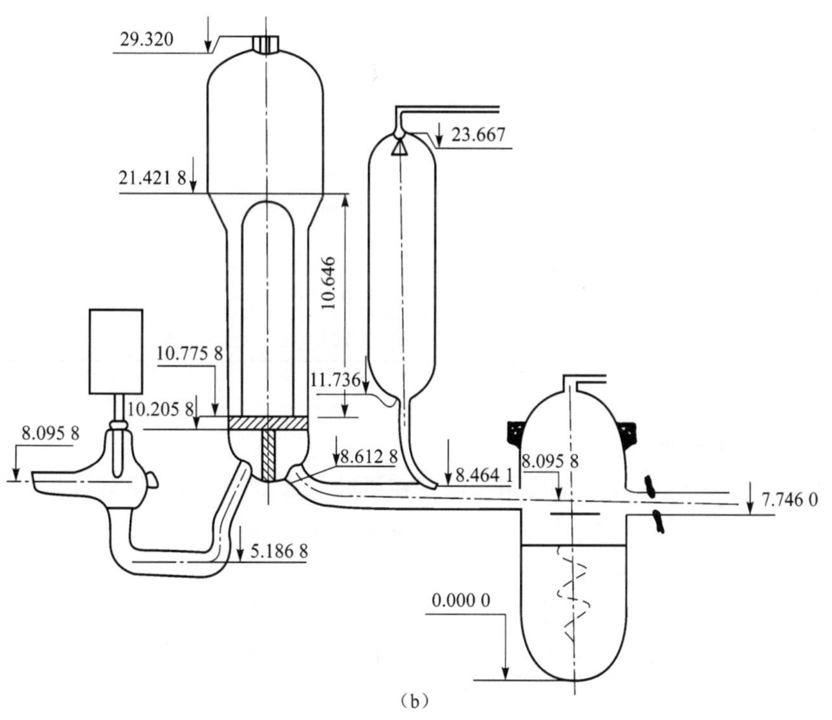

(b)

图 3-1-1　环路分段示意图

(a) 典型压水堆环路示意图;(b) 压水堆环路设备布置和相对标高

核岛氮气分配系统、设备冷却水系统、堆换料水池和乏燃料水池冷却处理系统等相连接。

3.1.2.3 环路系统特性参数

根据核电厂安全法规要求，单堆冷却剂环路必须在1个以上。目前世界上大型压水堆核电厂一般为双机组组合，每个机组电功率在900～1 300 MW范围，采用3～4条环路并联运行。提高单环路的输出功率，减少核电机组的环路数，将会减少系统设备，降低建造和运行维护费用，从而降低运行成本和核电价格。

从提高核电厂蒸汽参数，提高电厂热效率角度看，环路系统的运行温度和压力愈高愈有利。然而相应设备的承压能力、材料性能和加工制造技术要求也相应增高，从而反过来会影响核电厂的经济性。综合各种因素，压水堆冷却剂系统工作压力一般取在14.7～15.8 MPa之间，常用15.5 MPa。冷却剂进堆温度取280～300 ℃，出口温度取310～330 ℃，温差取30～40 ℃。单环路冷却剂流量约24 000 m^3/h，主管道冷却剂流速限制在12 m/s以内，回路阻力损失0.6～0.8 MPa。电厂热效率约32 %。所有系统设备能适应112 ℃/h温度变化速率(实际以28 ℃/h作为运行限制)。表3-1-1给出了典型900 MW压水堆冷却剂环路系统的主要特性参数。

表3-1-1 典型900 MW压水堆冷却剂环路系统特性参数

参数名称/单位	数值		
堆芯额定热功率/MW	2 895		
稳压器压力/10^5 Pa	155		
	热工设计	名义值	机械设计
环路流量/(m^3/h)(冷段温度下)	22 840	23 790	24 740
零负荷下温度/℃	291.4		
额定负荷下温度/℃	热工设计	名义值	
堆芯入口	292.4	293.1	
堆芯出口	329.8	328.3	
压力容器出口	327.6	327.0	
压力容器内平均	310.0	310.0	
堆芯平均	311.1	310.7	

3.1.2.4 系统设备支撑

环路系统设备、管道的支撑主要用来限制在事故状态如地震、管道破裂时，因突加载荷引起纵向、横向或转动力而造成过大的位移。核电厂正常运行时系统受热或冷却引起的管道、设备热胀冷缩位移则不受约束。

安全壳内以反应堆压力容器为中心，各条冷却剂环路呈对称布置。堆出口到蒸汽发生器入口热段管道和主泵出口到堆入口冷段管道均成水平布置。而蒸汽发生器出口至主泵入口间跨接管段则布置成U形，使其在热膨胀时稍具挠性。为了确保良好的安装对中和配合，克服制造、施工中的误差，支撑构件需有足够的调整裕度。这通常在支撑构件与混凝土交界面上用调整垫片等办法来实现。

蒸汽发生器支撑如图 3-1-2 所示，其垂直支撑由 4 根独立的管式立柱组成。支柱顶部用螺栓固定在蒸汽发生器下封头上，底部用螺栓固定于混凝土基础上。为了允许主管道及蒸汽发生器膨胀自由位移，支柱采用球形铰接或双端销接结构。下部横向支撑由蒸汽发生器下封头结构及用螺栓固定于设备墙上的梁、杆件、挡块等组成。支撑允许系统热膨胀自由位移，但在事故发生时止挡结构起限制位移的作用。上部横向支撑位于蒸汽发生器重心附近，由梁、减震框架、双向作用式液压阻尼器及拉杆等组成。对热膨胀产生的慢速位移，阻尼器不起作用，但对于地震、管道破裂而引起的突加载荷，阻尼器将会有效地限制其位移。

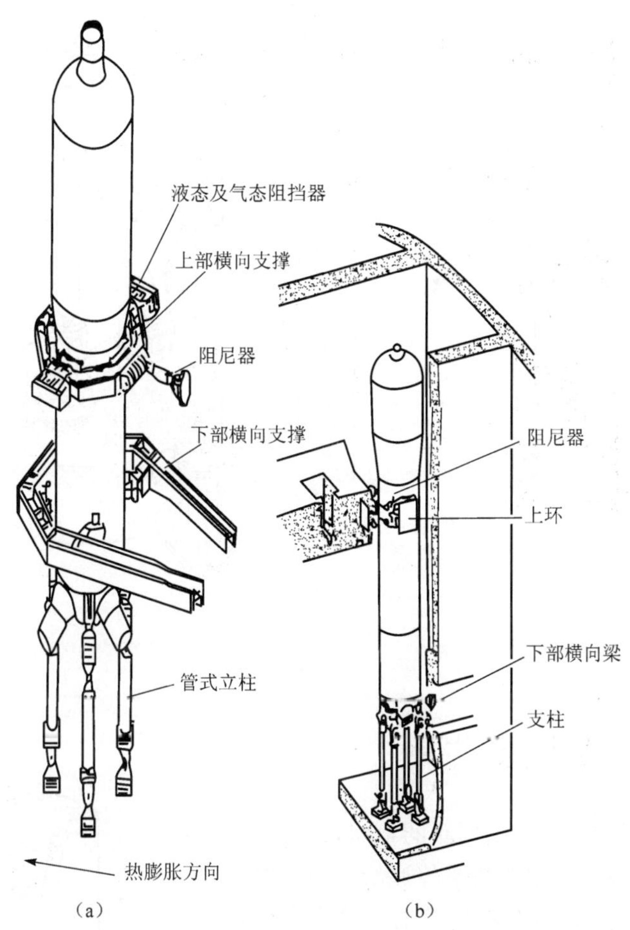

图 3-1-2　蒸汽发生器支撑

主泵支撑见图 3-1-3，其垂直支撑与蒸汽发生器相似，由 3 根独立的支柱组成。对于地震和管道破裂引起的突加载荷，由横向支撑包括 3 根横向拉杆和 3 台双向作用式液压阻尼器约束其产生的过度位移。

稳压器通过波动管与主管道连接，已有相当柔性，故下部采用固定支撑。其上部仍设横向支撑，以限制地震、管道破裂突加载荷引起的过度位移(图 3-1-4)。

此外，在环路管道不同位置根据热胀冷缩位移、应力测量计算、震动以及事故下突加负载等技术要求，也设置有各种类型的位移约束件。

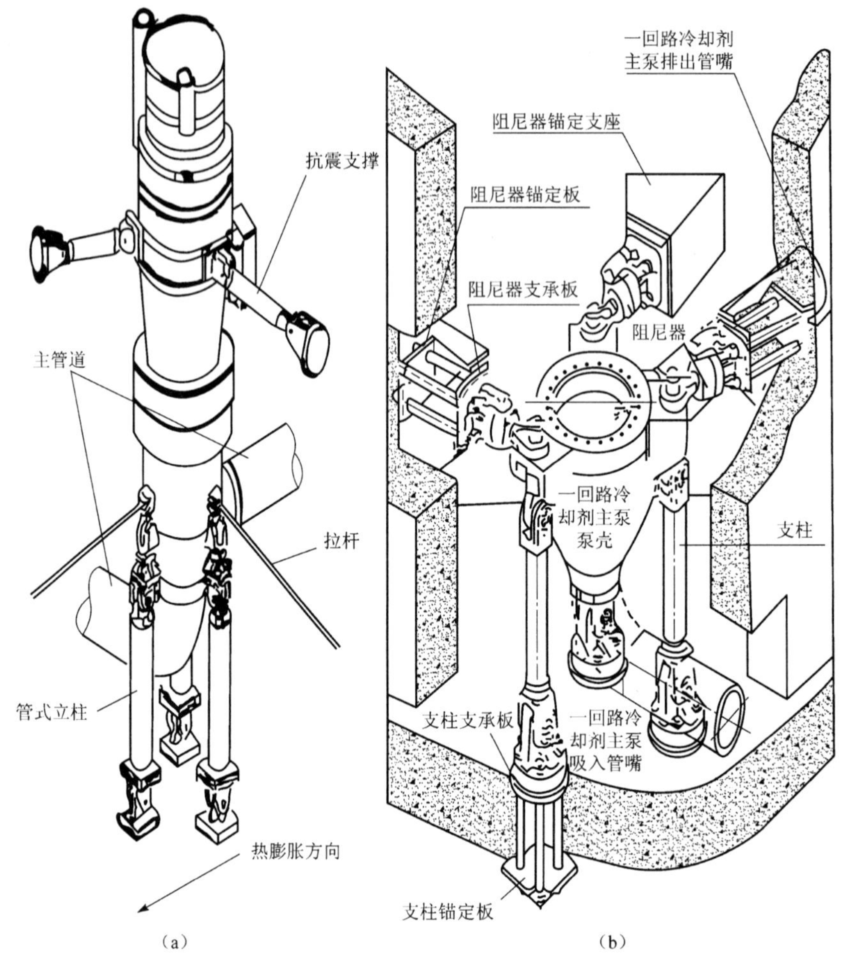

图 3-1-3 主泵支撑

3.2 蒸汽发生器

蒸汽发生器是核电厂一、二回路的枢纽，它的主要作用是将一回路冷却剂中的热量传递给二回路给水，使之产生蒸汽用来驱动汽轮机发电。蒸汽发生器的传热管及管板是一、二回路介质的交界面，交界面破损会造成放射性物质泄漏，对核电厂的安全会构成威胁。因此，蒸汽发生器的安全可靠与核电厂的经济性、安全性密切相关。

3.2.1 蒸汽发生器类型

蒸汽发生器按二回路介质在蒸汽发生器内的流动方式分为自然循环、辅助循环和强迫循环 3 种。

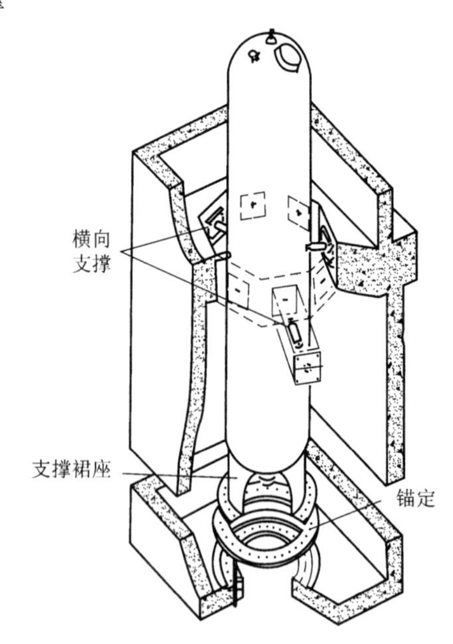

图 3-1-4 稳压器支撑

另外还可按传热管形状分为U形管式、直管式、螺旋管式等多种；按设备安装方式分为立式和卧式2种；按结构特征分为带预热器和不带预热器2种。

3.2.1.1　自然循环蒸汽发生器

这类蒸汽发生器的运行原理如图3-2-1所示。在蒸汽发生器中保证二回路介质流动的原动力是冷水柱(水)和热水柱(水和蒸汽)之间的密度差。其中集水箱用来汽水分离，分离出的饱和水在蒸汽发生器中进行再循环。产生的蒸汽是饱和蒸汽。

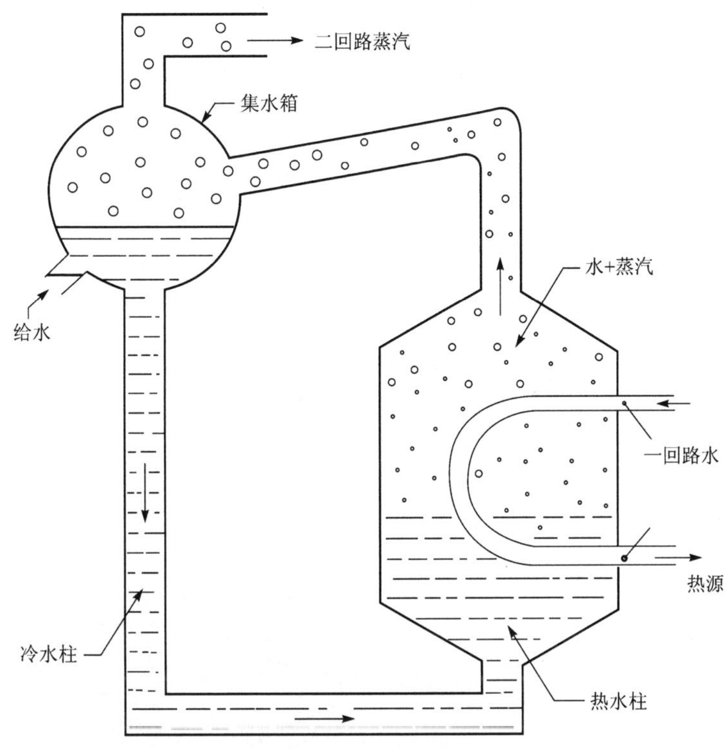

图3-2-1　自然循环蒸汽发生器运行原理

3.2.1.2　辅助循环蒸汽发生器

辅助循环蒸汽发生器运行原理如图3-2-2所示。这类蒸汽发生器基本与自然循环蒸汽发生器相同，只是简单地在冷水柱部位设置水泵，加速二回路介质流动，以使热水柱(传热管段)获得更好的热交换，且能保证低负荷下克服流道阻力，获得满意的循环流动。

3.2.1.3　强迫循环蒸汽发生器

在这类蒸汽发生器内无水的再循环，出口处得到的通常是过热蒸汽(图3-2-3)。

当前世界上大部分电厂压水堆采用典型的立式筒体倒置U形传热管，不带预热器自然循环式的蒸汽发生器。但俄罗斯VVER系列则采用卧式筒体水平设置U形管，不带预热器自然循环式的蒸汽发生器。本书将重点介绍典型立式蒸汽发生器结构特点和运行特性。对卧式蒸汽发生器仅作简单介绍。

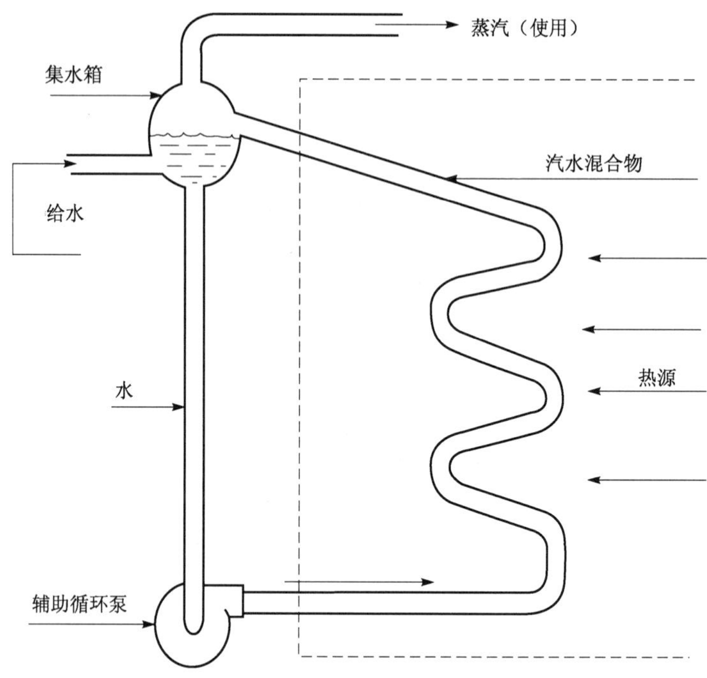

图 3-2-2 辅助循环蒸汽发生器运行原理

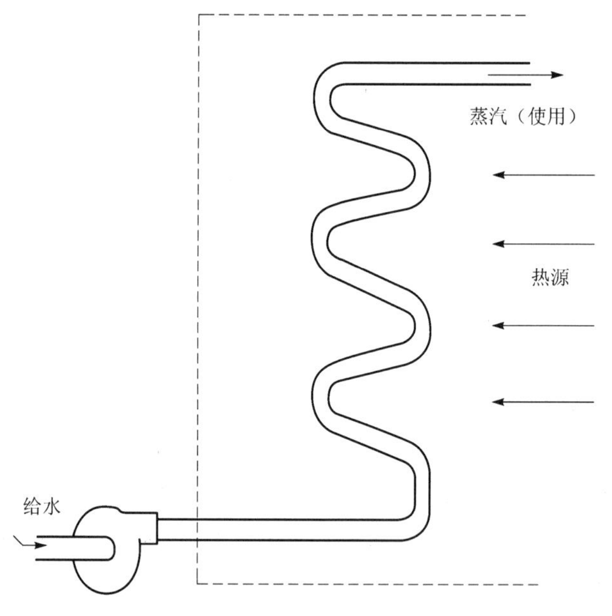

图 3-2-3 强迫循环蒸汽发生器运行原理

3.2.2 蒸汽发生器结构

蒸汽发生器结构如图 3-2-4 所示。蒸汽发生器由筒体组件、下封头、管板、U 形管束组件、汽水分离组件等主要部件组成。来自压力容器出口的冷却剂由下封头接管进入一次侧

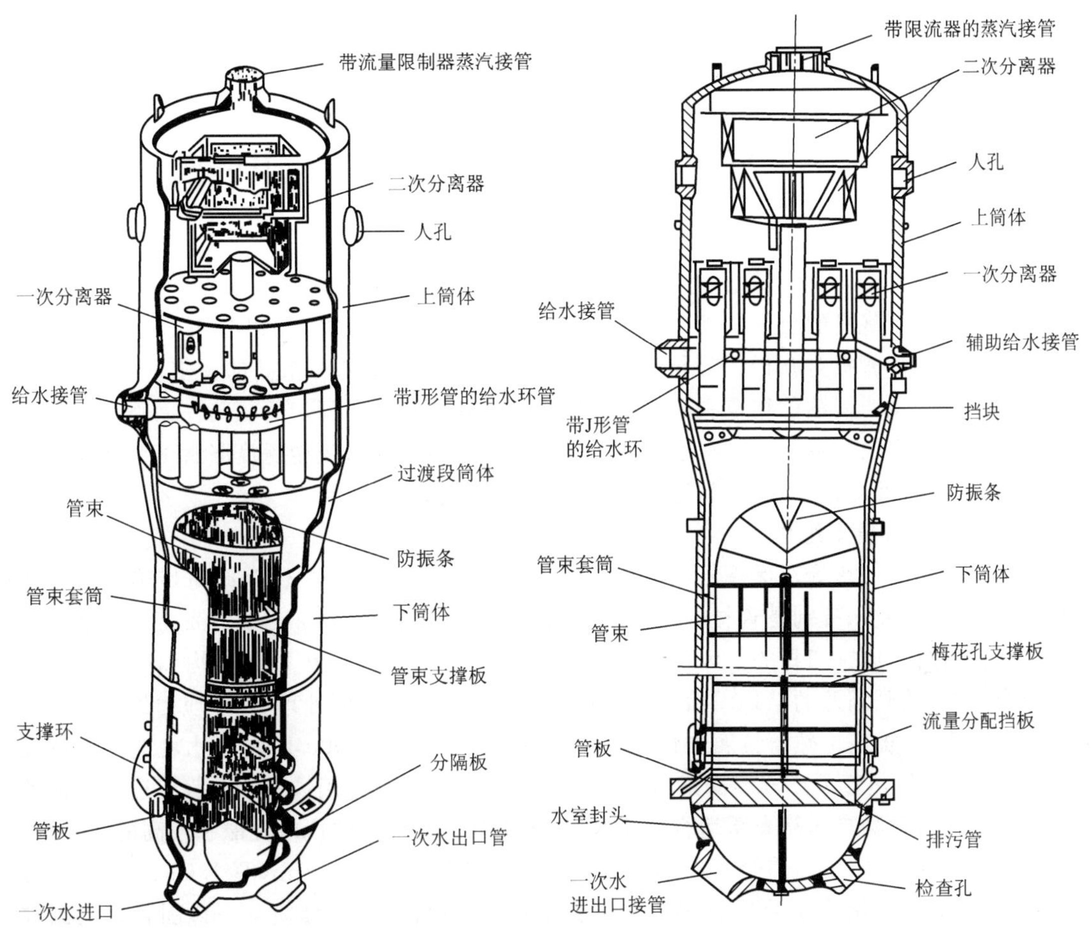

图 3-2-4 典型蒸汽发生器结构

进口水室，然后通过倒置U形传热管将热量传递给二回路给水。冷却剂流出U形管后通过出口水室，从下封头出口接管流出。在二次侧，给水由位于上部筒体的接管进入，通过给水环管上的管嘴流向管束套筒与蒸汽发生器筒体之间的环形下降通道，与来自汽水分离器被分离出的饱和水汇合后向下流动。水流至管束套筒底部管板上表面位置，通过管束套筒上预留的通道，横向进入套筒内管束底部。此时给水已被汽水分离器分离出的饱和水和管束底部预热至接近饱和温度。给水然后折流向上在管束间吸收来自一次侧的热量，使其达到饱和并逐渐汽化。含汽量约30%的汽水混合物在向上流动离开管束弯管区后进入旋流式汽水分离器。分离器用离心法除掉汽水混合物中的大部分水。被分离出的水进入环形下降通道参加再循环。仅带有细小水滴的蒸汽继续上升，通过上筒体中心管进入人字形干燥器，将残余的水分除去。这部分水也进入环形下降通道参加再循环。饱和蒸汽通过位于筒体上封头的限流器和蒸汽出口接管引出，送往汽轮发电机组。蒸汽发生器出口饱和蒸汽湿度小于0.25%。

1. 下封头

下封头是蒸汽发生器一回路侧承受冷却剂高压的一个半球形封头。下封头采用高强度低碳低合金铁素体钢材铸造成型。由于下封头上开有进出口接管孔和2个人孔，去掉了封头表面积的40%～50%，使下封头应力状态复杂，因此需严格控制其制造质量。下封头内壁与冷却剂接触表面堆焊5～6 mm厚的不锈钢覆盖层，以降低含硼酸冷却剂对材料的冲刷和腐蚀。下封头与管板焊成一体，并由焊接在管板上的镍基合金隔板将下封头空间分隔成2个水室，每个水室开1个接管孔和1个人孔。人孔用来对蒸汽发生器管板、传热管进行在役检查和检修。检查一般采用遥控无损探伤技术。

2. 管板

管板厚555 mm，采用高强度(Mn-Mo-Ni)低合金钢锻造而成。管板属于超厚锻件，因此要求材料具有优良的机械加工性能。管板上管孔多达8 948个，用以与4 474根U形传热管连接密封。管板对孔径、节距、形位公差及管孔壁光洁度都有很高的要求。因此，整个蒸汽发生器的生产周期往往取决于管板的锻造和钻孔所耗的时间。管板与一回路冷却剂接触表面堆焊有3层镍基合金复覆层。传热管与管板连接采用管板全深度胀管工艺加端部密封焊接，消除管孔与传热管间隙，避免间隙内沉积、浓缩化学物质。

3. 传热管及管束组件

蒸汽发生器传热管对保障压水堆电厂运行与安全具有重要意义，为此对传热管材料性能提出很高的要求，特别是管材的耐腐蚀性能。此外，传热管的损坏与蒸汽发生器的热工水力特性和运行水质密切相关。因此，优良的管材与合理的蒸汽发生器的结构和适度的水质相结合，才能达到满意的结果。给予传热管适当的热处理和表面处理(如消应力处理和表面喷丸处理等)对提高传热管抗腐蚀性能也具有重大意义。典型900 MW压水堆电厂蒸汽发生器4 474根传热管呈正方形栅格组成倒U形管束。传热管选用镍基合金管以适应含硼酸冷却剂及含氯化物二回路介质运行的要求，该合金管具有优良的机械性能和较高的热导率。冷却剂在管内流动，二回路给水在管外汽化。传热管外径19.05 mm，厚1.09 mm，管束传热面积5 429 m^2，堵管余量约10%。管束置于管束套筒内，管束套筒为一包围管束的圆柱形薄钢板包壳，从而将二回路介质分隔为下降和上升两个通道。在U形管束直管段，依靠分布于直段长度上的9块圆形支撑隔板来保持管束间距。隔板通过拉杆固定并用防震楔子使隔板固定于管束套筒，并最终将载荷传至蒸汽发生器筒体。在管束弧形弯管区，也设置有防震定位杆。这些支撑件均用来加固管束，提高自振频率，防止运行中振动导致管束损坏。支撑隔板上的管孔除了贯穿传热管外，还用来让汽水混合物通过，其管孔形状对于局部区域的传热、流道阻力、振动以及流水孔隙化学物质可能的沉淀、浓缩等具有很大影响。支撑隔板管孔被设计成如图3-2-5所示的形状，这种管孔形状对防止局部缺液传热，防止隔板与传热管接触处化学物质大量沉积浓缩，避免传热管及隔板破损、腐蚀起很大作用。

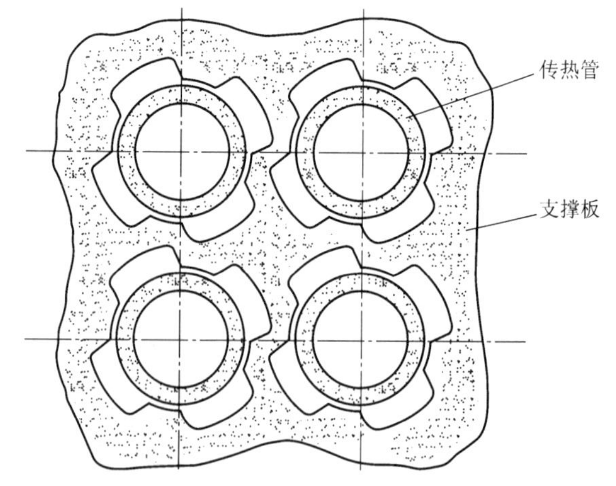

图3-2-5 支撑隔板管孔形状

4. 筒体组件

蒸汽发生器筒体是承受二回路给水和蒸汽介质压力的部件，由上封头、上筒体、锥形连接段及下筒体组成。筒体用厚 75～100 mm 的锰-钼-镍低合金钢板加工焊接成一个整体。下筒体外径约 3.5 m，锥形段以上被扩大到 4.5 m。筒体组件下端与管板、下封头焊接成一个整体。蒸汽发生器总高约 20.8 m。上封头为标准椭球形状，顶部蒸汽出口接管管嘴内有 7 个小直径文丘里管，组成流量限制器，用于主蒸汽管道破裂时限制蒸汽流量过大，从而减缓一回路冷却剂的降温速率和蒸汽发生器构件的热变应力。上筒体内主要设置有汽水分离器和蒸汽干燥器。上筒体下端设有给水接管，筒体内给水环管与给水接管相连接。环管上设有许多并非均匀布置的倒置的 J 形管嘴，其目的是使给水流量在管束的冷热端沿环形下降通道获得最佳分配。蒸汽发生器上部汽水分离段高度约 7.4 m。上筒体通过锥形连接段与下筒体连接。下筒体不同高度筒壁上分别开有多个检查孔和手孔，用以检查管板二次侧表面、传热管端部的淤泥沉积情况，必要时可用高压水冲刷排除该处沉积的淤泥，以及用来检查相应高度的部件状况。位于上筒体汽水分离器与蒸汽干燥器之间高度位置的筒壁上也开有 2 个能进入筒体进行检修的人孔。这些检查孔、手孔和人孔均用盖板螺栓密封。

5. 汽水分离组件

汽水分离组件是自然循环式蒸汽发生器的一个重要部件。它的功能是向汽轮发电机组提供干燥、清洁的蒸汽，使机组能以预定的效率输出额定的电功率。合格的蒸汽品质是确保核电厂经济、可靠地运行的重要条件。另外，自然循环式蒸汽发生器的尺寸在很大程度上取决于汽水分离组件的结构和工作特性。高效而紧凑的汽水分离对于减小蒸汽发生器的尺寸、重量具有重要意义。

汽水分离组件分汽水分离器和蒸汽干燥器两部分。汽水分离器用于粗分离，因此也称粗分离器。蒸汽干燥器则用来进行细分离，使蒸汽发生器出口获得湿度在 0.25％以下的饱和蒸汽。汽水分离器为旋流叶片式分离器(也称涡轮式分离器)。设计有十几个旋流分离器设置于蒸汽发生器上筒体内，对传热管束出口的汽水混合物进行粗分离。与其他分离器比较，它的单位面积蒸汽负荷量大。单位面积蒸汽负荷量大意味着蒸汽发生器上筒体的直径可以减小。旋流分离器结构紧凑，能充分利用上筒体的横截面灵活布置，使蒸汽负荷均匀分配，其汽水分离效率可达 90％以上。旋流叶片分离器的缺点是分离阻力较高(约占蒸汽发生器流体总阻力的 40％)。旋流汽水分离器的结构如图 3-2-6 所示，分离筒内装有固定的螺旋叶片，当来自传热管束顶部的汽水混合物通过分离器导管进入并经过螺旋叶片后，由直线运动变成旋转上升运动。由于离心力的不同使汽水分离，在分离筒中心形成蒸汽柱，在筒壁形成环状水层。汽水两相上升至一定高度，达到充分分离后，大量疏水经由位于外套筒上部的 2 只方向与汽水旋转方向一致的矩形切向疏水口流出。部分疏水折返向下沿分离筒与外套筒间环形通道，经疏水孔流出。二者会合后一起进入再循环。蒸汽则通过上筒体中心管向上进入蒸汽干燥器。这种旋流分离器分离出的饱和水中夹带的蒸汽量仅在约 1％以下，不会造成过多蒸汽夹带入下降通道，使循环水流不稳定，水位波动，阻力增加影响自然循环。

干燥器也称细分离器，它用来把汽水分离器出口的蒸汽所携带的细水滴和雾滴作进一步分离，从而达到蒸汽发生器出口蒸汽湿度小于 0.25％的要求。图 3-2-7 为典型压水堆蒸汽发生器上采用的人字形带钩的波纹板细分离组件，由波纹板片，挡水钩、尾钩、支承架和疏水槽等组成。波纹板高约 1 m，竖立于筒体内。当蒸汽在波纹板构成的通道内不断改变流

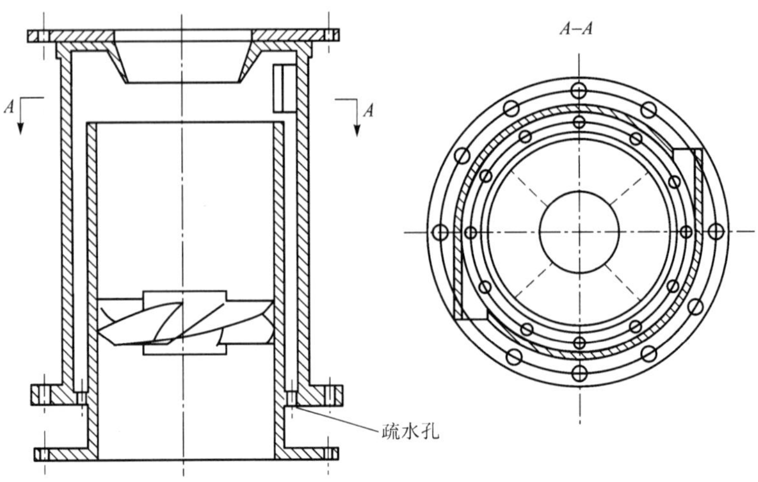

图 3-2-6 旋流叶片式汽水分离器

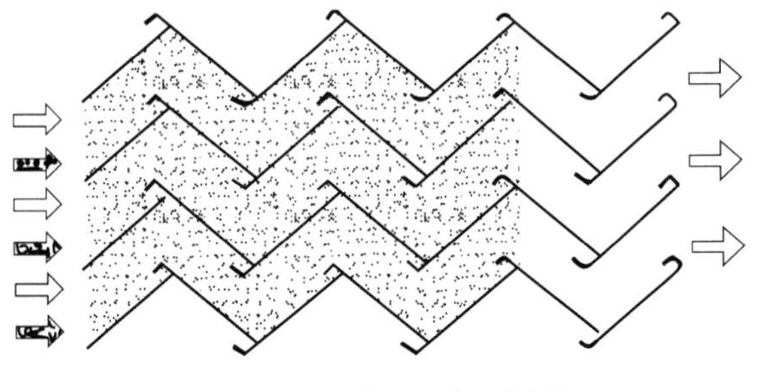

图 3-2-7 人字形干燥器结构

向作曲线运动时与板表面接触，受离心力作用蒸汽中夹带的水滴附着于板面并形成液膜。液膜依靠重力向下流动通过疏水结构离开干燥器。波纹板具有很大的接触表面可以获得良好的细分离效果。为防止蒸汽流量过大击碎附着于板壁的液膜使水滴重新进入汽流（二次润湿），波纹板上的挡水钩则迎向水膜，收集板面水膜并捕集蒸汽流中的水滴，汇集后沿凹槽流入疏水装置。这种结构即使入口蒸汽湿度较大，蒸汽流速较高，也能获得很好的分离效果。

上述立式U形管自然循环型蒸汽发生器，其主要优点是传热系数很大，换热面积相对较小，相应缩小了蒸汽发生器的尺寸；U形传热管可以自由伸缩，相应机械应力较小；传热管采用镍基合金材料，与奥氏体不锈钢比较，其机械性能较优良，热导率较高，在含氯化物介质中耐腐蚀性能有所提高；蒸汽发生器在技术上比较成熟，可以充分利用常规火电厂汽水分离、蒸汽干燥方面的经验。

这种蒸汽发生器的主要缺点是，只能获得饱和蒸汽，蒸汽饱和温度和压力相应较低，因此电厂热效率也相对较低；蒸汽发生器上部的汽水分离装置体积很大；管束弧形弯管段防振固定较困难；为获得足够的机械强度，管板很厚，会产生一些结构上的问题。

另外，在管板上表面，传热管根部很容易沉积化学物质、淤泥，其厚度可达几厘米，因此导热不良会引起传热管在该部位过热。镍基合金传热管在应力状态下，对积聚的化学物质产生的腐蚀敏感，因此该处传热管会从外表面减薄。减缓这种状态的办法是，加速管板上表面介质的横向流动速度，利用设于管板上表面传热管根部的多孔排污管，将污垢冲刷排走；定期从检查孔对管板及传热管进行检查或清洁冲洗；运行中禁止对二回路介质进行某些加药，如对传热管腐蚀敏感的磷酸钠。

3.2.3 蒸汽发生器自然循环

蒸汽发生器自然循环主要依靠介质在蒸汽发生器内冷段下降通道与热段上升通道间的密度差；在上升通道因汽水分离降低了汽水混合水柱的高度，使下降段水柱高于上升段水柱。该压差克服介质在整个流道中的摩擦阻力后驱动介质在流道中流动，形成了不需要依靠水泵强制的自然循环状态。汽水分离出的饱和水在重力作用下进入下降通道，增加了下降通道压头，而此时饱和水中夹带的部分蒸汽被给水冷却液化，使下降段冷柱具有足够的密度，且不致增加流道阻力，因此有助于自然循环。汽轮发电机组高压缸进汽调节阀的开启，使蒸汽发生器蒸汽压力下降，上升通道介质沸腾增加，密度进一步降低，对自然循环也有帮助。自然循环中下降通道水流量称为循环水流量，它是给水流量和进入再循环的饱和水流量之和。稳态运行下给水流量实际上与蒸汽出口流量相等，循环水流量与上升通道汽水混合物流量相等(流量为均质量流量)。

这里需要引入一个"自然循环倍率"的概念。自然循环倍率是描述蒸汽发生器自然循环的一个重要参数。

自然循环倍率＝循环水流量/蒸汽流量＝1＋再循环流量/蒸汽流量

因此自然循环倍率可以认为是蒸汽发生器中每产生单位质量蒸汽所需的循环水质量，它实际上也取决于再循环流量与蒸汽流量的比值。自然循环倍率的大小对于蒸汽发生器二次侧传热管束等结构的腐蚀、流动振动磨损、传热特性、汽水分离特性以及蒸汽品质等具有重要影响。研究实验及核电厂运行经验证明，自然循环倍率应在 4 左右，不宜过大也不宜过小。自然循环倍率过大，使再循环流量相对于蒸汽流量的比例过大，当再循环流量超过汽水分离组件分离水分的能力时，水滴会随蒸汽一起进入汽轮机高压缸而因水蚀、水击危及汽轮机叶片。自然循环倍率过低，与蒸汽流量相比，再循环流量过小，意味着管束出口空泡份额过高，局部区域出现缺液、干涸，不能确保管壁润湿，传热效果变差；过量的蒸汽还会导致介质流动不稳定，产生剧烈的流动振荡，使传热管束部分壁面周期性露出，传热效率下降，流动振荡大到一定幅度，会引起蒸汽发生器水位和蒸汽流量的大幅度波动；在局部滞流或低流速区段，往往会导致污垢沉积浓缩，加速传热管腐蚀，因此也希望适当提高自然循环倍率，增加下降通道的水位，增加自然循环驱动压头，以便提高管板上表面等部位的冲刷流速，有效地把水中的污垢淤泥驱赶到排污管，稳定水质，保证蒸汽发生器良好的热传导。再循环水在下降通道与给水混合，这种高温饱和水一方面被冷却，使夹带过来的少量蒸汽液化，避免流道阻力增加；另一方面反过来预热了给水，加上上升通道高温介质通过管束套筒向给水传热，使给水在进入上升通道时已接近饱和温度。这样就缩小了给水与传热管壁间的温差，使蒸汽发生器的热应力大大降低，且提高了蒸汽发生器的传热效率。

但是，提高蒸汽发生器的自然循环倍率，是要付出一定代价的。首先，为提高介质流动速度降低流道阻力，需要增加通道面积，就要增大蒸汽发生器壳体的尺寸。这对于大容量蒸汽发生器来说是不希望的。其次，循环倍率的提高意味着汽水分离的负荷增加，因此能否进一步改善汽水分离组件的结构性能，提高分离效率对于蒸汽发生器设计来说是个技术难题。

我国典型 900 MW 电功率压水堆稳态额定功率下，蒸汽工作压力为 6.71 MPa 时的自然循环倍率为 3.7～3.8。

3.2.4 运行

3.2.4.1 蒸汽发生器的水位

1. 水位监测控制的必要性

蒸汽发生器水位是指二次侧蒸汽发生器环形下降通道的水位，即冷段水柱的高度。而在管束腔热上升通道内，由于没有清楚的汽水两相分界面，故无法确定其水位。

核电厂运行时，必须对蒸汽发生水位进行监测、控制，使其水位处于运行限值范围，必要时给出保护动作触发信号。蒸汽发生器水位过低，蒸汽发生器二次侧水量过少，会导致U形传热管顶部裸露，热量传递不充分，传热管热应力过高，引起破损；水位过高，会淹没汽水分离组件，使出口蒸汽湿度增加，含水量超标，加剧汽轮机叶片的汽蚀，影响汽轮发电机组寿命甚至损坏机组。

2. 影响蒸汽发生器水位的因素

(1) 蒸汽流量变化

蒸汽流量增加：由于蒸汽流量大于给水流量，蒸汽发生器水位将下降。

蒸汽流量减小：由于蒸汽流量小于给水流量，蒸汽发生器水位将上升。

(2) 给水流量变化

给水流量增加：由于给水流量大于蒸汽流量，蒸汽发生器水位将上升。

给水流量减小：由于给水流量小于蒸汽流量，蒸汽发生器水位将下降。

(3) 冷却剂平均温度变化

冷却剂平均温度阶跃增加，传到二回路的热量增加，使更多的水汽化，蒸汽流量大于给水流量使蒸汽发生器水位下降。冷却剂平均温度阶跃下降时蒸汽流量下降，小于给水流量，使蒸汽发生器水位上升。

(4) 给水温度变化

给水温度升高或降低会使蒸汽发生器水位出现相应的升高或下降。

3. 蒸汽发生器水位监测仪表

核电厂压水堆每台蒸汽发生器一般设置1台宽量程水位仪和多台窄量程水位仪。典型900 MW电功率压水堆蒸汽发生器宽量程仪全量程0～15.9 m，取自管板上表面以上0.43 m至16.3 m处，用于监测蒸汽发生器充水、放水、湿保养以及事故工况等水位的大幅度变化。窄量程水位仪全量程0～3.6 m，取自管板上表面以上11.27 m至14.87 m处。仪表有显示和控制、保护功能，用来提供低水位、高水位信号触发停堆保护；用来提供蒸汽发生器水位调节、控制；用来提供运行监视和偏离报警。

4. 水位调节

图3-2-8为蒸汽发生器水位调节系统简图。每台蒸汽发生器有各自独立的水位调节系统。水位调节可通过改变调节阀开度，从而改变给水泵流量来实现。但是，压水堆上几台蒸汽发生器的给水母管是共用的，改变某台蒸汽发生器给水流量时将会影响母管的压力，从而影响其他蒸汽发生器的给水流量，使它们汽水流量失衡、水位波动。为此，蒸汽发生器水位调节系统还设置有给水泵转速调节环节。其水位调节的控制程序为，当某台蒸汽发生器水位出现偏差时，先依靠给水流量调节阀调节蒸汽发生器的水位。调节过程中引起水汽侧压差变化，压差调节器指令汽动给水泵的进气阀调整开度，改变气动给水泵转速。气动给水泵

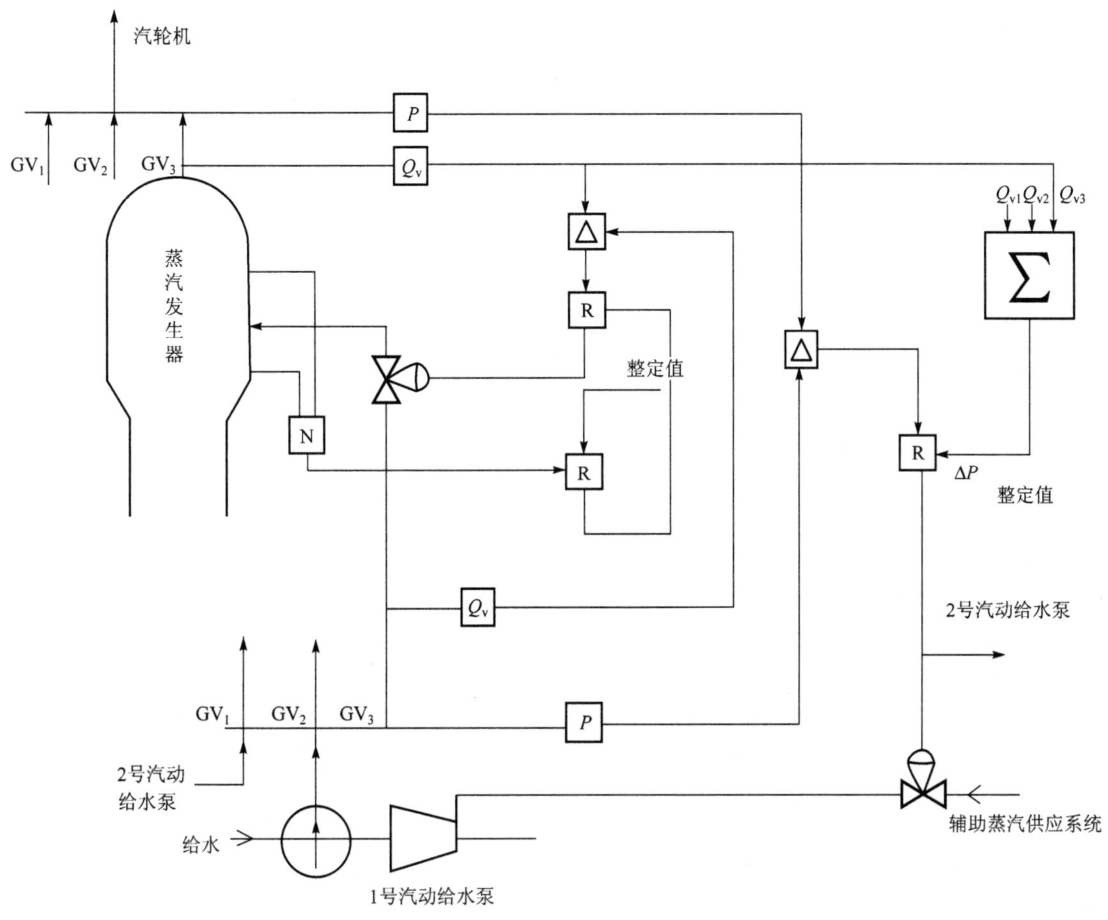

图 3-2-8　蒸汽发生器水位调节原理

转速变化使给水泵出口压头和流量变化，给水流量调节阀重新调整阀门开度，从而维持水汽压差等于整定值，调节系统达到新的平衡。这种调节方式可以实现在对一台蒸汽发生器调节水位时，不对其他两台蒸汽发生器水位产生扰动。

3.2.4.2　蒸汽发生器的给水

正常运行时，蒸汽发生器由主给水系统提供给水。当主给水系统故障失效或事故工况主给水系统被自动切除时，或者在电厂停堆后降温、启动过程、电厂长时间热备用以及需要给蒸汽发生器检修后充水时，电厂辅助给水系统将为蒸汽发生器提供给水。辅助给水通过水泵将贮存在贮水箱中的水经流量调节阀送往蒸汽发生器。该调节阀不受蒸汽发生器水位调节系统的控制。此时蒸汽发生器产生的蒸汽，由汽轮机旁路系统送往冷凝器或排向大气。

3.2.4.3　蒸汽发生器的排污

电厂压水堆运行时，二回路介质在蒸汽发生器管板上表面传热管根部会浓缩、沉积化学物、淤泥、腐蚀产物等污物，导致管板与传热管根部经常干湿交替，引起传热恶化、结垢和腐蚀。为此，一方面在运行中应严格对介质进行水处理，控制给水的水质；另一方面在设备制造中消除管孔与传热管间隙，避免化学物质在间隙内浓缩、沉积。同时需辅以蒸汽发生器的排污。蒸汽发生器设置有2根水平方向的多孔排污管，排污管位于管板上表面传热管根部位置，连接到蒸汽发生器排污系统。排污系统可进行定期或连续的排污，排污流量为10～70 t/h。被排放出的污水经冷却和净化后根据具体情况进行处理。

3.2.5 其他类型压水堆蒸汽发生器

3.2.5.1 俄罗斯VVER系列蒸汽发生器

俄罗斯VVER压水堆系列采用卧式自然循环类型蒸汽发生器(图3-2-9)。蒸汽发生器由卧式容器壳体、传热管、冷却剂集流管、蒸汽母管组件、给水分配装置、汽水分离装置、水下均汽板以及蒸汽发生器支撑、水位监测传感器等部件组成。

1. 卧式容器壳体

蒸汽发生器容器壳体采用高强度低合金铬-钼钢。容器设计压力约7.8 MPa。容器由锻造的水平筒体、两端冲压成形的椭圆形封头及锻造的接管等部件焊接而成。卧式容器中段自下而上垂直连接有两根一次侧冷却剂进出水集流管。集流管垂直贯穿容器圆形筒体，下端进出冷却剂，上端为法兰密封的可拆式人孔，用于对一次侧进行检查和无损探伤。容器椭圆封头上开有2个带可折密封法兰盖的人孔，用于对二次侧内部构件进行检查。容器不同位置还设有各种用途的接管座，如蒸汽出口管，主给水及应急给水管，一、二次侧排气管，一、二次侧排污管，热工仪表监测管，密封监测管等。蒸汽发生器容器外表面覆盖有可拆卸的保温层。

2. 冷却剂进出集流管

集流管用于为传热管分配冷却剂、收集并排出冷却剂。集流管也采用高强度低合金铬-钼钢材料。集流管下部通过大小头与容器管座相焊接，集流管上部在容器接管内部处于自

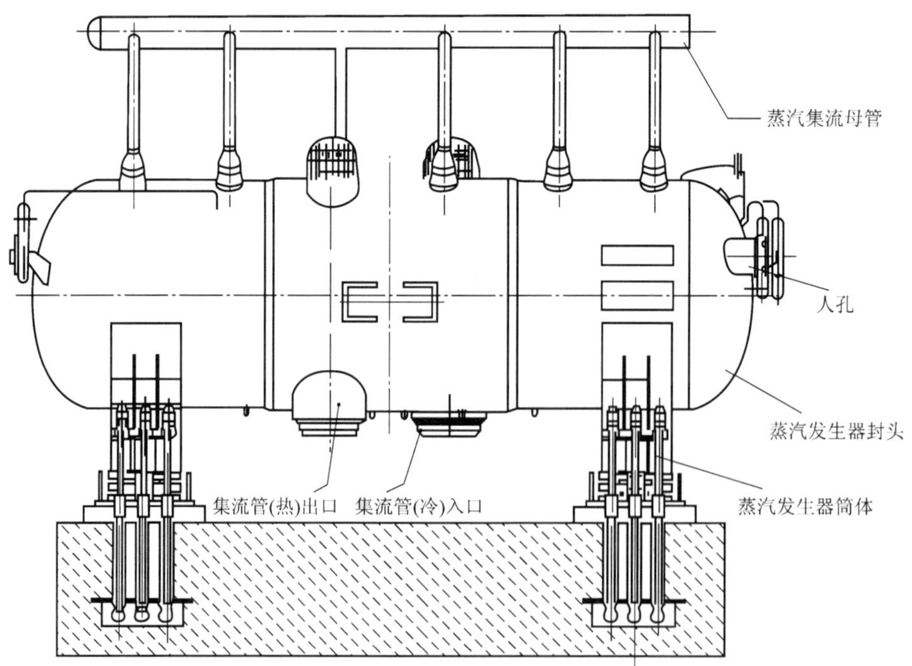

(a)

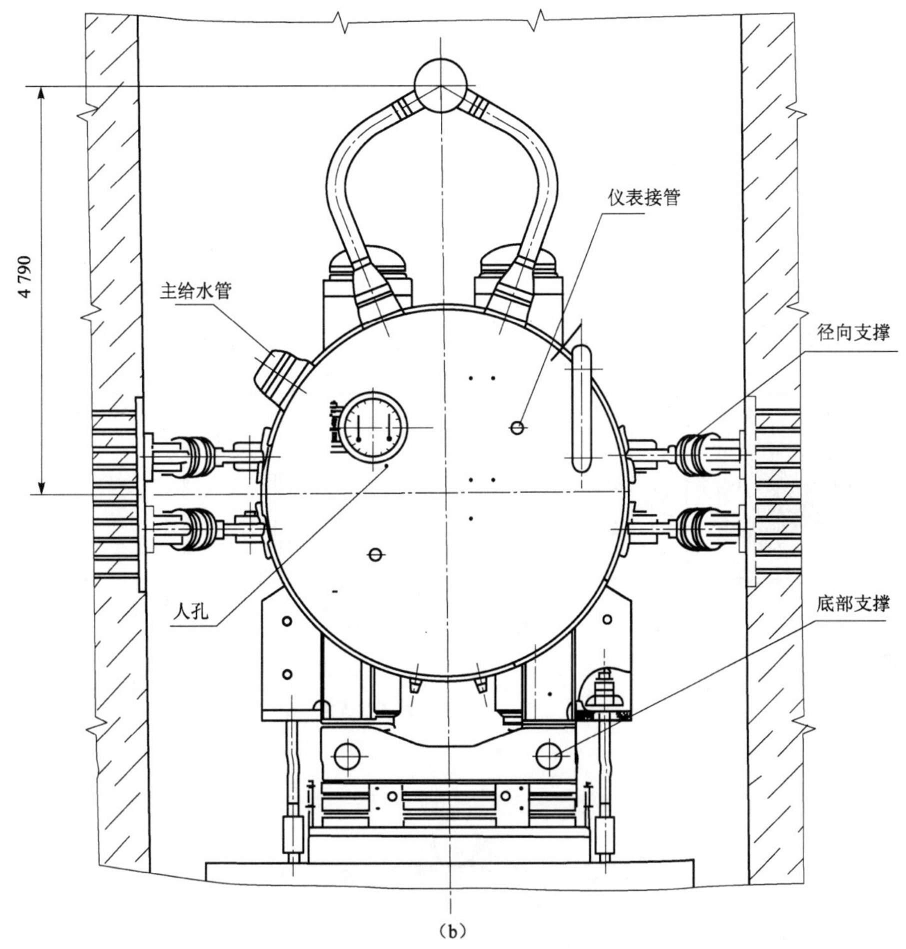

图 3-2-9 VVER 系列蒸汽发生器

(a)正视图;(b)侧视图

由状态,容器接管与集流管之间存在约 10 mm 的间隙,容器接管、集流管上端分别通过各自的法兰进行密封(图 3-2-10)。为避免含硼酸冷却剂对材料表面的腐蚀及冲刷,集流管内表面同样堆焊有 2 层不锈钢。集流管在蒸汽发生器容器内轴向中部位置上,按一定的轴向、周向间距排列开有许多通孔,用于连接处于水平状态的 U 形传热管。

3. 传热管

蒸汽发生器传热管束由 10 978 根 $\phi16\times1.5$ mm 的不锈钢传热管组成。传热管被弯曲成 U 形盘管状,按一定垂直、水平间距水平排列于蒸汽发生器容器内。传热管与集流管的连接首先采用全深度液压胀管,随后再用机械胀管完全去除集流管孔与传热管外表面的间隙,最后传热管端部与集流管内表面焊接密封。传热管依靠弯板定位,确保传热管束中传热管整齐排列和稳定,这些定位装置能使传热管沿轴向热胀位移。

4. 给水

主给水分配装置和应急给水分配装置分别由母管和分配管组成,母管与蒸汽发生器封头上的接管相连,沿分配管长度上开有许多出水孔,给水从管束“热”侧上部流出。

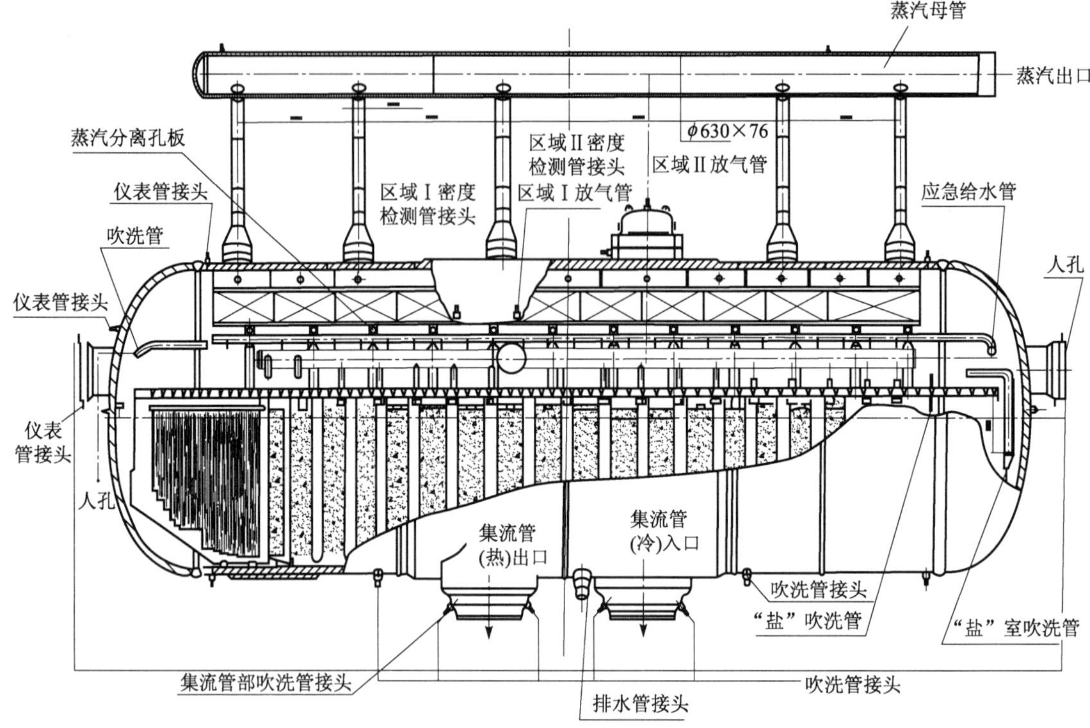

(a)

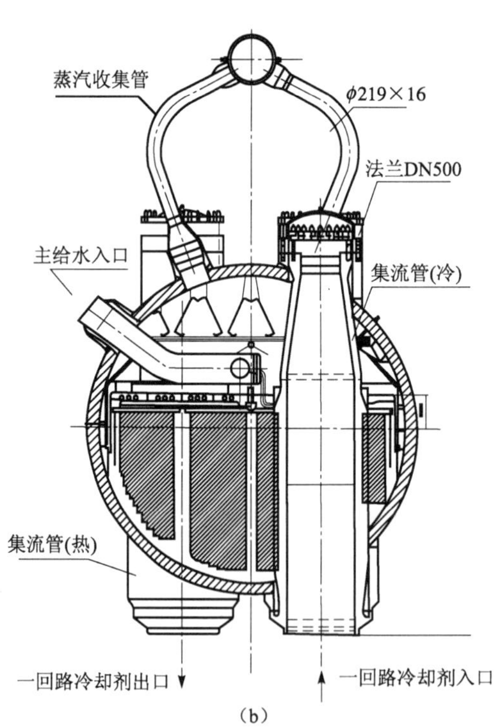

(b)

图 3-2-10 VVER 系列蒸汽发生器结构

(a)正视图;(b)侧视图

5. 汽水分离和蒸汽负荷平衡

该类蒸汽发生器的汽水分离仅靠安装于容器内上部的蒸汽分离孔板实现，结构相应较简单。

用于蒸汽负荷平衡的装置由数块位于二次侧液位下的水下均汽板组成。

6. 蒸汽母管组件

卧式蒸汽发生器上部通过 10 根蒸汽出口接管，与蒸汽母管连接，引出蒸汽。母管一端与蒸汽总管相连，另一端设置 1 个封头。

7. 蒸汽发生器支撑

蒸汽发生器被安装在 2 个支撑件上，每个支撑均有 1 个双层滚动轴承，提供最大 ±80 mm的轴向和横向位移。支撑结构能承受蒸汽发生器自重、安全停堆地震载荷的垂直分量和其他突加垂直载负的组合。为了能承受水平方向的地震载荷及断管等事故引起的其他水平突加载荷，蒸汽发生器支撑设有液压阻尼器。它允许正常的管道热胀位移，但对上述地震等突加负荷进行限位。

8. 卧式蒸汽发生器的优缺点

卧式蒸汽发生器较大的蒸发表面使得汽水混合物能够以相对较低的速度进入分离空间，因此能够采用简单的分离方式获得所要求的湿度≤0.2%的饱和蒸汽。立式圆柱形集流管能避免化学药物、腐蚀产物、淤泥等沉积物积聚、浓缩，蒸汽发生器内不存在水平管板，因此避免了发生在传热管与集流管固定部位的腐蚀、缺液过热等损坏。卧式蒸汽发生器二次侧具有较多的水装量，因此在损失给水时，仍能可靠地使冷却剂降温，较高的蓄能使反应堆运行瞬态工况更平滑。蒸汽发生器即使在液位下降部分传热管裸露烧干情况下，也能使一回路具有可靠的自然循环能力。

俄罗斯 VVER 系列蒸汽发生器的缺点是体积庞大，耗材多，由于需要整体运输，因此其容量受运输限制，其蒸汽产量一般在 1 500 t/h，相当于每台电功率为 250 MW。而立式蒸汽发生器则可采用分段制造、运输，在现场焊接、安装，因此目前世界上该类蒸汽发生器蒸汽产量已达 3 900 t/h，相当于每台蒸汽发生器电功率为 600 MW。

3.2.5.2　AP1000 蒸汽发生器

AP1000 蒸汽发生器结构如图 3-2-11 所示，由图可知此类蒸汽发生器结构基本与典型压水堆蒸汽发生器相似。其主要不同之处在于：① 下封头直接与 2 台冷却剂泵连接。每个环路从压力容器出口至蒸汽发生器下封头入口的热管管径较粗，而由下封头 2 个出口连接到 2 台冷却剂泵入口然后从泵出口至压力容器入口的 2 条冷管的管径较细，环路不存在中间过渡管段。② AP1000 核蒸汽供应系统总热功率约 3 400 MW，由 2 台蒸汽发生器提供蒸汽，因此 AP1000 蒸汽发生器的功率远大于普通压水堆蒸汽发生器。

AP1000 蒸汽发生器传热管数达 10 025 根（ϕ17.48×1.02 mm），采用三角形排列（间距约 25 mm），传热面积约 11 500 m^2。传热管束支撑板采用三叶梅花状孔板。管板厚达 787 mm，上筒体直径约 5.5 m，下筒体直径约 4.5 m，总高约 22.5 m，总重约 600 t。出口蒸汽量约 3 400 t/h，饱和蒸汽湿度约 0.10%。

AP1000 蒸汽发生器的支撑如图 3-2-12 所示，蒸汽发生器与 2 台冷却剂泵（每台约重 84 t）组合体的重量由铰型链连接在蒸汽发生器下封头中心的单柱支承件承受。蒸汽发生器上、下筒体上分别设置 2 组互为 90°布置的辅助支承，下封头下部另设有 1 个侧向支承。

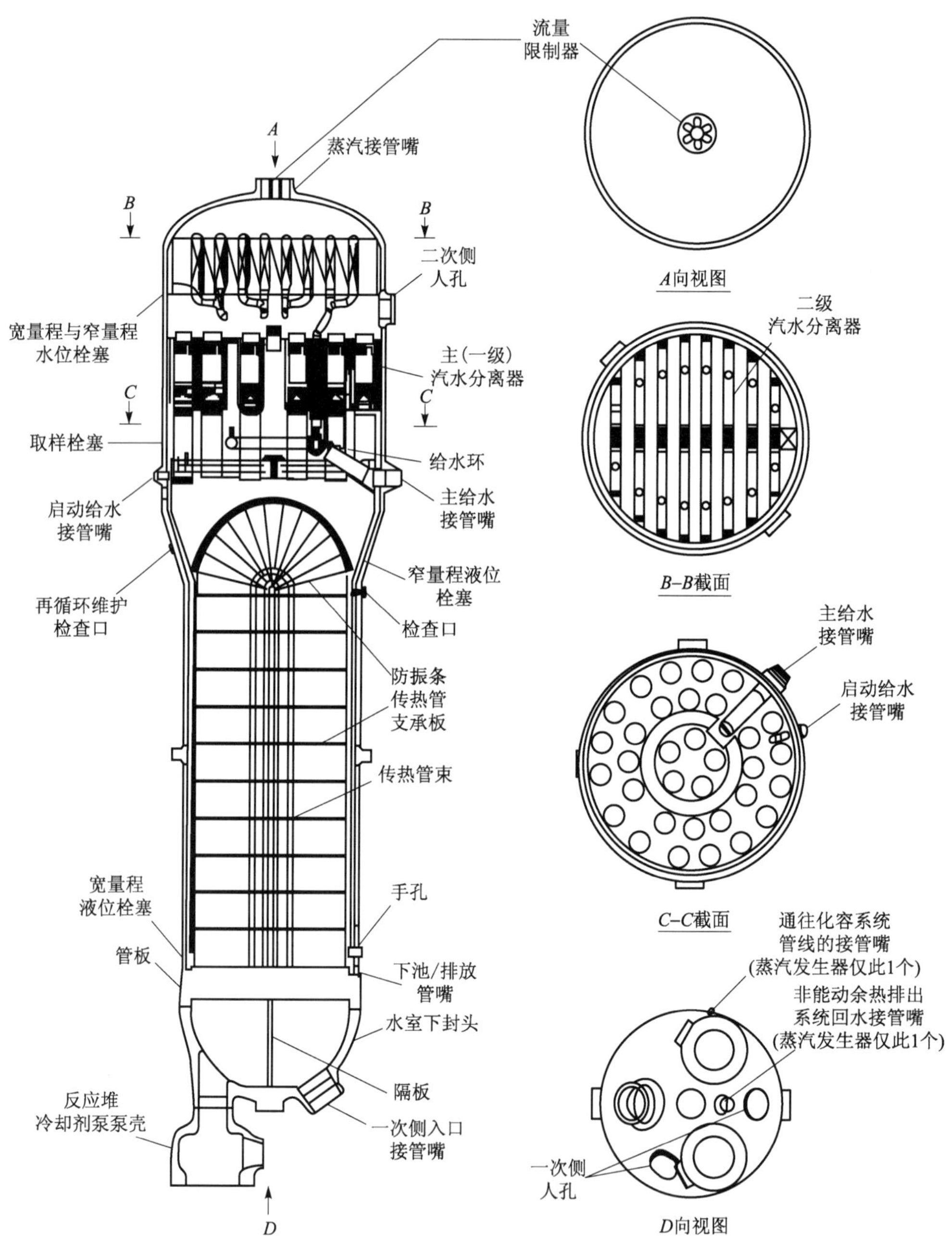

图 3-2-11 AP1000 蒸汽发生器结构

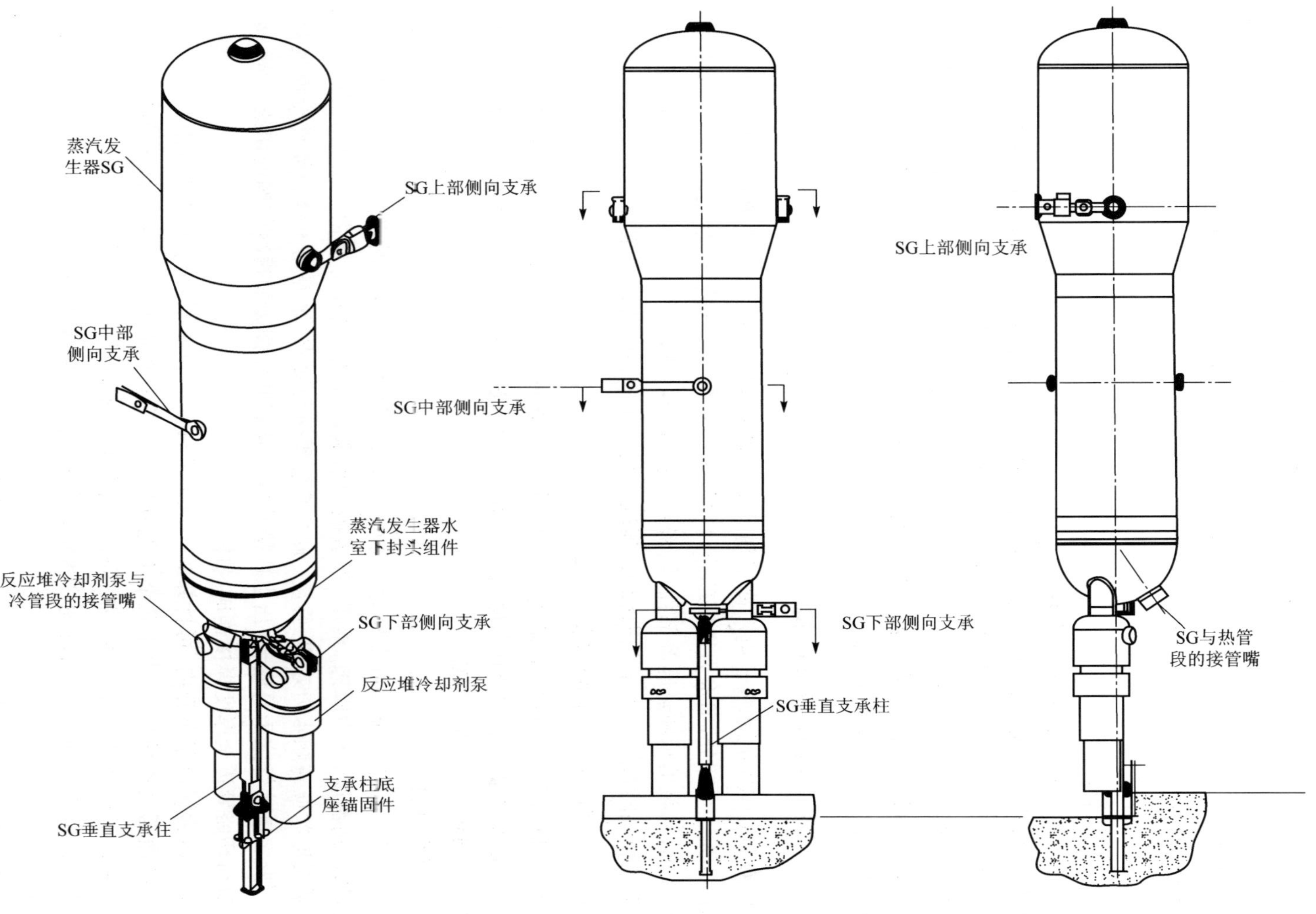

图 3-2-12　AP1000蒸汽发生器支撑

3.3 反应堆冷却剂泵

压水堆冷却剂泵(简称主泵),用于驱动带有放射性的高温高压冷却剂,使其在环路内以很大的流量(约 24 000 m^3/h)形成强迫循环。冷却剂流经堆芯把堆芯产生的热量传送至蒸汽发生器。冷却剂泵是压水堆冷却剂环路系统中唯一高速运转的机械设备,也是压水堆核电厂的关键设备之一。

压水堆冷却剂泵普遍采用立式单级轴密封泵。它的主要特征是,泵轴与电机轴刚性连接;泵轴端采用三道密封;转轴三点支承,止推轴承置于顶部,与电机高位径向轴承相结合;选用常规鼠笼式三相交流感应电机;电机上装有 1 只惯性飞轮。这种泵的主要优点是电机成本低,效率高;惯性飞轮提高了主泵的惰转性能,从而提高了全厂断电时堆芯的安全性;主泵结构紧凑,高度较低,检修方便。其缺点是泵轴与电机轴刚性连接,对中要求十分严格;高压下轴封要求严格,技术复杂。

3.3.1 压水堆冷却剂泵结构

典型 900 MW 压水堆核电厂冷却剂泵结构如图 3-3-1 所示。压水堆冷却剂泵从底部到顶部可分为三个部分,即水力机械部分,包括吸入口和出水口接管、泵壳、叶轮、扩压器和导流管、泵轴、水泵轴承和热屏等部件;轴密封组件部分,包括 3 个轴密封等部件;电动机部分,包括电动机、止推轴承、上下径向轴承、顶轴油泵系统和惯性飞轮等部件。

3.3.1.1 水力机械部分结构(图 3-3-2)

水力机械部分主要为水泵组件。水泵名义流量 23 790 m^3/h,名义流量下扬程为 97.2 m,吸入口水压 15.5 MPa,吸入口水温 293 ℃,最低入口压力 2.4 MPa。名义轴功率冷态约 8 MW,热态约 6 MW。

1. 泵壳部件

泵壳是冷却剂系统压力边界的一部分。泵壳应能承受设计工况以及事故状态下的各类载荷,如最高温度、压力瞬态、地震、管道破裂引起的应力,以及寿期内的交变应力、疲劳强度。泵壳形状应兼顾水力效率、强度、加工工艺和探伤要求,泵壳用不锈钢铸件全厚度焊接而成。吸入口接管位于泵底部,出水口接管置于泵壳叶轮高度唧送冷却剂的切线方向,接管与冷却剂环路管道全厚度焊接连成一体。

扩压器为固定于泵壳内,可拆卸的不锈钢部件。它位于泵叶轮水平线偏上位置的扩压段内。扩散器又称导叶,它由十几个不能旋转的螺旋状离心叶片组成。扩压段叶片分成扩压叶片和之后的回转叶片 2 种。扩压叶片用来汇集来自叶轮的冷却剂,降低这些流体在扩压叶片延伸流道中的流速,将叶轮产生的流体速度头转换成压头。回转叶片则使流体转向出口接管。

导流管为一个固定在泵壳内吸入口接管上的,位于叶轮及扩压器下面的,可拆卸的不锈钢圆筒。导流管用来将吸入的冷却剂引导到泵叶轮的吸入口,它又是一个防热罩。

2. 转动部件

转动部件包括叶轮和泵轴。叶轮对泵的性能影响最大。它是一个单级螺旋叶片组成的

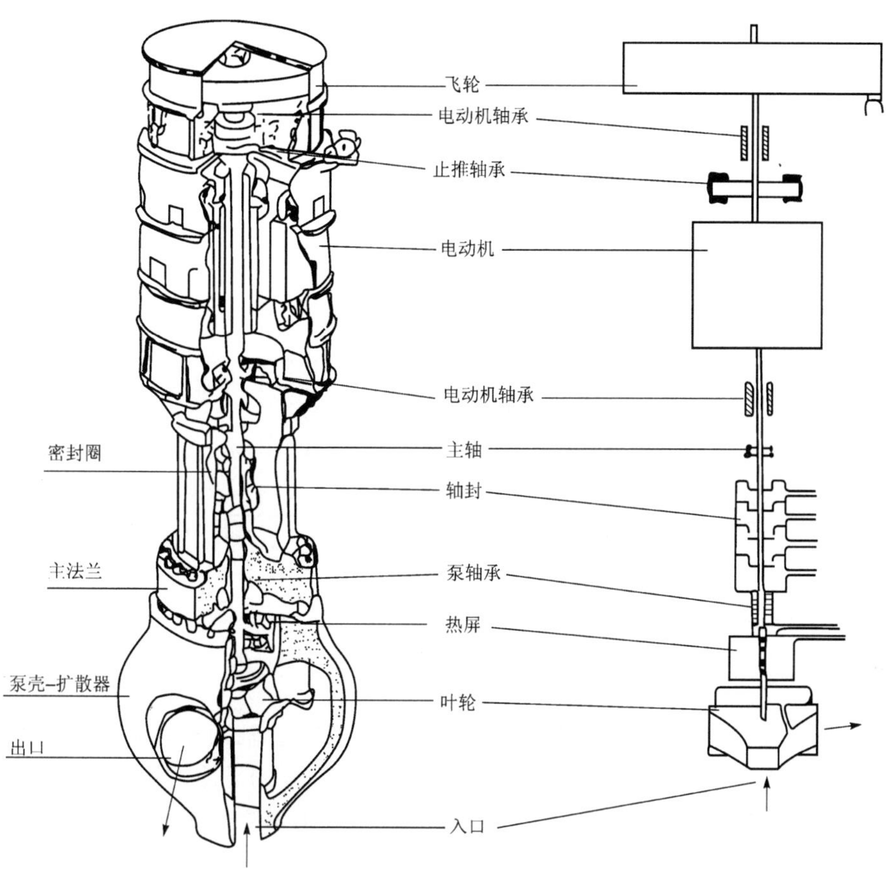

图 3-3-1　压水堆冷却剂泵结构

不锈钢铸件，通过热套加键固定在泵轴的下部。轴下端拧上螺母并锁紧以防叶轮松动脱落。冷却剂由泵底吸入口进入叶轮吸入口，高速旋转的叶轮将冷却剂经扩压器及与之方向相同的切线出水接管唧送至环路冷管段。泵轴为不锈钢锻件，它需要承受很大的扭转力矩。泵轴上端为刚性联轴器，与电动机相连接。

3. 水泵轴承(图 3-3-3)

冷却剂泵整体有 3 个径向轴承支撑其转动部件，其中 2 个在上部电动机部位。为了避免安装在泵轴下部末端的叶轮因泵轴悬臂过长不稳定，在水泵部位热屏和轴密封组件之间，设有 1 个径向导轴承即水泵轴承，以加强支撑。水泵轴承浸泡在水中，依靠水润滑、冷却。它包括覆盖耐热耐

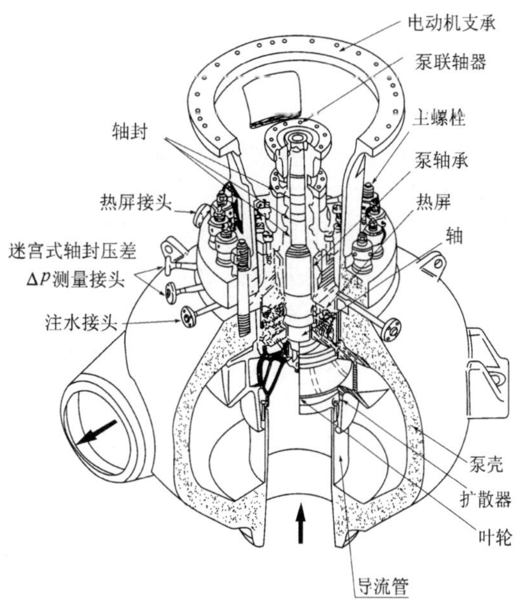

图 3-3-2　压水堆冷却剂泵泵体

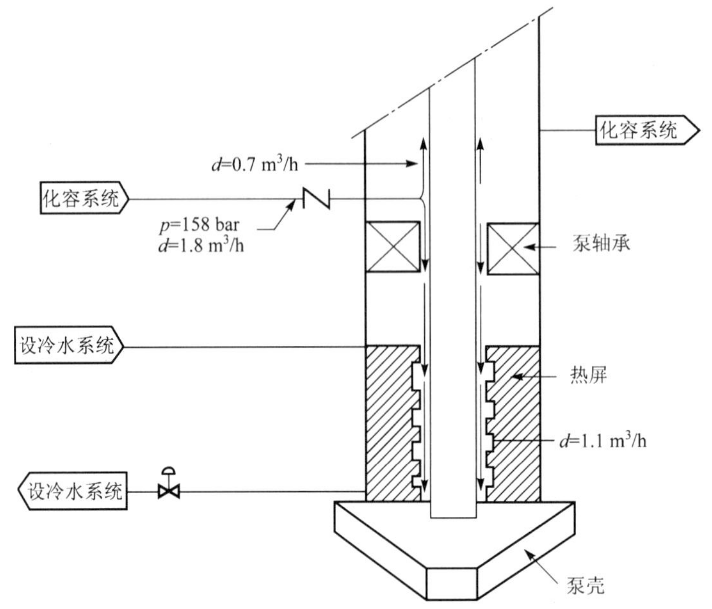

图 3-3-3 压水堆冷却剂泵热屏及水泵轴承

磨合金的泵轴轴颈和由几个石墨环构成的轴瓦壳体 2 部分。轴颈在石墨轴瓦壳体内旋转。轴承安装在环形箱内，环形箱能校正轴的偏心度。水泵轴承润滑冷却用水来自化学与容积控制系统高压低温的轴封注水。轴封注水从轴封与水泵轴承之间引入，其中一部分水向下流，冷却润滑水泵轴承。由于水润滑性能差，黏度随温度上升而降低，因此要求该处水温控制在 70 ℃以下。这部分水最终向下经过热屏，与泵壳内冷却剂汇合。因此，正常运行时这部分水还起到了阻止高温的可能含有放射性杂质的冷却剂向上流动进入水泵轴承和高精度的轴封，避免轴承、轴封造成损坏的作用。

4. 热屏部件

热屏位于叶轮和水泵轴承之间，它与水泵轴承一起装在泵壳上法兰内。热屏是一个由多层不锈钢扁平盘管组成的热交换器。设备冷却水在盘管内流动，其进口温度为 35 ℃，流量约 9 m^3/h。

热屏部件的作用是，正常运行期间，使泵内冷却剂向泵轴承、泵轴密封的传热降到最小。当高压的轴封注水丧失或失效时，泵腔内约 293 ℃的高温冷却剂会沿泵轴向上流，流经热屏交换器盘管时被冷却至约 60 ℃，随后进入主泵轴承、轴封组件和联轴器，从而避免了这些温度限值在 90 ℃以下的部件过热损坏，使主泵在短时间内仍可运行。运行中规定，只要主泵运行或环路冷却剂温度在 70 ℃以上，热屏必须供给冷却水。

另外，在热屏的上方设有 1 个台座，当检修拆卸下上部电动机时，主泵的转动部件可以暂时坐放在这个台座上，这样可以使主泵和环路仍保持在充满水的状态而避免排水。

3.3.1.2 轴密封组件结构

冷却剂泵一般采用三级串联布置的密封结构组合，用以限制系统内冷却剂向安全壳内泄漏。密封结构固定在轴密封罩内，密封罩通过法兰分别与水泵法兰和电动机法兰连接。

1. 可控泄漏流体动态型轴封

冷却剂泵首道轴密封采用可控泄漏流体动态型轴封，称为 1 号轴封，如图 3-3-4 所示。它由 2 个不锈钢覆盖氧化铝(或其他硬质材料)的环构成。下边为动环，与轴固定在一起，随泵轴旋转。上边是静环，与泵体静止部位固定在一起，不转动但可以上下移动。正常运行时，压力高于冷却剂的低温轴封注水，进入水泵轴承与轴封之间的水腔，其中一部分轴封水上行进入1号轴封。轴封水在两环之间形成液膜，动环和静环的2个端面在液膜两侧相对

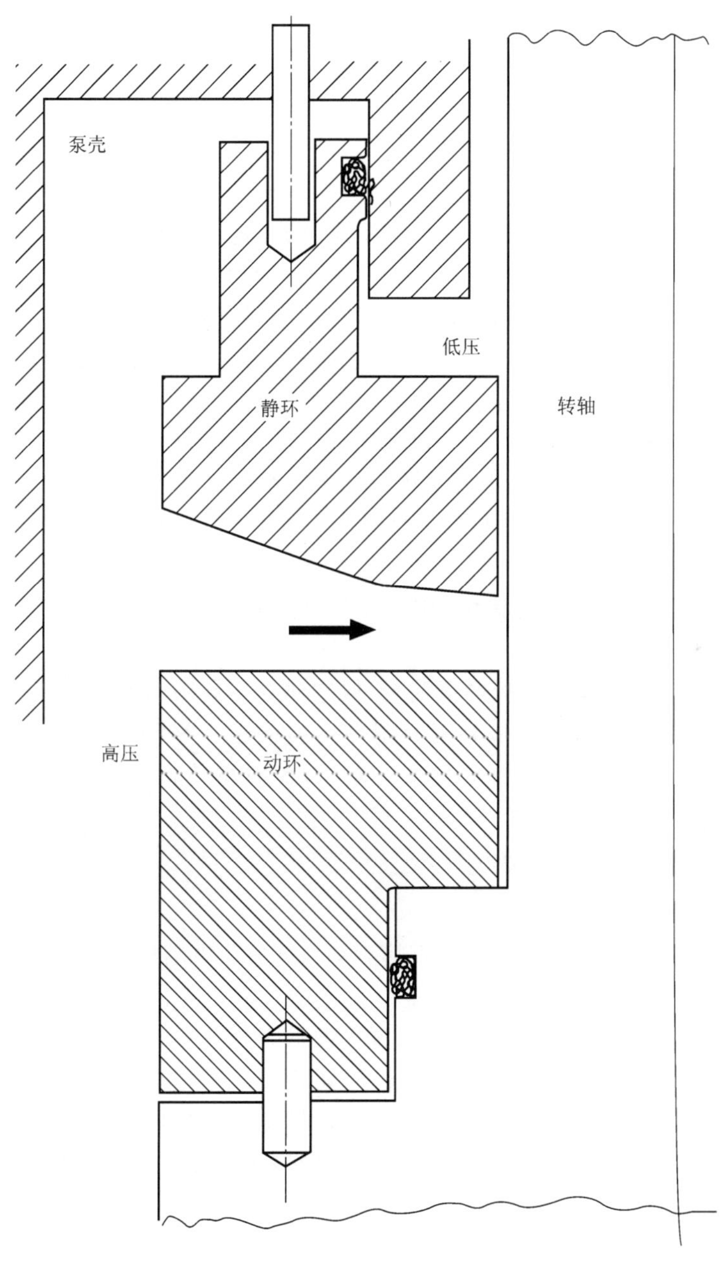

图 3-3-4 1 号轴封示意图

滑动，不会产生磨损。轴封水由外侧流向内侧，由于静环下表面采用了特定的不同角度的两个斜面，由水压引起的力能自动调整静环上下位置，使其处于平衡状态，保持静环动环之间的间隙在 0.11 mm 左右。1 号轴封两端的压差很大(约 15.5 MPa)，轴封泄漏流出的水大部分返回化学与容积控制系统，小部分进入 2 号轴封。为保证 1 号轴封的正常工作，在启动主泵时必须供给轴封水，而且要求冷却剂系统压力不得低于 2.4 MPa，以保证抬起静环，使动环与静环之间的间隙进入可调节状态。

可控泄漏流体动态型轴封结构，靠动静环两个相对运动的端面间引入密封介质形成液膜，变固体摩擦为液体摩擦实现泵轴密封。因此发热和磨损小，适用于高压差下长期可靠运行。但是，这种轴封的密封介质泄漏量大；结构复杂；要求密封端面具有高的制造精度；要求水泵运行稳定、振动小，密封介质水质要求高，且不能中断；对密封环端面材料的选择有严格的技术要求。

2. 普通机械轴密封

压水堆冷却剂泵第 2、3 道轴密封一般则采用普通的机械轴密封结构。这种轴封同样也依靠静环和动环的两个端面来进行密封。不锈钢动环的端面上覆盖氧化铝(或其他硬质材料)。静环由石墨制成，静环端面通过弹簧压紧在动环端面上。少量来自 1 号轴封已被降压的轴封水从 2 号轴封两端面之间流过，起冷却、润滑作用，但建立不起液膜，因此相对运动的两端面仍为固体摩擦。2 号轴封的作用是阻挡 1 号轴封的泄漏，在 1 号轴封发生故障失效时，用来在短时间内保持一回路的压力，以便实施停堆停运而不致发生大量冷却剂泄漏。正常运行时 2 号轴封水泄漏量很少，泄漏水被排往疏水系统。

3 号轴封的作用是阻挡 2 号轴封的少量泄漏水。3 号轴封水来自于不含硼酸的更为清洁的除盐除氧水，为 3 号轴封动、静环端面提供冷却和润滑，起最终密封作用，同时冲洗掉 2 号轴封泄漏过来的水中的硼酸结晶和杂质。3 号轴封极少量基本不带放射性的泄漏水，最终排往疏水系统。

普通机械轴密封结构具有较低的泄漏量，但它建立不起中间液膜，所以磨损较大，需要定期更换磨损的密封件。这种机械轴封只限在压差低于 1 MPa 条件下可靠运行，因此当 1 号轴封失效时，只能在短时间内承受系统高压，此时将使机械密封件使用寿命缩短或损坏。

3.3.1.3 电动机部分结构(图 3-3-5)

1. 电动机

反应堆冷却剂泵电动机是三相异步直接启动鼠笼感应电动机，其额定功率为 6.5 MW，由 6.6 kV 母线供电，在 50 Hz 周波下转速为 1 500 r/min。与普通电动机相比，冷却剂泵电动机在安全壳内运行，条件恶劣，环境温度、湿度及放射性水平均相对较高。因此对电机绝缘有特殊的要求。电动机采用空气开式冷却，为防止安全壳内温度过高，在热空气出口处装有 2 台冷却器，由设备冷却水系统供水冷却。电动机还设有电加热器，在主泵停运时加热使线圈保持一定温度，防止产生凝结水。为了便于维修，在电机轴与泵轴间有 400 mm 长的刚性连接短轴。

2. 电动机下轴承

电动机下部径向轴承浸泡在轴承油箱内用油润滑，轴承油箱内贮存的润滑油通过装在油箱上的一个盘管冷却器冷却，冷却水来自设备冷却水系统。

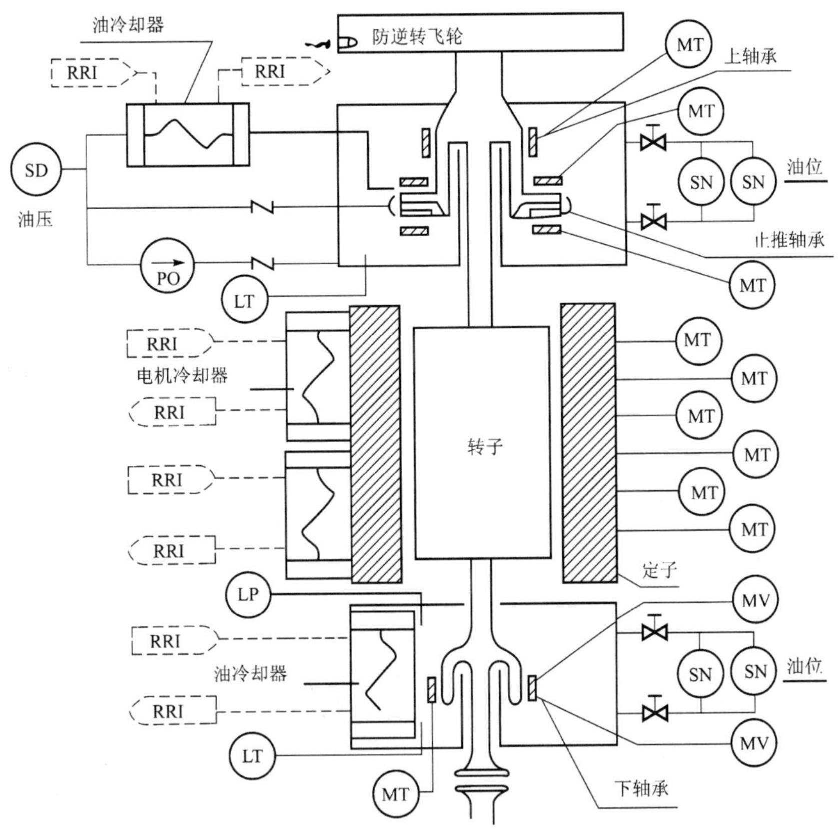

图 3-3-5 反应堆冷却剂泵电动机

3. 电动机止推轴承和上部轴承

止推轴承和上部径向轴承均位于电动机上部。止推轴承和上部轴承一起浸泡在上部润滑油箱内用油润滑。所不同的是，止推轴承专设有一个油增压系统，可以利用小型辅助高压油泵使止推轴承获得高压油润滑。润滑油箱内润滑油利用外置盘管冷却器冷却，冷却水同样来自设备冷却水系统。

电动机上、下径向导轴承的轴颈及轴瓦，双向止推轴承的推力盘及上、下止推瓦片均采用具有硬质合金表面涂层的不锈钢材料。止推轴承瓦片被安装在平衡垫上，平衡垫能使各轴承瓦片承受的推力负载均衡分配。主泵高速旋转时，径向和止推轴承能自润滑，不需要外加油泵。推力盘运转时起离心泵的作用，它能使润滑油流向外置的冷却器冷却。

主泵正常运转时，冷却剂压力和泵动态升力克服泵转动部件本身重量，使上部止推瓦片受到几十吨的向上贴紧力。主泵转速降到一定程度或停止运转时，泵转动部件本身几十吨重量使下部止推瓦片承载。因此主泵在启动或停止前，应事先启动辅助高压润滑油泵，把推力盘顶起离开下部止推瓦片，以减小下部止推瓦片和推力盘下表面的磨损，并减小泵启动时的启动电流。

4. 惯性飞轮

惯性飞轮装于电动机轴顶端，重达几吨，飞轮大大增加了冷却剂泵转动部件总的转动惯量，用来增加水泵的惯性转动时间。当发生全厂断电事故时，飞轮可使主泵具有数分钟惰转时间,维持冷却剂必要的惯性流量将堆芯余热带出,并使冷却剂沿其环路建立自然循环,确保堆芯安全,争取到时间采取其他堆芯应急冷却措施。试验证明,这种惯性能满足主泵断电30 s后转速不小于30%额定转速的安全分析要求。在高速运转下飞轮的破碎会带来严重的后果,因此惯性飞轮必须用高性能的优质锻钢制造,且须经过100%的探伤检查。

电动机上部还设置有一个抗倒转装置。它是为了当一台主泵不运行而其他主泵仍在运行时,使停运主泵转子不会因冷却剂的回流而发生倒转。从而防止了该台泵在倒转状态下启动时泵轴扭矩过大及电动机启动电流过大。装置是按单向离合器原理设计的,它由一个固定于电机壳体上的棘轮和一套支点设在惯性飞轮上的棘爪构成。当主泵制动时,棘爪弹出嵌入棘轮齿中从而防止了泵轴倒转。当主泵启动顺转时,棘爪在棘轮齿上滑行,主泵转速达到并超过60 r/min时,这些棘爪由于离心力作用而完全脱开棘轮。容纳棘爪的环内配有阻尼装置。

3.3.2 监测、控制和保护

反应堆冷却剂泵设置有各类监测点和监控仪表,必要时给出报警和保护信号。

3.3.2.1 温度测量

温度测量包括轴封注水温度测量、报警;电动机上、下轴承及止推轴承温度测量、报警;电动机绕组温度测量、报警;主泵热屏及电动机端诸冷却器的设冷水温度监测等。

3.3.2.2 压力、压差测量

压力、压差测量包括电动机辅助高压润滑油泵出口压力测控;1号轴封压差测控、报警。

3.3.2.3 液位测量

液位测量包括电动机上下润滑油箱液位测量、报警;3号轴封洁净注水平衡管水位测量、报警等。

3.3.2.4 振动和轴偏移测量

电动机振动测量2个传感器置于电动机壳体下法兰,一个与主泵出水管嘴方向平行,一个垂直,给出监测、报警信号。主泵轴偏移测量2个传感器置于电动机驱动轴联轴节高度上,安装方向与振动传感器相同,给出监测、报警信号。

3.3.2.5 转速测量

转速测量2个可变磁阻传感器,装于泵体上用来检测主泵短轴部位销钉的运动,轴每转一圈发出一个脉冲信号,2个脉冲间时间差值由电子转速表处理,给出转速监控、报警信号。

3.3.2.6 流量测量

流量测量包括轴封注水流量测量、报警;1号轴封泄漏流量测控、报警;2号轴封泄漏流量测量、报警。

3.3.3 压水堆其他类型冷却剂泵简介

3.3.3.1 由屏蔽泵发展为轴密封泵

早期压水堆核电厂冷却剂泵采用在核动力舰艇上使用的屏蔽泵,以解决放射性物质向外泄漏的密封问题。屏蔽泵的叶轮、电机转子连成一体,装在同一个密封壳体内充满冷却剂，消除了冷却剂向外泄漏的可能性，工作安全可靠。但是屏蔽泵也存在很多问题：

1. 电动机定子、转子间距大，中间隔着屏蔽套，转子在水中旋转，效率低(50%～70%)，不经济；

2. 电动机零部件需要采用耐腐蚀的材料，制造技术难度大，造价昂贵；

3. 转动部件转动惯量小，主泵停电后的惰转流量快速下降，不符合安全要求；

4. 电机容量做不大。

随着核电的发展，轴密封泵设计、制造技术已趋于成熟，目前大型压水堆核电厂冷却剂泵均已采用轴密封泵。轴密封泵的优势主要体现在：

1. 采用常规鼠笼式感应电动机，技术成熟，成本低，效率较屏蔽泵高 10%～30%；

2. 轴密封泵电机轴上设置有飞轮，提高了主泵的转动惯量，提高了反应堆的安全性；

3. 轴密封技术已可控制主泵冷却剂向安全壳内的泄漏；

4. 冷却剂泵容量大，维修方便，轴密封结构更换较容易。

近几年美国在大型舰船核动力堆冷却剂屏蔽泵运行经验基础上，依据密封包容压水堆冷却剂，防止放射性物质扩散，简化系统设备的理念，在大型压水堆核电厂采用屏蔽电机泵作为冷却剂泵(详见 3.3.3.3 节 AP1000 冷却剂泵)。

3.3.3.2　俄罗斯 VVER 系列冷却剂泵

VVER 系列主泵同样为立式单级离心泵。主要结构与前述冷却剂泵基本相同。所不同之处在于水泵部分结构相对较复杂，它包括泵壳、可抽出泵内构件、上下支座和支承件、生物屏蔽组件等各种组件(图 3-3-6)。其中可抽出泵内构件实际上又包含了泵主轴、工作叶轮、支承壳、水泵轴承、热屏组件、多级泵轴端面机械密封组件，以及独特的径向轴向组合止推轴承、防逆转装置、卸载电磁铁、辅助小叶轮等(图 3-3-7)。

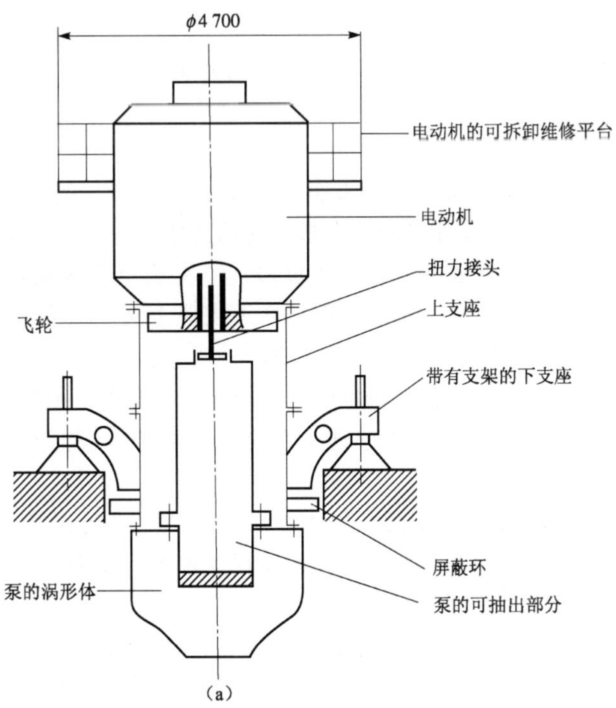

(a)

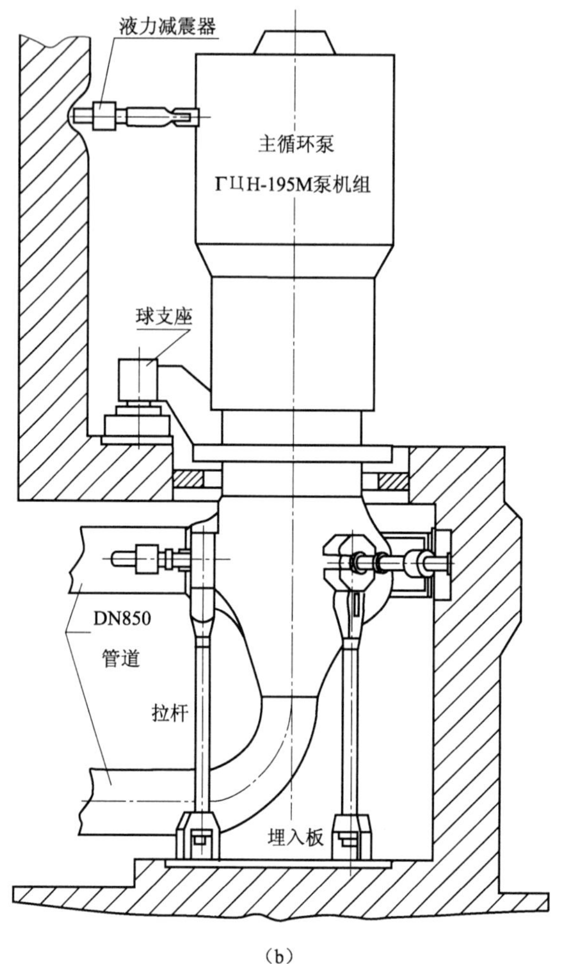

(b)

图 3-3-6 VVER 系列冷却剂泵

(a)示意图;(b) 支撑

由图 3-3-7 可知主泵上带有支架的下支座是主要承重部件。下支座的下法兰与泵壳体上法兰密封连接。支座 3 个悬臂将主泵的重量传递给支承件。支承件支承在装置于楼层板上的球支座上,支座可随环路管道温度变化而位移。下支座下部泵壳位置处设置有多层生物屏蔽环,用于屏蔽 γ 射线由水泵体向上辐射。在下支座上法兰上安装有上支座,水泵电动机固定于上支座上。泵壳上设有 3 根向下直至地面的垂直拉杆和 3 根水平方向带液压减震阻尼的拉杆,在电机外壳上同样设有 3 根带阻尼拉杆,它们均用来承受径向、轴向的地震载荷和管道断裂甩管载荷。主泵电动机与前述主泵电动机相似,同样设置有 1 个止推轴承和 2 个径向轴承,飞轮设于电机轴上。

可抽出泵内构件利用锻钢外壳下部法兰也与泵壳上法兰密封连接。外壳内装有泵轴多级端面机械密封组件,密封组件下部为热屏和水泵径向轴承。水泵轴下端套装有主叶轮,热屏和水泵轴承之间位置处泵轴上套装有辅助小叶轮。泵轴上部套装有径、轴向组合止推轴承的推力盘。止推轴承卸载电磁铁位于可抽出泵内构件外壳顶部的组合止推轴承上,由电磁减压盘和带有线圈的壳体组成,这种电磁减压机构产生的使泵轴向下的力用来克服泵即

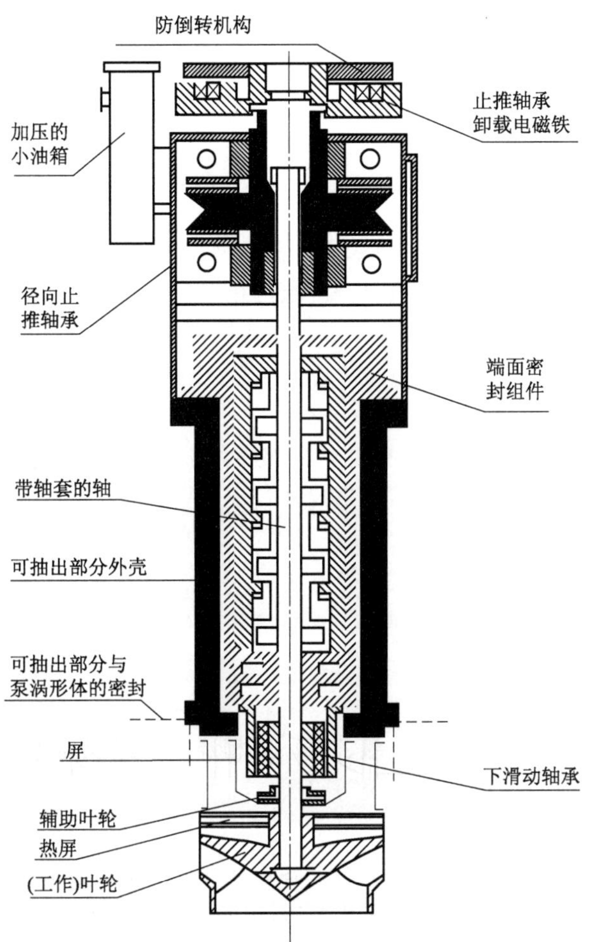

图 3-3-7 VVER 系列冷却剂泵可抽出泵内构件

将启动时轴封注水对泵轴造成的很大的向上推力;用来克服泵叶轮运转中产生的向上浮力,以减轻上部止推轴承的载荷。防倒转棘轮机构动作原理与前述主泵基本相同,但其位置却设在卸载电磁铁的上部。

VVER 系列冷却剂泵辅助系统也较复杂,其中①轴封水系统对多级泵轴机械密封动、静环端面间供给经过精细净化的低温高压含硼水,用以冷却、润滑。进入轴封组件的注水,少量下行进入泵腔。上行的轴封水大部分泄漏返回,少量继续上行进入末级轴封。②独立回路用来冷却、润滑下部水泵径向轴承。独立回路水源为轴封水。独立回路中低温水进入轴承后依靠辅助小叶轮作动力,将被加热的水送入独立回路换热器冷却后再进入泵轴承,如此反复循环。换热器由中间回路水对其冷却。主泵停运处于热备用状态时,需启动设于独立回路上的辅助电动水泵实现循环。中间回路断流或独立回路水温过高时,水泵轴承可改由轴封水对其冷却。③主泵油系统利用透平油除了供给电动机径、轴向轴承冷却、润滑外,还对可抽出泵内构件上的径、轴向组合止推轴承提供冷却、润滑。其循环、冷却方式与前述冷却剂泵相同。④中间回路即为典型压水堆的设备冷却水系统,主要为轴封水、独立回路水、泵止推轴承卸载电磁铁、泵轴端面机械密封组件、热屏组件的冷却提供冷却水。⑤主泵工业水系统为主泵电动机空气冷却器、油系统等不是特别重要的用户提供冷却水。⑥主泵蒸馏水系统用于冲洗排除末级轴封上的结晶硼。末级轴封部件上由于水分蒸发，会沉积硼酸结晶，为此需要向末级轴封引入蒸馏水，结晶硼将随蒸馏水一起排走。

3.3.3.3 AP1000冷却剂泵

作为第三代核电厂AP1000压水堆，其主回路上唯一的能动设备冷却剂泵，在设计思路上也作了大胆的革新，每个压水堆机组采用4台大型屏蔽电机泵，即在2台大容量蒸汽发生器下封头下各固定连接2台屏蔽电机泵。屏蔽电机泵流量约达18 000 m^3/h，扬程约11 m，转速1 800 r/min，总重约84 t，高约6.7 m。电动机采用60周三相交流变频器供电，电压6.9 kV，电功率5.5 MW。

1. 屏蔽电机泵结构(图3-3-8)

AP1000屏蔽电机泵仅由水力部件和电机部件两部分组成，不存在轴密封问题，转动部分水泵轴和电机轴为一体，结构紧凑，外形尺寸较小。

(1) 水力部件

水力部件为混流式水泵，由泵壳、叶轮和导叶等零部件组成。在屏蔽泵顶部，进水接管直接与蒸汽发生器下封头出水接管焊接。水泵需承受冷却剂约340 ℃的温度，为此泵和电机之间设置有热屏隔离。

(2) 电机部件

屏蔽电机是一种专门设计的单绕组、四极、三相屏蔽套式感应电机，由轴承、电机转子、定子、屏蔽套、飞轮以及相应的冷却系统等组成。

1) 轴承

AP1000屏蔽电机泵仅在电机转子上下各设1个径向轴承，水泵部分不设轴承。双向止推轴承设于下径向轴承下部。全部采用水冷却、润滑，泵转速达到一定值(约20 r/min轴承和转动轴之间会形成液膜，不会受到磨损。屏蔽电机泵转动部件重达12.7 t，静态时该重量作用于下推力轴承面，但运行状态旋转轴的上浮力与其自重基本平衡。通过改变叶轮平衡孔的尺寸可以调整旋转轴的上浮力。

2) 屏蔽套

屏蔽套用来将电机转子、定子绕组与冷却剂隔离。屏蔽套采用耐腐蚀、非磁性合金材料。带有屏蔽套的定子、转子之间的间隙约4.8 mm，定子屏蔽套直径约559 mm，厚仅0.39 mm。屏蔽套只承担密封功能，而由其背后支承承担机械力。背部支承包括中段铁芯(含槽楔)以及两端的支承筒。

3) 飞轮

AP1000屏蔽电机泵飞轮由位于电机上下部的2个飞轮组件组成。材料采用重钨合金，以实现有限体积下的高转动惯量。飞轮组件采用热套预应力装配，用外套环将12块扇形钨合金固定在不锈钢轮毂上，外包屏蔽套以防腐蚀，最后将飞轮固定在电机泵轴上。下飞轮组件则与止推轴承推力盘组合成一体。屏蔽电机泵转动部分最小转动惯量约668 kg·m^2。

4)定子绕组冷却

AP1000屏蔽电机功率大，损耗高，因此发热量大。其中定子铁芯和绕组又被屏蔽套封闭，温度高，散热困难，是屏蔽电机冷却、控制温升保证正常运行的技术关键。解决方法一方面电机绕组采用高绝缘等级外，更主要的是对电机进行有效的冷却降温。首先在泵轴与热

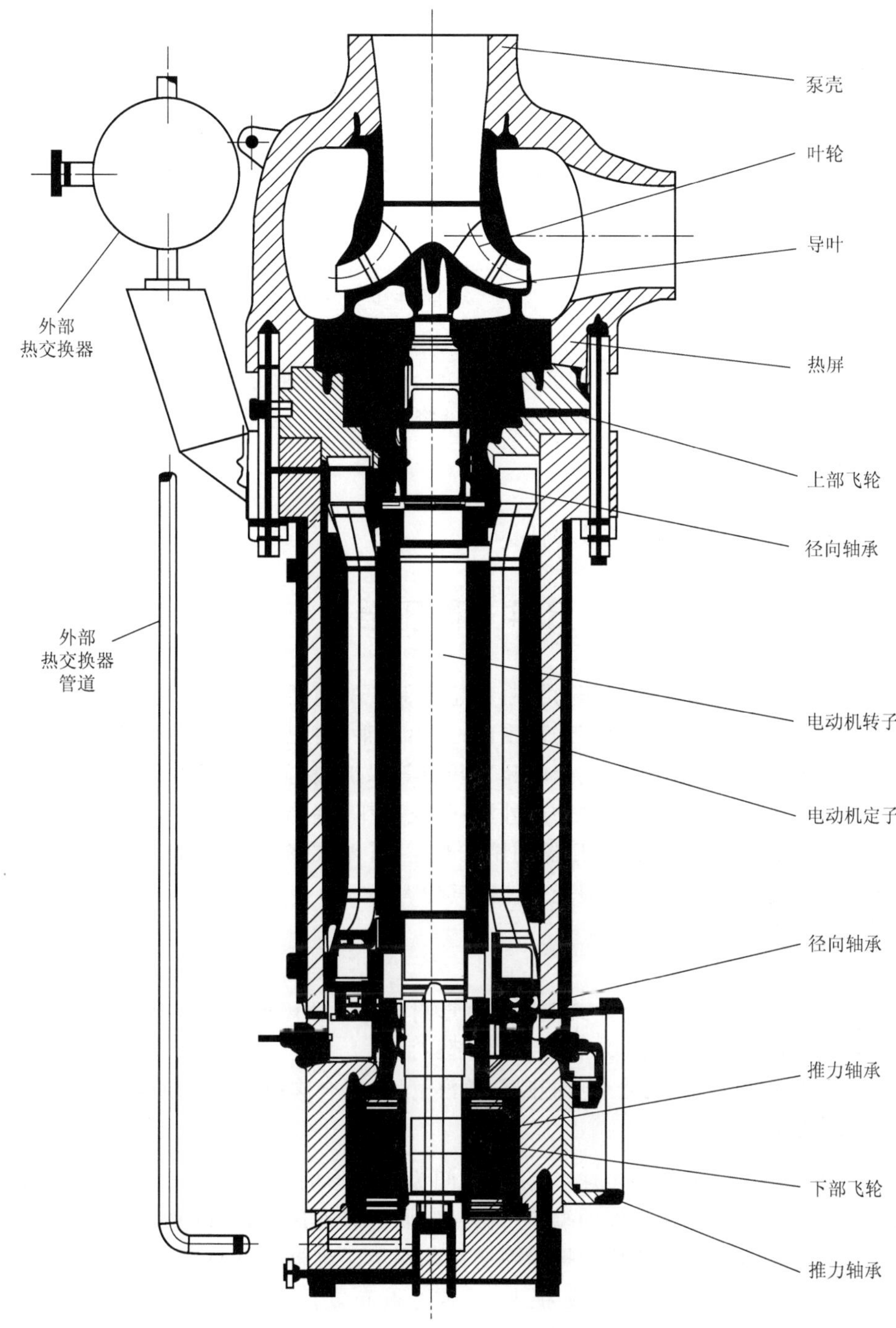

图 3-3-8　AP1000 屏蔽电机泵

屏间隙采取迷宫式密封，阻隔泵壳腔高温冷却剂与电机转子、定子间隙内低温冷却剂进行热交换。其次电机冷却采用 2 个冷却回路实现：①外置热交换器，使电机腔冷却剂通过换热器循环将热量传递给设冷水；②设冷水流经定子腔将电机绕组发热带出。正常运行时，冷却回路能使电机腔冷却剂温度保持在 80 ℃以下，定子绕组温度保持在 180 ℃以下，以此确保电机的绝缘性能和寿命。

2. AP1000 冷却剂泵的主要技术特点和缺点

(1) 技术特点

1) 冷却剂泵直接与蒸汽发生器下封头连接,省却了中间过渡管段,环路阻力损失降低,系统简化,同时简化了蒸汽发生器、冷却剂泵和管道的支撑系统。

2) 屏蔽泵无轴封、无泄漏,安全性提高。AP1000 屏蔽电机泵增设了飞轮,提高了泵的转动惯量,失去电源时能提供足够的惰转流量。

3) 辅助系统简化,整体结构简单、紧凑、零部件少。电机变频调速控制,可减小启动电流,降低低工况电机功率,从而减小了电机尺寸和占用空间。

4) 水泵具有较高的水力效率和抗汽蚀能力;AP1000 屏蔽电机泵具有很高的运行可靠性,且维护简便,甚至可实现全寿期 60 a 内免维修,因此在一定程度上弥补了屏蔽电机效率偏低的缺陷。

(2) 主要缺点

屏蔽电机效率要比普通电机效率低。

3.4 稳压器

稳压器是压水堆冷却剂系统压力控制和超压保护的重要设备。它的主要功能是,在正常运行时保持系统压力稳定在规定的范围内;当出现某种使压力超出范围急剧大幅度变化的工况时,提供相应的事故停堆、安全阀超压开启等保护,从而防止系统超压或堆芯失压失水,使堆芯或系统设备损坏,放射性物质外泄;吸收冷却剂系统水容积的迅速变化。另外,在压水堆电厂启动或停止过程中,稳压器则用来升压、升温或降压;必要时稳压器还可以作为热力除氧器用来去除冷却剂中的裂变气体或其他有害气体。

3.4.1 稳压器结构

压水堆稳压器(图 3-4-1)为立式上下半球形封头的圆柱筒形高压容器,高约 13 m,直径约 2.5 m,容积约 40 m^3,重约 80 t,安装在下部裙筒座上。整个压水堆冷却剂系统共用一台稳压器。稳压器由容器、波动管、电加热器、喷淋管路、安全阀组等部件组成。

3.4.1.1 容器

稳压器容器为一个两端为半球形封头,中间为圆柱形的直立高压筒体。底部裙筒座用来支撑稳压器并保护电加热器棒的端子。裙筒四周开有通风口,用以通风冷却电加热棒电源接头。整个稳压器通过裙筒座用螺栓固定在基座上。容器底部封头上焊接有 60 根电加热器棒的套筒,以容器封头中心轴线为圆心呈同心圆布置。在容器内底部有二层水平支撑板用来支撑电加热器棒套筒,防止横向振动。波动管接在底封头中心。容器底部还设置有核取样管接口。在顶部封头上设有喷淋管接口以及能够提供超压保护的安全阀组排放管接口。容器顶部设计有人孔,人孔用封盖通过螺栓密封。容器材料为低合金锻钢,容器内壁堆焊一层奥氏体不锈钢。额定工况下运行时容器内约 60%容积为水,约 40%为饱和蒸汽。

3.4.1.2 波动管

波动管一端接在稳压器容器底封头中心,另一端接在一个环路热段。在容器内波动管

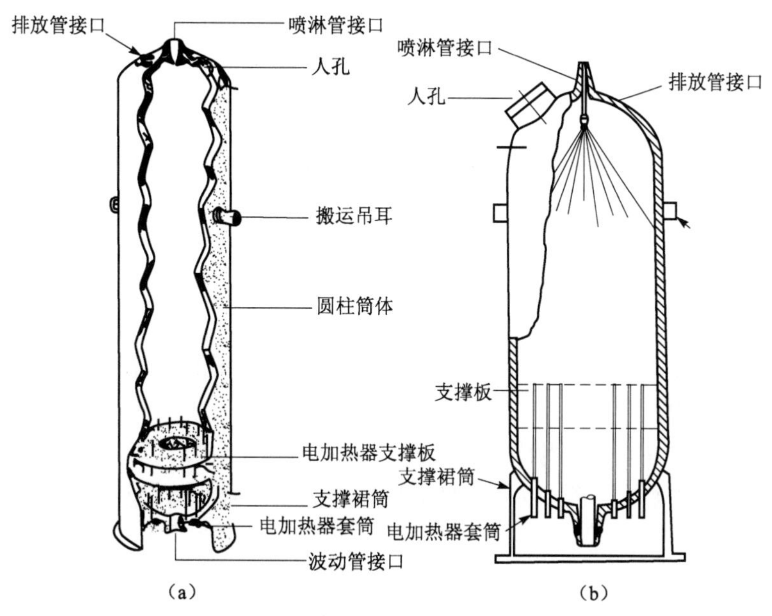

图 3-4-1 压水堆稳压器

进口的正上方设有一个带有多孔滤屏的阻滞节，用以阻止异物进入冷却剂系统，防止环路冷却剂回流直接上升到汽水交界面，并使进入稳压器的冷却剂与稳压器内的介质均匀混合。

3.4.1.3 电加热器

电加热器由 60 根直管护套型电加热器棒组成，共分为 6 组，通过稳压器下封头电加热器棒套筒从底部插入稳压器中。然后于套筒根部与每根电加热棒焊接密封。加热棒护套管上端用端塞焊接密封，下端为一密封连接插塞，用以引出电源线。这样即使护套管破裂，稳压器仍处于密封状态。镍铬合金电热丝放在不锈钢护套中心，用氧化镁粉末压紧绝缘。6 组电加热器，4 组为通断式固定输出电加热器组，主要用于反应堆启动和瞬态过程；2 组为可调式比例输出电加热器组，用于系统压力小幅度波动调节，以及稳态工况补偿稳压器的热量损失、补偿连续喷淋导致的介质温度下降。

3.4.1.4 喷淋管路

稳压器喷淋管一端接在稳压器顶部封头中央喷淋管接口，接头上设热套，稳压器内顶部设有喷淋头。另一端通过两个管线分别接到 2 个环路的冷管段，且伸入到冷段管道内呈勺形正对介质流向开口，以便利用环路中流动的冷却剂速度头增加喷淋的驱动力。每个管线上有一个自动控制阀门。阀门带有供连续喷淋的下挡块，可保持一个小流量连续喷淋。喷淋管公共管段最高位置处对稳压器形成一个水封，用来防止蒸汽积聚返回到喷淋阀。连续小流量喷淋的目的是保持稳压器内的水温和化学成分的均匀性；保持喷淋管线及波动管内冷却剂温度，防止在大流量喷淋启动时对管道产生热冲击；使可调式比例输出电加热器组以一个基值进行自动调节。另外，稳压器还设有辅助喷淋管线，喷淋水来自化容系统，辅助喷淋用于主泵停运失去喷淋或冷停堆时的压力控制或冷却稳压器。

3.4.1.5 安全阀组

稳压器由 3 个设于稳压器顶部的安全阀组提供超压保护。每个阀组由 2 台串联的阀门组成，即 1 台提供卸压功能的上游保护阀，另 1 台提供隔离功能的下游隔离阀。安全阀组的管道是不保温的，形似曲颈，使之在安全阀上游形成 1 个水封，避免阀门升温，并在阀门密封泄漏时防止放射性气体向外泄漏。

稳压器压力超过安全阀定值时，阀门开启，将稳压器内蒸汽迅速排放至卸压箱，使稳压器卸压，起到超压保护作用。以典型 900 MW 压水堆稳压器为例，3 个安全阀组的 3 个隔离阀门的开启整定压力为 14.6 MPa，回座关闭整定压力为 13.9 MPa。3 个保护阀门的开启/关闭压力整定值分别为 16.6/16.0、17.0/16.4、17.2/16.6 MPa。3 个保护阀的开启整定值体现了安全阀起跳的安全冗余。3 个隔离阀的关闭整定值则解决了一旦保护阀起跳超压排放，系统压力下降后阀门回座失效时，能及时通过隔离阀关闭隔离，防止系统及堆芯失压。

1. 安全阀组结构

稳压器安全阀组的保护阀及隔离阀采用自启动先导式阀门。每个自启动先导式阀门由主阀部分和先导部分组成。图 3-4-2 为单个自启动先导式阀门的结构图。

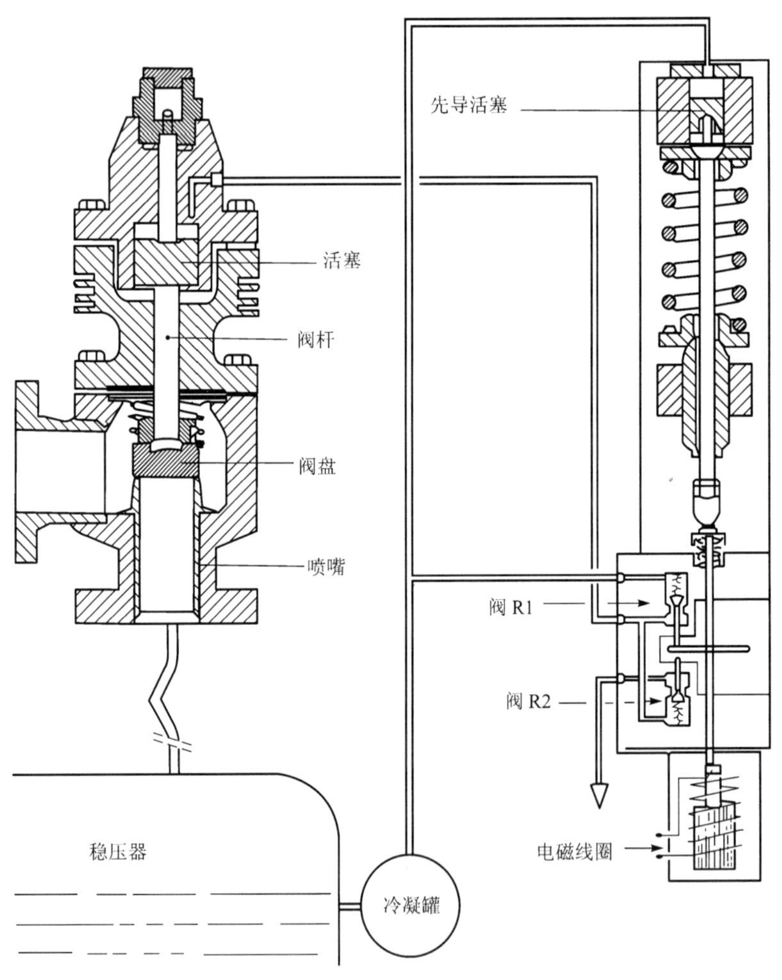

图 3-4-2　自启动先导式安全阀结构

自启动先导式阀门的主阀部分包括一个插入喷嘴的下阀体主阀盘和一个包含活塞的上

阀体。活塞的表面积大于主阀盘的表面积，加上主阀盘上面的压紧弹簧力，因此在主阀体上下两端压力相等时，主阀盘就座压紧在下阀体喷嘴上。阀门的先导部分起压力敏感和控制元件的作用。阀门先导部分、主阀部分、稳压器三者实体隔离，用脉冲管连接。稳压器与阀门先导部分连接脉冲管间装有一个冷凝罐，保护先导结构阀盘、活塞不受高温蒸汽的影响。在先导部分结构底部装有一个电磁线圈，电磁线圈中心铁芯的动作直接作用在传动杆凸轮盘上，启动先导阀 R1 和 R2。电磁线圈提供了一种使稳压器直接远距离手动强制开启安全阀卸压的方法。

2. 安全阀动作原理

由图 3-4-2 可知，稳压器蒸汽腔与先导活塞上腔室连通，压力相等。当系统和稳压器压力在额定运行压力或以下时，预设的先导弹簧力使先导活塞及传动杆位于上部，先导阀 R1 开启，使主阀活塞上腔室与稳压器蒸汽腔连通，主阀处在关闭位置。当系统和稳压器压力升高，使先导活塞克服预设的先导弹簧力时，活塞带动传动杆向下移动，推动先导凸轮盘关闭先导阀 R1，打开 R2，致使主阀活塞上腔室卸压通大气，作用在主阀盘下部的稳压器压力使主阀快速打开，稳压器卸压。反之，稳压器卸压后系统和稳压器压力下降至一定值时，先导弹簧力克服先导活塞上腔室压力，使先导活塞带动传动杆上移，先导凸轮盘随之上移改变 2 个先导阀（R1 和 R2）的位置，使主阀活塞上腔室压力与系统压力一致，主阀随即回座关闭。

通过使电磁线圈通电，也可以强迫阀门开启进行卸压。电磁线圈断电，阀门回座关闭。

3. 自启动先导式安全阀优缺点

此类安全阀的特点是由弹簧直接作用变为先导阀间接作用。因此其动作灵敏、精度高；重复性好、回座快、不泄漏；运行稳定可靠，寿命长；可在线调校。但造价高，加工精度要求高。

3.4.2　稳压器工作原理

稳压器系统图如图 3-4-3 所示。

压水堆冷却剂系统是一个充满水的高温高压密闭回路。根据水的物理特性，系统内温度的任何变化都会导致密度变化，体积的膨胀或收缩会造成系统压力的巨大变化。对于一个 900～1 000 MW 电功率的压水堆，冷却剂系统水的总装量可达约 300 m^3 甚至更多。冷却剂平均温度变化以 1 ℃计，其体积变化将超过 1 m^3。可见，如果没有稳压器和相应的系统用来补偿吸收这种体积的波动，进行控制和保护，由此导致的系统巨大的压力变化将足以使堆芯失压失水而烧毁或一回路压力边界设备严重损坏。另外，冷却剂系统的某些事故，如系统、设备泄漏，也需依靠稳压器系统进行补偿、控制或保护。

3.4.2.1　稳压器工作状态

在正常运行状态，稳压器内介质的工作点总是在水的饱和曲线上，汽、液两相处于平衡状态，稳压器水位处在设定的水位定值范围内运行，稳压器压力运行在 15.5 MPa 压力定值上，稳压器内介质温度为相应的饱和温度 345 ℃。由于稳压器通过波动管与冷却剂环路相连，故堆和冷却剂系统压力也处在 15.5 MPa 压力定值点上运行。然而反应堆在额定功率下运行时，冷却剂最高温度在 330 ℃，因此运行时堆和系统内冷却剂是不会沸腾的。

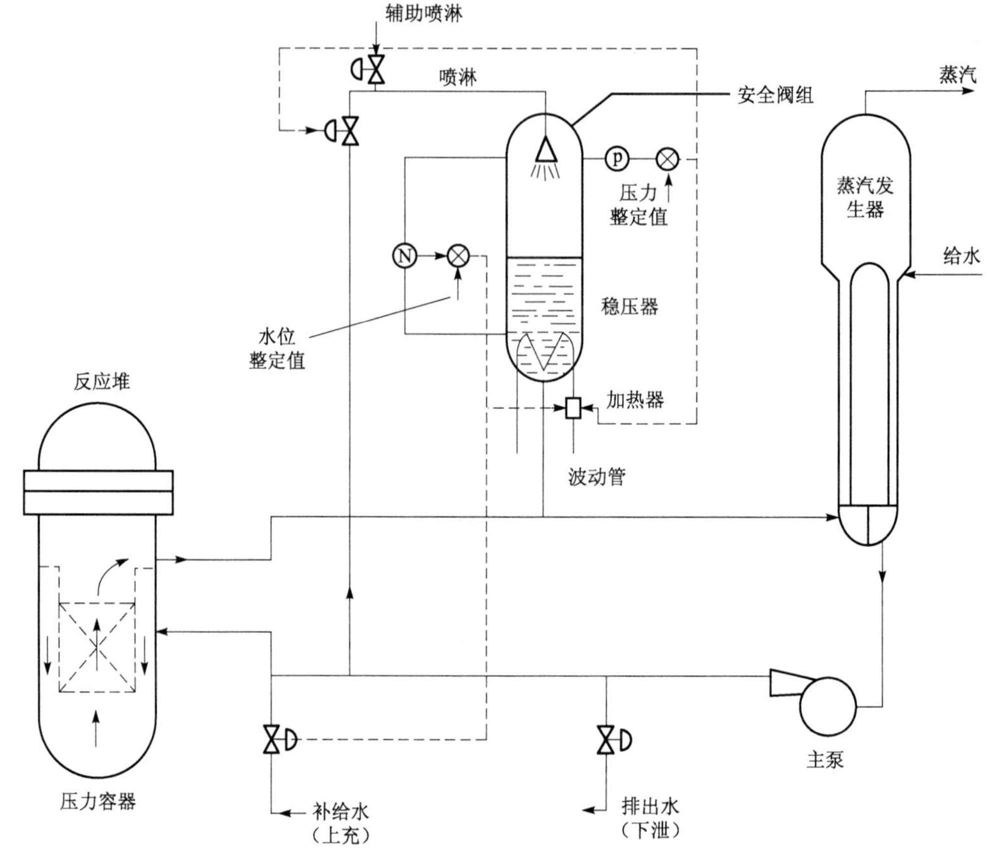

图 3-4-3 稳压器系统图

3.4.2.2 控制的必要性

稳压器需要对其压力和水位进行控制，这是因为：

1. 稳压器压力过低，环路系统压力随之下降。压力降至环路系统及堆内冷却剂运行温度点的饱和蒸汽压力时，会引起冷却剂沸腾、汽化，造成堆芯燃料传热恶化，甚至冷却剂断流、堆芯失水使燃料失去冷却，温度升高，燃料包壳破损，燃料芯块熔化。稳压器压力过高，环路系统压力随之增加，一回路压力边界管道、设备承受的应力达到极限时，会导致损坏、破裂，同样会造成系统泄漏、失水等严重后果。

2. 稳压器水位过高，致使稳压器汽腔过小，就有可能导致稳压器压力控制系统失效或安全阀组进水的危险，影响堆和系统的安全。反之，稳压器水位过低，致使电加热元件棒裸露在蒸汽空间，就会造成电加热元件烧毁，影响稳压器的正常运行。

3.4.2.3 稳压器压力、水位控制方法

稳压器压力过低，采用加热法，增加电加热元件功率以加热稳压器下部空间的饱和水，水温增高汽化增加，使稳压器上部蒸汽腔饱和压力上升。稳压器压力过高，采用降温法，增加稳压器喷淋管线的喷淋流量。喷淋水来自温度较低的环路冷管段，利用压力容器进出口压差从稳压器顶部喷嘴进入蒸汽腔。增加喷淋流量意味着突然增加的雾化低温水滴使饱和蒸汽急骤放热，部分蒸汽冷凝，温度降低，致使稳压器蒸汽饱和压力下降。

稳压器水位控制则采用调节化容系统的上充流量来实现。正常运行时化容系统从冷却剂环路下泄部分冷却剂至化容系统，同时又从化容系统上充相应容量的冷却剂返回至冷却剂环路，使冷却剂系统水量不变，稳压器水位保持稳定。当稳压器水位过高或过低时则在保持下泄流量不变的情况下，利用上充阀调小或调大上充流量，使稳压器水位恢复。

正常运行中稳压器压力整定值为 15.5 MPa，冷却剂系统压力保持在 15.5 MPa 上下允许的运行限值范围之内。正常运行中稳压器水位整定值与冷却剂系统冷却剂平均温度成线性关系，即冷却剂平均温度从 291.4 ℃时的 20%水位定值到 310 ℃时的 64.3%（水位百分数为实际水位占水位总高的百分数）。这个数值由热态工况下堆功率从 0 升至 100 %额定功率条件下计算冷却剂系统水容积变化而确定。

3.4.3　压水堆其他类型稳压器

3.4.3.1　VVER 系列稳压器简介

俄罗斯 VVER 系列稳压器（图 3-4-4）总体参数和结构原理与 PWR 相似，其主要区别在于：①上封头中心为人孔，而喷淋接管座则开在上封头侧向。喷淋液引入上封头内部后由内部喷淋装置将冷却剂均匀地喷到蒸汽空间。为防止喷淋液喷在稳压器内壁产生热应力，在上部筒体内设置有保护屏。②所有电加热器元件棒由下筒体四周辐射方向水平插入，筒体内增设支撑件为导向板定位，电加热器利用滚珠在导向板上滚动进入，随后与筒体管座焊封。③筒体底部设水平热屏蔽板，用于减小温度变化对下封头和波动管接管处的热应力。④稳压器筒体内由上封头至筒体下部设有几层平台和梯子，用于筒体内表面检查维护。

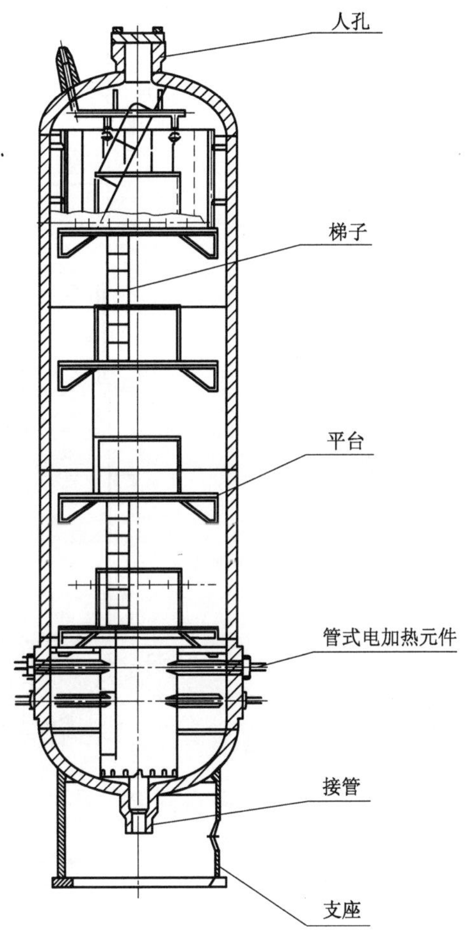

图 3-4-4　VVER 稳压器结构

3.4.3.2　AP1000 稳压器简介

AP1000 稳压器（图 3-4-5）结构原理与典型 PWR 稳压器相同，所不同处在于其约增加了 40%的容积。稳压器直径约 2.3 m，高约15 m，容积约 60 m^3，因此增加了冷却剂系统瞬态补偿、吸收的能力，一般情况下可以不采用化容系统进行容积补偿。

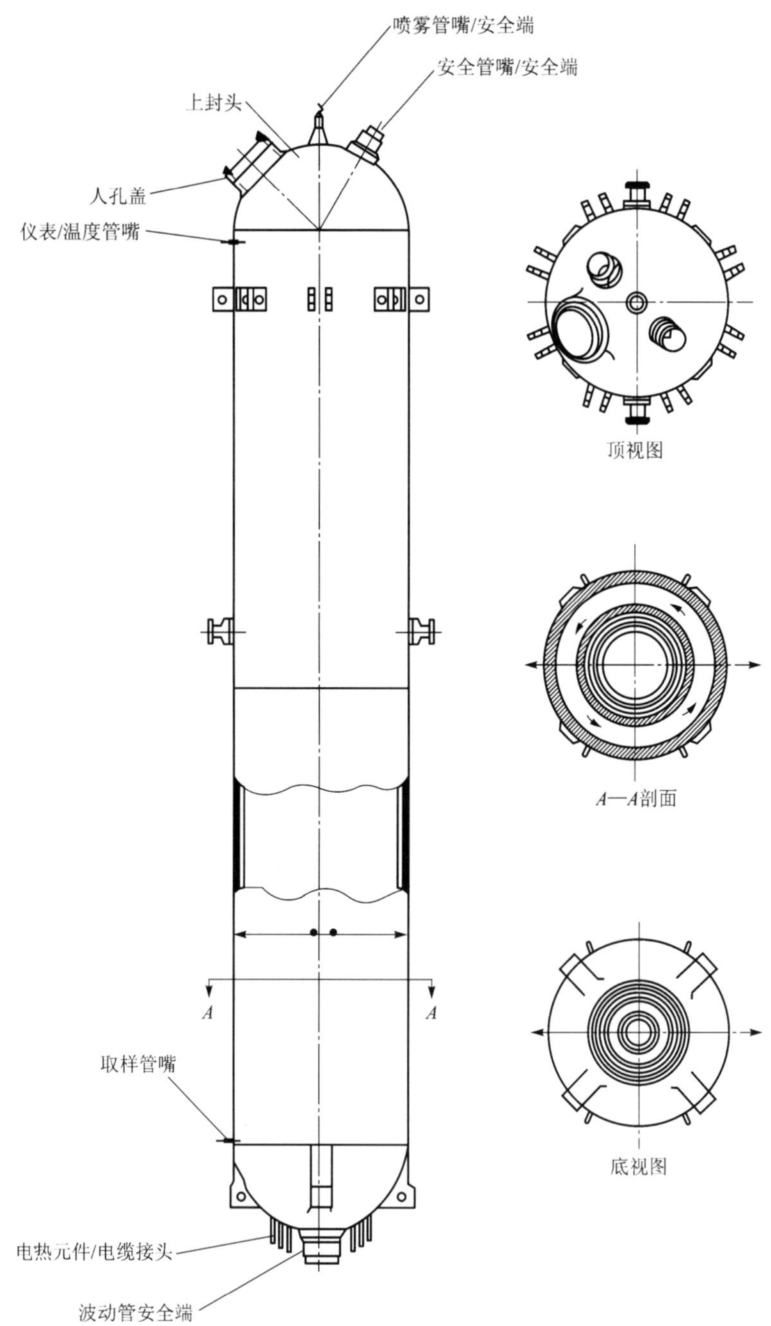

图 3-4-5　AP1000 稳压器结构

3.5　卸压箱

3.5.1　卸压箱功能和工作原理

卸压箱(图 3-5-1)与稳压器配套使用,当稳压器超压时,卸压箱接收安全阀组排放的蒸

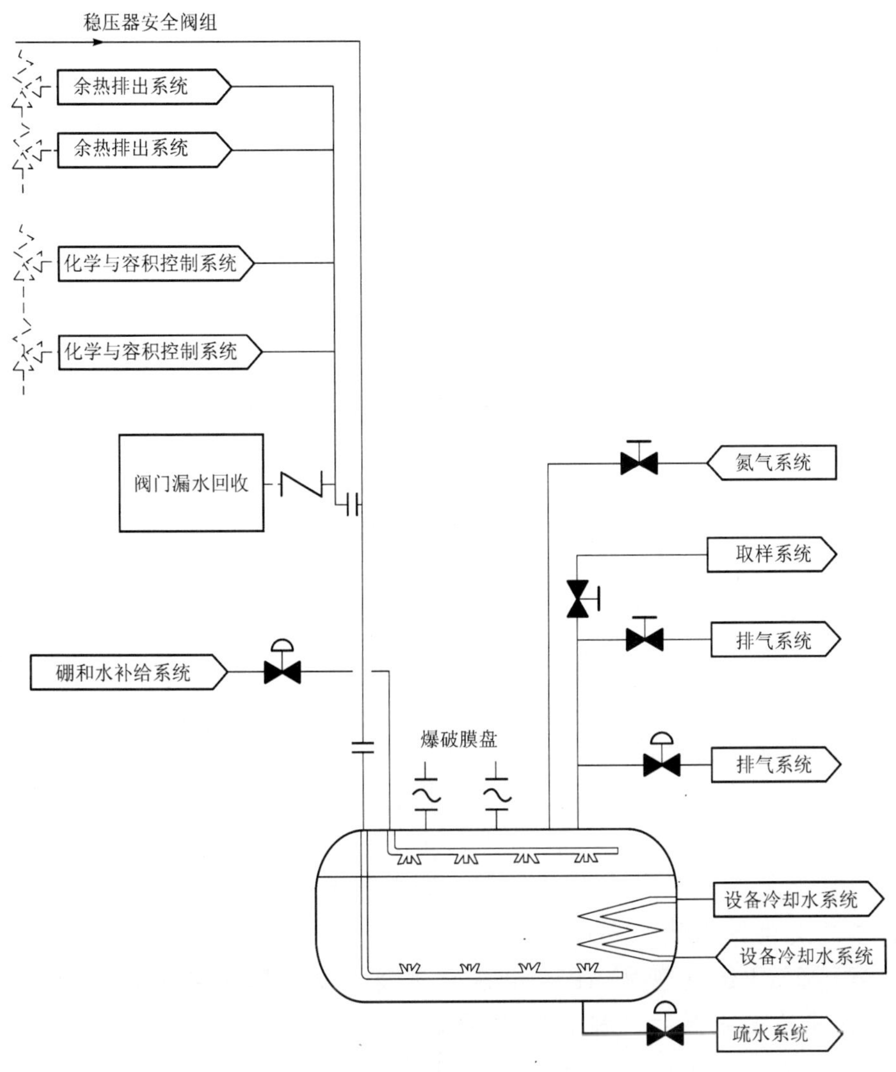

图 3-5-1 卸压箱示意图

汽，使之冷凝和降温。卸压箱使稳压器的蒸汽免于向安全壳内排放，避免带有放射性的冷却剂可能对安全壳的污染。

稳压器排放的蒸汽，排放到卸压箱的冷水中冷凝。在蒸汽排放之前，卸压箱内水温被维持在 40 ℃。在蒸汽排放之后，水温增加，但不会超过 93 ℃。卸压箱内冷凝水通过水面上卸压箱顶部的喷淋冷水和水面下的蛇形冷却管冷却。喷淋冷水来自硼和水补给系统经过处理的除盐水。蛇形管内不间断的冷却水由设备冷却水系统提供。

卸压箱按照满功率运行工况下接收 110％的稳压器蒸汽空间的蒸汽设计。稳压器安全阀组开启 30 s 内，卸压箱约可冷凝和冷却 1.7 t 蒸汽量。但卸压箱容积有限，不能连续不断地接收稳压器大流量的蒸汽排放。

卸压箱上部空间覆盖氮气，卸压箱上的爆破膜盘具有与稳压器安全阀组排放蒸汽量相当的释放能力，卸压箱超压时薄膜爆破使蒸汽向安全壳内排放。

3.5.2 卸压箱结构

卸压箱是一个卧式低压容器，总容积约 37 m^3。容器上部约 11.5 m^3为氮气空间，并装有一组喷淋器。下部约 25.5 m^3为水空间，容器底部沿轴线方向装有一根鼓泡管，它与稳压器卸压管线相连。爆破膜盘 2 个，设于卸压箱顶部，爆破膜爆破压力为 0.8 MPa，爆破压力下每个盘的蒸汽释放能力约为 280 t/h。

卸压箱除了与稳压器卸压管线、硼和水补给系统冷水喷淋管线和该冷水系统蛇形冷却管线连接外，还与疏水排气系统排水、排气管线、核取样系统管线以及氮气系统补气管线相连接。另外，在稳压器卸压管线上还并联有来自余热排出系统和化容系统安全阀的卸压管线，以及专门用来收集与冷却剂系统相连接的阀门、阀杆泄漏水的回收管线。

复习思考题

1. 说出冷却剂系统的功能。
2. 简述核电厂冷却剂系统的设置方式。
3. 冷却剂系统及其设备为什么要设置支撑？
4. 说出蒸汽发生器的功能和工作原理。
5. 描述核电厂典型蒸汽发生器的结构。
6. 简述蒸汽发生器汽水分离组件的工作原理。
7. 为什么要对蒸汽发生器进行水位调节？影响水位变化的因素有哪些？
8. 蒸汽发生器为什么要进行排污？
9. 简述 VVER 系列及 AP1000 压水堆蒸汽发生器的特点。
10. 说出冷却剂泵的功能和工作原理。
11. 描述冷却剂泵的结构及其各部件的功能。
12. 主泵有几组轴承？各自怎样进行冷却、润滑？
13. 主泵怎样进行密封？说出各道密封的工作原理。
14. 主泵电动机部分有哪些特殊的部件？说出其功能。
15. 简述 VVER 系列及 AP1000 压水堆冷却剂泵的特点。
16. 稳压器有哪些功能？
17. 描述稳压器的结构。
18. 简述稳压器安全阀组的结构和自启动先导式阀门的工作原理。
19. 说出稳压器工作原理、工作状态和控制方法。
20. 简述 VVER 系列及 AP1000 压水堆稳压器的特点。
21. 说出卸压箱的作用和工作原理。
22. 简述卸压箱结构。

第四章　一回路辅助系统

4.1　化学和容积控制系统

4.1.1　化学和容积控制系统的功能

化学和容积控制系统(简称化容系统)是反应堆冷却剂系统的主要辅助系统,系统的主要功能是:

1. 容积控制,用以保持反应堆系统内的水容积,吸收稳压器吸收不了的水容积变化,使稳压器水位维持在水位整定值上。

2. 反应性控制,与反应堆硼和水补给系统相配合,通过调节冷却剂硼浓度来控制反应堆内反应性的变化,确保足够的停堆深度。

3. 化学控制,通过净化,去除冷却剂中裂变产物和腐蚀产物,从而控制一回路的放射性水平,提高冷却剂水质,通过给冷却剂加药、加氢,用以给冷却剂除氧、调整 pH 值。

系统的辅助功能是:

1. 为冷却剂泵提供经过过滤、冷却的轴封水和水泵轴承冷却、润滑水。

2. 为稳压器提供辅助喷淋冷水。

3. 为反应堆及系统进行充水排气及打压试验。

4. 在稳压器充满水单相运行时,控制冷却剂系统的压力。

4.1.2　化容系统流程及工作原理

化学和容积控制系统由下泄、净化、上充、轴封注水及过剩下泄四个环节组成。

4.1.2.1　下泄(图 4-1-1)

压水堆稳态正常运行时,冷却剂从一条环路的冷段引出,经 2 个气动隔离阀进入再生热

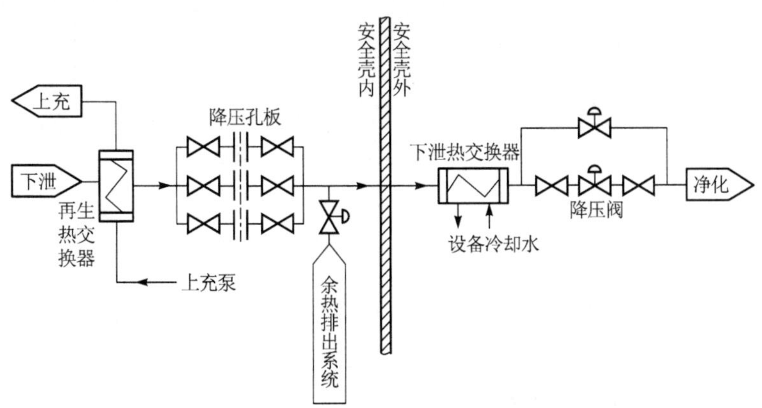

图 4-1-1　化容系统下泄环节系统图

交换器壳侧，被管侧上充流冷却。下泄流温度由约 292 ℃降至约 140 ℃。再生热交换器引出的下泄流经 3 组并联的细小孔径阻力极大的下泄孔板减压（正常时 1 组运行），使压力由 15.5 MPa 降到约 2.4 MPa，然后流出反应堆厂房（安全壳），进入设在核辅助厂房内的下泄热交换器管侧，被壳侧设备冷却水冷却，下泄流温度由约 140 ℃降至约 46 ℃。下泄热交换器引出的下泄流经压力控制阀进行再次减压，压力由约 2.4 MPa 降至约 0.22 MPa 后进入净化环节。从冷却剂系统引出的下泄流必须要降温降压，这是因为净化回路中离子交换树脂不能承受 60 ℃以上的高温。为了回收利用这部分热量，化容系统首先采用再生热交换形式，在冷却下泄流的同时，对上充的冷水进行加热，以回收热量。由于化容系统净化部分以及与其相连接的其他系统都处于低压状态，所以还需将下泄流压力降至约 0.22 MPa。为避免冷却剂汽化，降压只能在冷却剂降温后进行，如图 4-1-2 所示。

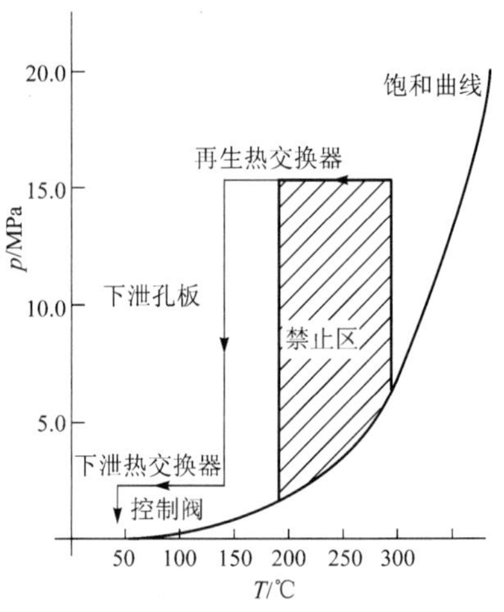

图 4-1-2　正常下泄流的降温降压过程

在下泄环节降压孔板下游管线上设有余热排出系统冷却剂进入接管，用于余热排出系统预热、净化等用途。

4.1.2.2　净化（图 4-1-3）

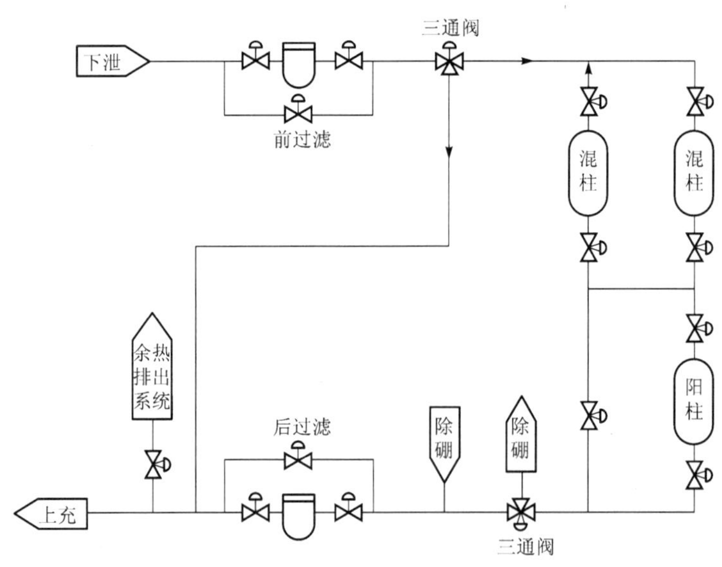

图 4-1-3　化容系统净化环节系统图

化容系统净化过滤（除盐）环节一般设 2 个并联的阴阳树脂混合的离子净化交换柱，另设 1 个可串联的阳离子交换柱。在净化交换柱上、下游各设过滤器 1 个。经过二级降温降压的下泄流，首先经过前过滤器除去胶状悬浮物和大于 5 μm 的固体颗粒杂质，用以保护并提高其后的净化柱的使用寿命。阴阳混合树脂净化交换柱(1 个运行,1 个作备用),用来吸附水中的杂质离子,提高水质指标。阴阳树脂比例按冷却剂 pH 酸碱度设计要求装量。串联的阳离子交换柱正常情况被旁通,需要时串入运行,用以除去混柱较难去除的铯和锂杂质离子。经过净化柱的冷却剂进入后过滤器以防止泄漏出的、破碎的树脂颗粒进入冷却剂系统。经过过滤、净化的冷却剂进入上充环节。核电厂净化交换树脂吸附的杂质离子具有较强的放射性,故树脂饱和失效后不再进行再生复用,以免增加放射性废液量。更换新树脂前,废树脂采用水力输送排出,进行水泥固化处理。同时,失效堵塞的过滤器,其滤芯采用更换方式,带放射性的废过滤器滤芯被吊出后也进行水泥固化处理。

净化环节在前过滤器下游设 1 个三通阀,正常运行时下泄流进入净化柱,但当下泄流温度超过限值,会对净化树脂造成威胁损害时,三通阀会自动短路净化环节,将冷却剂引导至上充环节。在净化柱出口,后过滤器上游管线上还设有 1 个三通阀,必要时三通阀可引导经净化的下泄流进入硼回收系统除硼净化柱进行除硼,随后再返回至后过滤器入口。这种冷却剂中除硼的方式只适用于冷却剂硼浓度较低的运行工况,否则硼回收系统除硼净化柱会很快饱和失效。在后过滤器下游冷却剂进入上充环节的管线上设有冷却剂返回余热排出系统的接管。

4.1.2.3 上充(图 4-1-4)

下泄流冷却剂经净化过滤后首先进入容积控制箱喷淋管,经喷头喷出、雾化,释放出裂变气体,裂变气体由氢气携带排往排气疏水系统。容积控制箱下部空间容纳经过净化和清除裂变气体的冷却剂。容积控制箱作为上充泵的贮水箱,给 3 台上充泵提供水源。上充泵把水压提高至约 17.7 MPa 后,经上充流量调节阀穿过安全壳经由再生热交换器管侧,进入环路系统冷管段。再生热交换器可将上充冷却剂温度由约 50 ℃升至约 260 ℃。上充泵出口设 1 根接管,用于给冷却剂主泵提供高压低温的轴封注水。上充冷却剂除进入环路冷管段外,另设 1 根支管,在必要时可对稳压器实施辅助喷淋。

容积控制箱作为冷却剂系统的缓冲水箱,可以补偿稳压器吸收不了的冷却剂系统水容积的变化。容积控制箱总容积仅约为 9.0 m^3,因此根据容积控制箱水位的高低,还可与硼回收系统、硼和水补给系统配合来吸收或补充冷却剂系统容积的各种变化。当容积控制箱水位增高时,设于容控箱上游的三通阀可使冷却剂流向硼回收系统;当容积控制箱水位降低时,则可由硼和水补给系统向设于容控箱上、下游的接管补充硼浓度与冷却剂硼浓度相同的含硼水。

为抑制冷却剂在堆芯的辐照分解,控制分解氧的含量,需要由容积控制箱顶部向冷却剂中注入氢,使冷却剂中氢含量在 25~35 mg/g 范围内。容积控制箱顶部氢气压力控制在 0.2~0.5 MPa,下泄水由容积控制箱顶部喷淋进入,保证了冷却剂和氢的有效混合。容积控制箱还可进行扫气,正常运行工况用氢气清扫排除积聚在容积控制箱内的有害气体和裂变气体;系统冷却停运过程中用氮气清扫排除冷却剂中释放出的过剩氢气;系统升温启动过程中,则用氢气清扫排除氮气和其他有害气体。被清扫的气体通过容控箱顶部接管排向排气疏水系统。容控箱下游管线上的硼和水补给系统接管还用来给冷却剂系统加药(联氨、氢氧化锂)、调节冷却剂中硼浓度(加硼或稀释)。

3 台并联的上充泵为卧式多级离心泵,从容积控制箱汲水,使上充流升压。正常运行时 1 台上充泵投入运行,1 台热备用。每台上充泵均配有再循环管线,用以在零流量工况保护

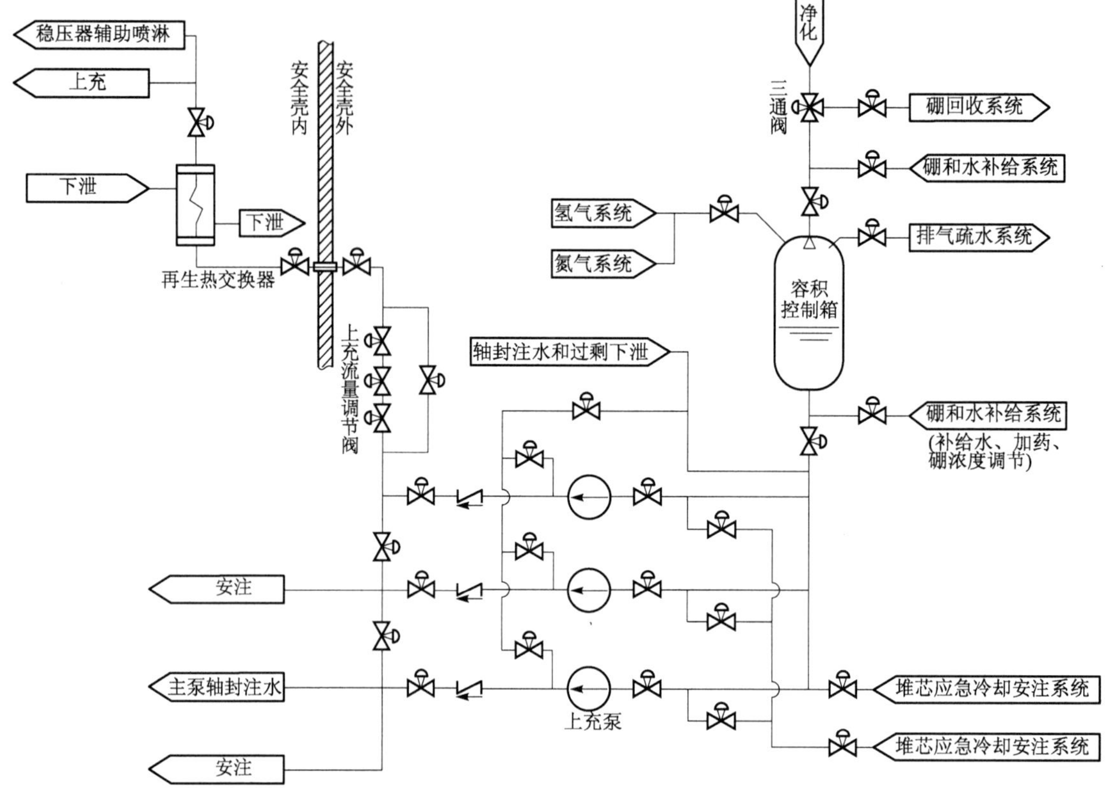

图 4-1-4 化容系统上充环节系统图

上充泵不受损坏，并在运行时可使上充处在适当的流量、压力范围之内。在容控箱下部，上充泵入口处设有主泵轴封回水和冷却剂过剩下泄管线接管。

压水堆核电厂化容系统上充泵一般兼容为堆芯应急冷却安注系统高压安注泵。压水堆一旦触发安注，至少有 2 台上充泵成为高压安注泵，此时上充管线隔离，而设于上充泵前、后的 2 条独立的安注管线开通运行。

4.1.2.4 主泵轴封注水及过剩下泄(图 4-1-5)

主泵轴封水由上充泵出口流经 2 台并联过滤器中的 1 台，除去尺寸大于 5 μm 的固体颗料杂质后穿过安全壳分别进入各环路主泵轴封注水接管。主泵轴封泄漏产生的部分轴封注水回流汇合后穿出安全壳，经轴封回流过滤器，除去固体颗粒杂质进入轴封回流热交换器冷却后返回上充泵入口。热交换器壳侧由设冷系统提供冷却水。冷却剂系统还设有另一条过剩下泄通道。当正常下泄失效时，过剩下泄管线提供备用。当冷却剂系统加热过程需要大量冷却剂从系统下泄时，可以利用过剩下泄加大下泄流量。过剩下泄流从一个环路过渡段引出，经过过剩下泄热交换器冷却和降压阀降压后由三通阀控制，或导入排气疏水系统，或与轴封水回流管汇合，穿出安全壳，经轴封回流过滤器和热交换器最终进入上充泵入口。过剩下泄热交换器壳侧由设冷系统提供冷却水。

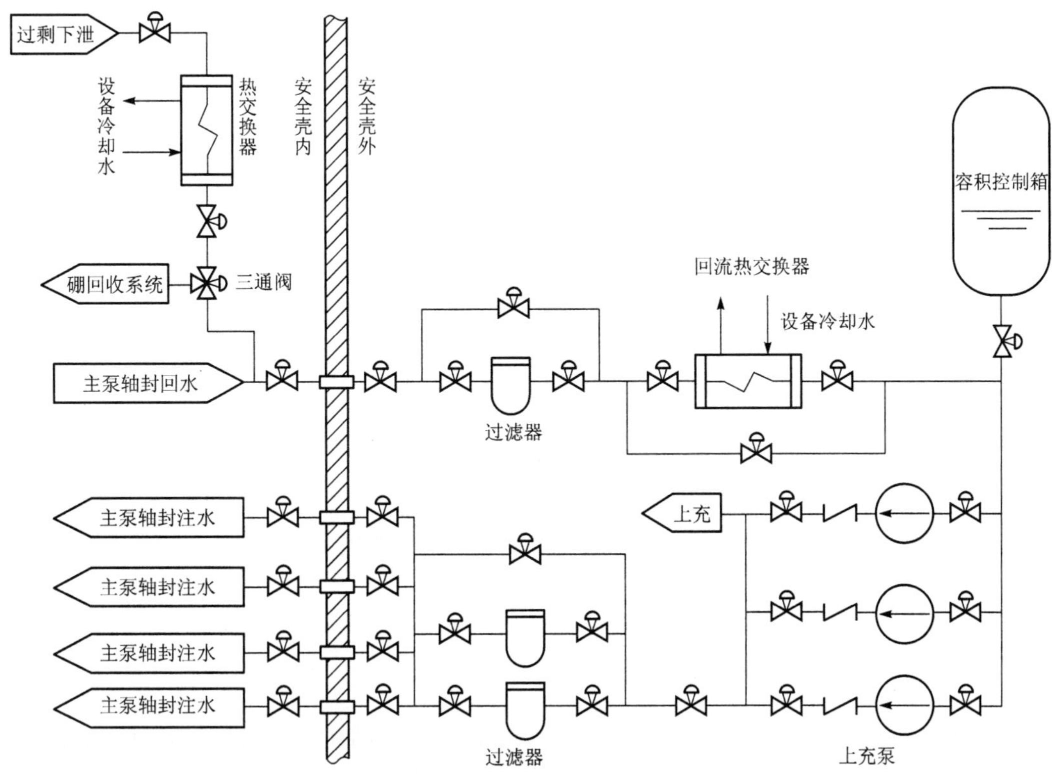

图 4-1-5 化容系统主泵轴封注水及过剩下泄环节系统图

4.1.3 化容系统控制基本原理

4.1.3.1 容积控制

压水堆冷却剂系统冷却剂的温度变化或泄漏都会引起系统冷却剂容积的变化，同理化容系统化学、反应性控制需要进行加药、调节硼浓度操作，或者任何上充、下泄流的不平衡，主泵轴封注水与回流间的不平衡也会引起冷却剂容积的变化。化容系统容积控制基本原理如图 4-1-6 所示。冷却剂系统稳态运行时，容积不变，化容系统下泄、上充平衡，稳压器、容控箱水位在预定值上保持不变。当容积发生变化时，稳压器水位偏离设定值，指令上充调节阀改变开度，增加或减小上充流量，而下泄流量不变，致使稳压器水位恢复，容控箱水位发生变化。容控箱水位偏离设定范围，水位高至一定程度会指令三通阀向硼回收系统排放部分或全部下泄冷却剂。水位低至一定程度则会指令硼和水补给系统向环路系统补给与系统硼浓度相同的适量的含硼水。硼回收系统会处置分离出合格的除盐除氧不含硼的产品水和合格的高浓硼酸溶液，最终输送给硼和水补给系统贮存、复用。

4.1.3.2 化学控制

压水堆核电厂化容系统化学控制的主要目的在于控制冷却剂的水质，维护冷却剂水化学性质在规定的限值内，限制堆芯部件和系统设备的腐蚀在最低程度；避免杂质沉积对堆芯燃料、结构以及系统设备造成损害；避免冷却剂中裂变产物、活化的腐蚀产物积累，使冷却剂的放射性水平过高。

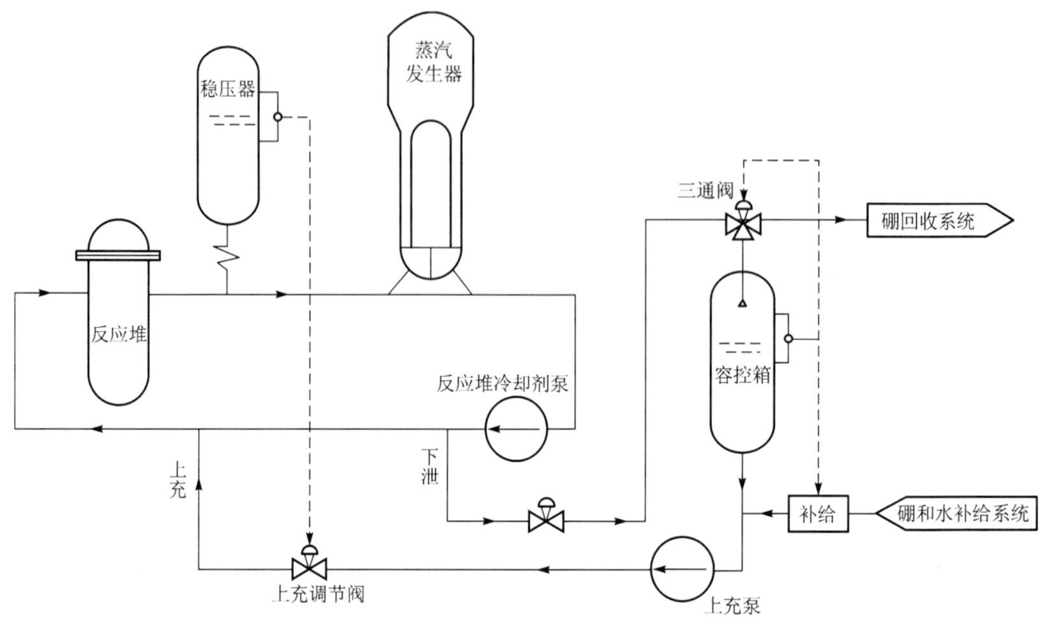

图 4-1-6　化容系统容积控制原理

冷却剂的放射性来自于水、水中杂质、腐蚀产物、化学添加剂吸收中子被活化，以及核燃料裂变释放出的放射性裂变产物。其中绝大部分来自裂变产物，小部分为活化产物放射性。裂变产物中裂变气体氪(Kr)、氙(Xe)占冷却剂总放射性的 90%以上，挥发性裂变产物碘(I)约占 3%。一个大型压水堆燃料包壳按允许破损 1%计，冷却剂中放射性比活度约为 7.4×10^{10} Bq/L(约 0.2 Ci/L)。通过化容系统净化则能使冷却剂放射性比活度降 4～5 个量级，符合运行要求的指标。

核电厂对冷却剂水质控制严格，用以控制对压水堆及系统设备材料的腐蚀速率。使腐蚀限制到最低程度；避免各种杂质积聚沉淀，影响到核电厂的正常运行；避免释放到冷却剂中的裂变产物以及水中各类杂质被中子活化，使冷却剂放射性本底增加。化容系统净化环节通过过滤、净化可以使冷却剂水质大大提高，电导率降低 1 个量级以上。对压水堆结构材料产生腐蚀，需要控制的冷却剂水质指标中，pH 值酸碱度要求略偏碱性，能提高不锈钢和镍基合金的耐腐蚀性。在碱性溶液中腐蚀产物会从热表面上溶解向冷表面转移，这有利于腐蚀产物从堆芯向外转移，防止腐蚀产物在堆芯沉积。但 pH 值超过 12 会导致锆合金腐蚀加快，因此认为 pH 值在 9.5～10.5 为最佳。由于含硼酸冷却剂呈弱酸性，故压水堆冷却剂还需通过化容系统与硼和水补给系统配合，进行添加 pH 值控制剂氢氧化锂来实现。应注意的是，氢氧化锂中的锂，需要将天然锂中 7.52%的同位素锂-6 去除，采用高纯锂-7。这是因为锂-6 会在堆芯大量吸收热中子，造成中子损失，同时核反应生成放射性氚，对运行、维修带来不利。压水堆对冷却剂中氧有严格控制，水中氧的限值要求小于 0.1 mg/L。氧是活泼的腐蚀元素，又是其他元素侵蚀钢材的催化剂。氧主要来自于补充水的残留氧；冷却剂在检修、换料时与空气中氧的接触溶入；水在堆芯辐照分解生成。冷却剂中除氧、控制氧含量采取 2 个途径。在冷却剂系统升温升压过程中，通过化容系统与硼和水补给系统配合添加联氨的方式，使水中氧与联氨(N_2H_4)生成水和氮气。这种除氧，冷却剂温度在 90～120 ℃

效果最佳，温度过高联氨会分解，起不到除氧作用。压水堆在额定稳态运行工况时，通过化容系统容积控制箱上部空间加氢，使冷却剂喷淋液溶入过量氢，可以抑制冷却剂水在堆芯辐照分解产生游离氧。同时氢还会使加联氨中产生的氮气在辐照下合成氨(NH_3)，避免氮在水中遇氧，最终合成硝酸(HNO_3)使冷却剂 pH 值下降。压水堆对冷却剂中氯和氟也有严格控制，限值要求小于 0.15 mg/L。不锈钢的腐蚀随冷却剂中氯离子浓度的增加而增大，在氧催化下腐蚀速率会加快。水中氧和氯离子共同作用是不锈钢应力腐蚀破损的重要原因。水中氟会显著增加锆合金初始腐蚀速率，会增加锆吸氢造成氢脆。在氧催化下氟也会引起不锈钢应力腐蚀。因此必须通过化容系统净化环节对水中氯、氟离子浓度进行控制。另外，化容系统容控箱的定期扫气也是化学控制的一个重要部分。

4.1.3.3 反应性控制

化容系统反应性控制则是利用调节冷却剂硼酸浓度，改变中子吸收物质硼在冷却剂中的含量，配合控制棒组件，控制反应堆，补偿那些较慢变化的反应性，如冷却剂大范围的温度变化、核燃料在运行中的消耗、堆功率变化引起的裂变产物中子吸收毒物量的变化(中毒、消毒过程)等引起的反应性变化，以及使压水堆在冷态停堆、检修、换料工况下具有足够的安全停堆深度。

化容系统实施反应性控制需要硼和水补给系统配合。当堆内反应性过大需抑制这部分过剩反应性时，实施加硼(硼化)，使冷却剂中硼浓度增加。具体方法是通过硼和水补给系统向上充泵入口注入预先设定的高浓硼酸浓液，上充给冷却剂系统，同时通过下泄向硼回收系统排放相应量的浓度较低的含硼水。相反，当堆内反应性不足，需要增加一定的正反应性时，实施稀释，使冷却剂中硼浓度降低。具体方法是通过硼和水补给系统向上充泵入口注入预先设定的不含硼除盐除氧水，上充给冷却剂系统，同时通过下泄向硼回收系统排放相应量的冷却剂系统内的含硼水。为增加反应堆的正反应性，化容系统还有一种控制方式，称为除硼，即在化容系统净化环节下游通过三通阀，利用管线压差，将部分冷却剂引入硼回收系统除硼净化柱，除硼后返回化容系统。这种除硼方法只适用于压水堆运行循环末期，即将停堆换料前冷却剂中硼浓度已很低(300 mg/L 以下)状态下的除硼，以避免使用稀释方法产生大量废液需要处理。除硼方法不会产生废液，但此方法只适用于低硼浓度冷却剂除硼，否则容量较小的除硼净化柱将会很快饱和失效。

4.1.3.4 化容系统安全阀控制

化容系统各环节均设置有安全阀，用以超压保护。这些安全阀在冷停堆换料工况，化容系统与余热排出系统、冷却剂系统、换料水系统等相连通时，也为这些系统提供超压保护。

4.2 硼和水补给系统

4.2.1 系统功能

硼和水补给系统是化学和容积控制系统的支持系统，与化容系统配合实现压水堆冷却剂系统的三大控制。硼和水补给系统接收、贮存来自硼回收系统的不含硼的除盐除氧水和合格的高浓硼酸溶液，为反应性控制、容积控制和化学控制提供所需要的各种介质。硼和水补给系统还为冷却剂泵末级轴封提供除盐除氧水；为卸压箱提供喷淋冷却水；为安全注入系统硼注入箱提供高浓硼酸溶液；为反应堆换料水箱提供含硼水。

4.2.2 系统结构和流程

硼和水补给系统（图 4-2-1）可分解为补水、硼补充、硼酸配制和化学添加剂制备 4 个环节。

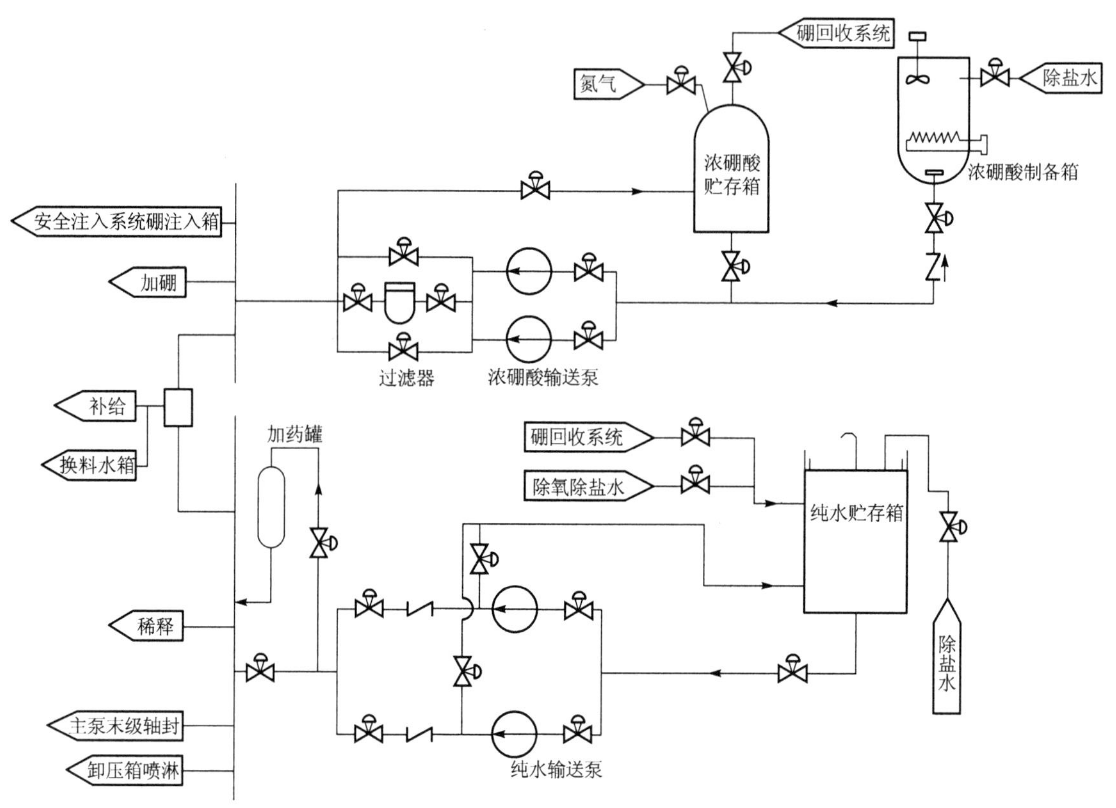

图 4-2-1 硼和水补给系统示意图

4.2.2.1 补水

补水环节包括 2 个不含硼除盐除氧的纯水贮存箱供 2 个机组公用，4 台纯水输送泵，每个机组各 2 台。贮水箱的容积各为 300 m^3，水源主要来自硼回收系统回收的经过净化除氧和蒸发冷凝的冷却剂蒸馏水。正常运行时，1 个贮水箱对 2 个机组供水，另 1 个贮水箱则处于充水或备用状态。1 个贮水箱的水容积足以保证机组在运行寿期末（冷却剂硼浓度约 50 mg/L），从冷停堆状态启动至额定功率时稀释所需的水量。当贮水箱初次充水或硼回收系统供水不足时，可由核岛除盐水分配系统经辅助给水系统除气器除氧后供水。为避免箱内纯水与空气接触含氧量增加，水箱顶盖采用浮顶式结构。顶盖采用除盐水密封。纯水输送泵与贮水箱间设有旁通循环管线，用以使水化学成分和温度均匀。系统、设备互为备用，必要时可对系统各部分进行冲洗。

4.2.2.2 硼补充

4%硼酸浓度(7 000 mg/L 硼浓度)的硼酸溶液贮存在 3 个贮存箱内,其中 1 个为 2 个机组共用,另外 2 个则每个机组各使用 1 个。每个浓硼酸贮存箱的有效容量为 81 m^3。2 个贮存箱的硼酸总容量足以同时保证 1 个机组在运行寿期初冷停堆要求的硼酸溶液量和另 1 个机组在运行寿期末的换料冷停堆所要求的硼酸溶液量。浓硼酸溶液来自硼回收系统,硼酸溶液供应不足时由硼酸溶液配制箱制备出 4%硼酸新溶液来作为补充。为防止贮存箱内硼酸溶液与空气接触增高含氧量,贮存箱内充以氮气,氮气压力保持在 0.12~0.17 MPa。

每个机组设 2 台硼酸泵输送硼酸,硼酸泵除正常电源外,还由柴油发电机应急电源备用。必要时硼酸溶液可先经过过滤器然后再向外输送。硼酸泵与硼酸贮存箱间设有旁通循环管线,用以使贮存箱内硼酸浓度均匀,保持管线内溶液的温度。系统设备互为备用,必要时可对系统各部分进行清洗。

4.2.2.3 硼酸配制

硼和水补给系统设 2 个机组共用的硼酸溶液配制箱 1 个。配制方法为,将结晶状的硼酸(H_3BO_3)与核岛除盐水混合加热搅拌,制成高浓硼酸溶液。

硼酸在水中溶解度随温度增加而增大,为了配制 4%的硼酸溶液,必须将水溶液加热到对应的溶解温度以上。硼酸配制箱装有电加热器,在容纳 4 %硼酸溶液的容器和管线,需进行热跟踪和保温。完成配制的浓硼酸溶液送往硼酸贮存箱贮存备用。

这里所说的硼酸浓度 4 %是指在溶液中硼酸(H_3BO_3)的质量分数。而相对应的 7 000 mg/L则是指该硼酸浓度下的 1 L 溶液中硼(包括硼-10 和硼-11 两种同位素)的质量。

全部硼酸制备、贮存所在区域的室温应在 25 ℃以上,以防硼酸在低温下结晶析出。硼酸制备箱、贮存箱应能满足密封要求,以防硼酸蒸汽排放到环境及空气中的氧溶解于硼酸溶液。

4.2.2.4 化学添加剂制备

在压水堆冷却剂系统启动和运行过程中需要通过化容系统注入联氨以除氧,注入氢氧化锂以调节冷却剂水的 pH 值。为此,每个机组硼和水补给系统中各设置有 1 个化学物添加箱,其容积仅为 20 L。需添加化学药物时,将化学药物手动倒入添加箱内,然后用硼和水补给系统的除盐除氧纯水从箱上部将化学药物冲到化容系统上充泵的吸入口,由上充泵将化学药物注入冷却剂系统。

4.2.3 硼和水补给系统运行

硼和水补给系统主要配合化容系统实现冷却剂系统的容积控制、反应性控制和化学控制。当冷却剂系统需要补给一定容积的冷却剂时,在操纵员的指令下,硼和水补给系统会自动将一定量的高浓硼酸溶液和一定量的除盐除氧水混合成与堆内冷却剂含硼浓度相同的含硼水,然后从上充泵入口进入输送到冷却剂系统。当堆内反应性不足或过剩需要稀释或加硼时,在操纵员指令下,硼和水补给系统会自动将一定量的高浓硼酸或不含硼除盐除氧水通过上充泵输送到冷却剂系统。当堆及冷却剂系统需除氧、调高 pH 值时,硼和水补给系统加药环节可以通过添加联氨或氢氧化锂溶液经由上充泵输送到冷却剂系统。具体操作和其他辅助方式,这里不再详述。

4.3 余热排出系统

核电厂运行时,反应堆堆芯核裂变产生的热量由冷却剂环路系统通过蒸汽发生器二次侧传导出。反应堆停闭降温过程及停堆后很长一段时间内堆芯仍有热量需要传导出。压水堆在停堆初期几个小时内堆芯余热仍由蒸汽发生器通过二回路以蒸汽形式排放。之后则由余热排出系统来承担,将堆芯热量带出传给设备冷却水系统。余热排出系统因此又称反应堆停堆冷却系统。

4.3.1 系统功能

在核电厂停闭降温冷却剂温度降至约 180 ℃,压力降至约 3 MPa 后,投入余热排出系统将堆芯衰变热以及结构设备、冷却剂的显热和主泵运转产生的热量排出,传给设备冷却水;同时用来控制冷却剂的降温速率不得超过限值。在核电厂启动,冷却剂由冷态升温时,同样需要投入余热排出系统,直至冷却剂温度达到约 180 ℃。此时用来控制冷却剂的升温速率不超过限值。在约 180 ℃冷却剂温度以下投运余热排出系统的另一个重要原因是,利用余热排出系统中多个限值仅约为 4 MPa 的安全阀实现冷却剂系统超压保护。其目的在于防止压力容器在低温状态下出现高压应力造成脆性断裂。

余热排出系统还用来在冷却剂泵停运后使系统冷却剂硼浓度和温度均匀化;在检修、换料冷停堆状态,与化容系统一起,对冷却剂进行净化过滤;用于将堆顶换料水池内含硼水输送回换料水箱;在稳压器单相运行时,参与对冷却剂系统的压力控制等。

4.3.2 系统流程及工作原理

余热排出系统(图 4-3-1)由 2 台热交换器、2 台余热排出泵及相关管道、阀门组成。余热排出系统的进水管连接到环路的热段,回水管连接到环路的冷段。余热排出泵与环路热段接管间并列布置有双管线,每条管线上设有 2 个隔离阀。通向环路冷段的回水管上,设置 1 个隔离阀和 1 个止回阀。与冷、热管段连接的数量因堆而异。

余热排出泵从环路热段吸入冷却剂,将冷却剂打入泵出口母管。母管上设置有 2 个安全阀,用以系统超压保护。余热排出泵出口冷却剂经母管进入 2 台热交换器,热交换器进出口两端设有 1 条旁路管线。冷却剂然后被送回环路系统冷管段。

在热交换器出口总管上引出 1 条泵的最小流量循环管线,管线上无任何阀门,用于保护余热排出泵,防止泵体过热和丧失吸入流量。热交换器出口调节阀用于调节通过热交换器的冷却剂流量,以达到控制系统冷却剂升、降温速率和控制冷却剂温度的目的,而旁路管线调节阀则用来调节总流量并使其保持流量恒定。另外,在余热排出泵出口总管上还引出 1 条到化容系统下泄孔板下游净化环节的管线和 1 条到换料水箱的管线。在泵吸入口母管上同样有 1 条来自化容系统净化环节下游的回水管线和 1 条来自换料水冷却、处理系统的连接管线。系统单台热交换器应有足够的能力将带出的热量传给设备冷却水系统。单台热交换器热负荷约 10 MW。

余热排出系统入口 4 个电动阀由柴油发电机组应急电源供电,两两串联后并联,用以确保投入运行开启安全冗余;确保隔离可靠。余热排出泵为单级卧式离心水泵,配备有 1 个用

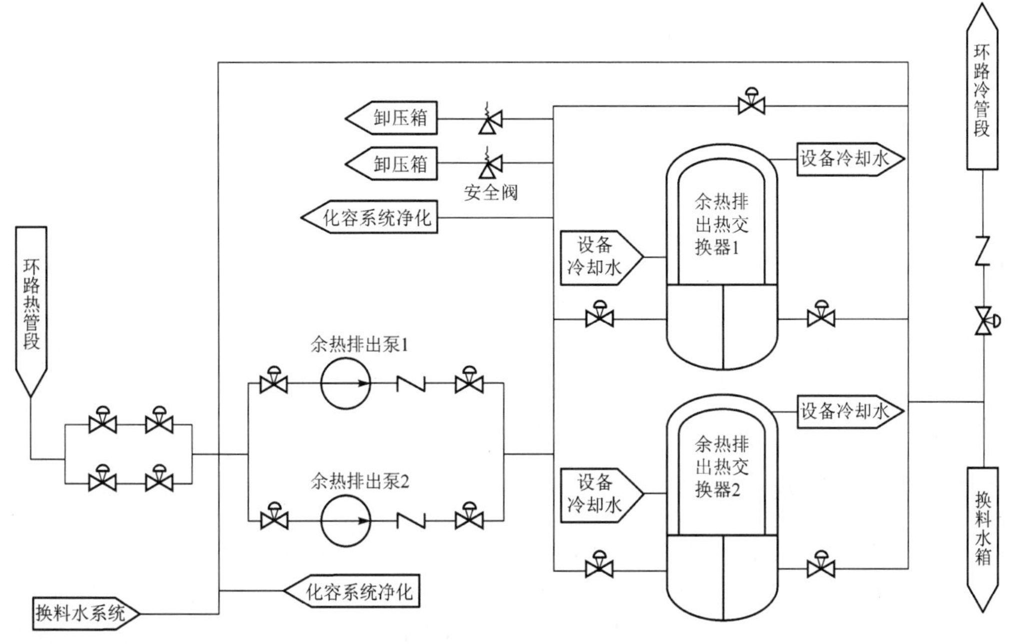

图 4-3-1 压水堆余热排出系统示意图

冷却剂润滑的机械密封。每台泵配备有 1 个热屏水室和 1 个机械轴密封冷却系统。余热排出热交换器为立式 U 形管壳式热交换器。U 形管束焊接在管板上,管板被夹在壳体和流道封头法兰之间。流道封头内有隔板将进出口流体分开。冷却剂从 U 形管内流过,热量由壳体内设备冷却水带出。

余热排出系统出口一般配备 2 条以上管线至环路冷段,每个管线配备 1 个电动阀、1 个逆止阀,同样考虑了安全冗余和开启可靠性。余热排出系统安全阀与稳压器安全阀配置相似,以阀组形式设置,上游阀为卸压保护阀,下游阀起隔离作用,称为“隔离阀”。

4.3.3 余热排出系统运行

核电厂正常功率运行时,余热排出系统与冷却剂系统隔离不投入运行,只是与化容系统的接管开通,以保持系统的“呼吸”作用,防止系统因温度变化造成超压或真空。

反应堆从热停堆到冷停堆的冷却过程中,当冷却剂温度降到 180～160 ℃,压力降到 3.0～2.4 MPa 时,余热排出系统与冷却剂系统连通并投运,利用余热排出系统热交换器继续排出冷却剂系统热量,并用调节通过热交换器的流量来控制冷却速率小于 28 ℃/h。在两个系统连通之前,应调节好余热排出系统介质的温度和硼浓度,用以防止系统投入运行时造成冷却剂系统硼浓度的稀释和对系统设备的热冲击。

反应堆从冷停堆到热停堆的加热过程中,余热排出系统投入运行,直到冷却剂温度升到 160～180 ℃,系统退出运行。冷却剂加热是通过主泵的运转发热和稳压器的电加热器来实现的,余热排出系统仅用来限制加热速率小于 28 ℃/h。反应堆换料期间,余热排出系统用来维持冷却剂温度在 10～60 ℃。一些核电厂余热排出系统还兼容为堆芯应急冷却低压安全注入系统。这样,系统的进出口需设置安注取水口和注射至冷却剂环路系统的接口管线,余热排出系统则成为专设安全设施的一个部分。

4.4 设备冷却水系统

4.4.1 系统功能

设备冷却水系统是核岛设备与重要厂用水系统海水之间的一个中间回路。在核电厂所有运行工况下设备冷却水系统对核岛所有需要冷却的设备提供设备冷却水，并通过设备冷却水系统热交换器将热量传递给最终热阱海水。设备冷却水系统为核岛需要冷却的带放射性水的设备与重要厂用水系统海水之间，提供了一种屏蔽和隔离，用以防止放射性流体因泄漏而释放到海水中；防止海水对核岛设备直接接触产生腐蚀。

4.4.2 系统结构及流程

设备冷却水系统是处于核岛设备与重要厂用水系统之间的采用除盐水作介质的封闭回路。压水堆核电厂各机组均设置各自的设备冷却水系统，但系统间设有连接管线(图4-4-1)。每个设备冷却水系统由2个容量各为100%的独立管线组成。每个管线并

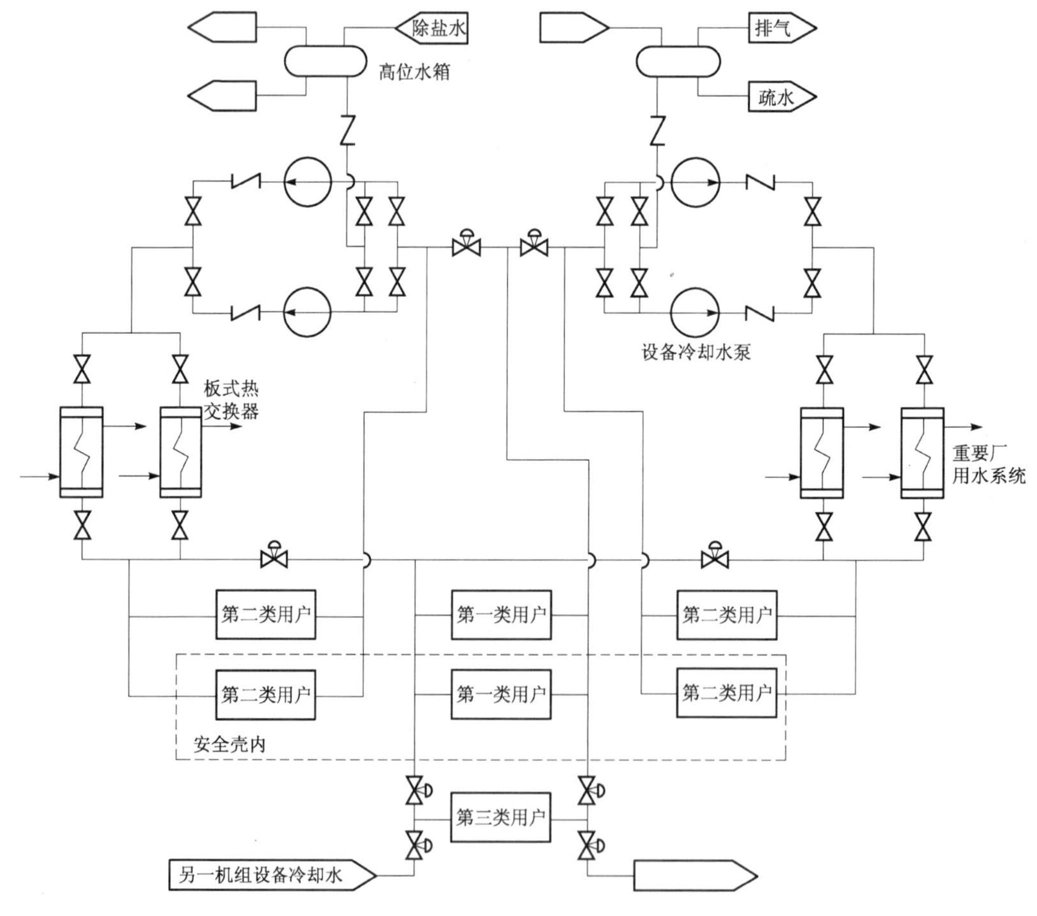

图 4-4-1 压水堆核电厂设备冷却水系统

联布置 2 台容量各为 100 %的单级离心轴封水泵和 2 台容量各为 50%的板式热交换器，泵的吸入口设置有 1 个容积为 10 m^3 的高位波动水箱，布置在水泵入口上方约 10 m 处，用以提供泵的吸入压头和补偿由于温度变化或系统泄漏而引起的水体积的变化。

设备冷却水在板式热交换器中被重要厂用水系统海水冷却后分配到核岛各个需要冷却的用户(如各种热交换器、冷却器、冷凝器、泵、风机的冷却盘管等)，吸收热量后返回到泵入口，利用设备冷却水泵往复循环。系统 2 条独立管线的 4 台水泵，其传动电源分别由 2 路相互独立的用柴油发电机组作备用的应急电源供电。

设备冷却水系统 4 台板式热交换器分别由重要厂用水系统 2 条独立管线的海水冷却。正常运行工况下，当海水温度 30 ℃时，可将设备冷却水冷却到 35 ℃以下，在事故工况，海水温度 33 ℃时，可将设备冷却水冷却到 45 ℃以下。

当波动箱水位下降时，由核岛除盐水系统对设备冷却水系统补充除盐水。如因水温升高体积膨胀或过分充水而造成水位上升太高时，多余的水将溢流到核岛排气疏水系统。正常运行工况下，设备冷却水压力一般都低于其用户介质的压力，以防止系统除盐水在交界面出现泄漏时进入核岛用户系统，尤其要防止冷却剂硼稀释。

设备冷却水系统除了板式热交换器的换热板用钛合金制造，以耐海水腐蚀外，系统管道、设备均采用碳钢制造。为了减缓碳钢的腐蚀，在系统除盐水内注入适量缓蚀剂，并使 pH 值保持在弱碱的范围。

另外，系统还设置了辐射防护放射性连续监测系统，对设备冷却水系统中的水进行放射性水平监测，用以及时发现传热交界面有否泄漏。

压水堆核电厂需要利用设备冷却水系统将热量传导出的用户众多。根据用户的安全性、重要性，需求的频繁程度和时间要求，核电厂将这些用户分为三类。连接于两条独立管线上的用户为第一类用户。第一类用户是指反应堆安全设施中的设备和冷却停堆期间必须冷却的设备，如安全壳喷淋系统中的热交换器和泵、余热排出系统中的泵和热交换器，以及安全注入系统泵和设备冷却水系统自身的泵的冷却等。这部分设备的冷却由于其安全上的重要性，需要有 100%的冗余度，因此由 2 条独立管线供应。第二类用户是指那些在核电厂运行时核岛重要系统中必需的，但在重大事故工况(如失水事故)下不需投入运行的设备。第二类用户如冷却剂泵各冷却器、化容系统热交换器、卸压箱、控制棒驱动机构通风、蒸汽发生器排污系统、燃料水池系统等。其设备冷却水可由 2 条管线的任 1 条管线供应，必要时可通过电动阀进行切换。第二类用户中，视安全重要程度，有的用户采用单独管线供水，有的则可采用几个用户共用 1 根母管供水。其余如硼回收系统、废液废气处理系统、辅助蒸汽系统等不需连续、间歇性的，与核电厂运行、安全无直接关系的用户则为第三类用户。第三类用户可由核电厂 2 台机组中任 1 台机组的任 1 个管线供给设备冷却水。

4.4.3 系统运行

设备冷却水系统是核电厂运行时间最长的一个系统。无论是在核电厂启动、停止过程中，在正常运行或停堆期间，还是在事故工况下，系统至少有 1 条管线 1 台水泵在运行，并能实现故障自动切换至另 1 台泵或另 1 管线投入运行。设备冷却水系统运行水泵台数和热交换管线数目，取决于用户的多少和排出热量的多少，而用户的多少和排出热量的多少又取决于核电厂不同状态的运行工况。

核电厂在带功率正常运行时，所需设备冷却水的用户都由1条管线的1台水泵、1台热交换器供给，另1管线停运备用，停用管线上允许1台水泵隔离维修。此时排放热量基本稳定，主要用户是主泵、非再生下泄热交换器和控制棒驱动机构。如果第三类用户上的蒸发器、除气器同时运行而使热负荷增加时，可在运行管线上加开1台水泵、1台热交换器。

冷却剂系统降温时排放热量是变化的，其最重要的用户是余热排出系统。在停堆后余热排出系统已投入运行的降温过程中，设备冷却水系统2条管线都投入运行。1条管线1台泵专供余热排出系统热交换器，另1条管线2台泵运行，供给余热排出系统另1台热交换器和其他需冷却的用户。在停堆48 h后的冷停堆状态，根据堆芯剩余发热，可以保持1条管线水泵运行即可。反应堆换料时，需将冷却剂温度保持在60 ℃以下，此时设备冷却水系统需排放的热量已不多，因此也只需保持1条管线1台水泵运行。在冷却剂系统启动升温过程中，设备冷却水系统的运行方式与核电厂带功率运行时基本相同。

出现重大事故触发安全注入系统、安全壳喷淋系统运行时，设备冷却水系统备用管线水泵会自启动投入运行，随后视需要进行调整。此时第三类用户被隔离，由另1机组设备冷却水系统供水。上述事故将会相继实施安全壳第一阶段、第二阶段隔离，此时设备冷却水系统将对化容系统热交换器、卸压箱、冷却剂主泵、控制棒驱动机构通风、余热排出系统等冷却供水相继进行隔离。

核电厂各机组设备冷却水系统管线、设备应设计成能隔离检修或更换，而不会影响到电厂用户连续的或随时需要的运行。

4.5 重要厂用水系统

4.5.1 系统功能

重要厂用水系统的主要作用是将设备冷却水系统载带的热量传递转移，排放到最终热阱海水中。

4.5.2 系统结构及流程

系统(图4-5-1)由2条独立的管线组成。每条管线并联有2台容量各为100%的水泵，水泵从海水入水口经由常规岛循环水系统过滤栅栏和转筒滤网，于循环水系统循环水泵上游主管吸入海水。随后将海水送入设冷系统4台板式热交换器吸收热量后输送排放到循环水排水渠。

2条管线进水母管之间有1根跨接的连通管和1组阀门，可以使1条管线的进水由另1条管线供给。正常运行时，此跨接管保持隔离关闭状态。

为了防止水草、水母、贝类等海水生物的侵入，除了使用循环水系统栅栏、滤网过滤和吸入口海水中加氯外，还在每条管线的2台热交换器上游装置1台水生物类捕集器。捕集器为一个不锈钢制的网孔为4 mm的圆形过滤器。捕集器本体上接管通过阀门旁通板式热交换器，用于清除排出垃圾。

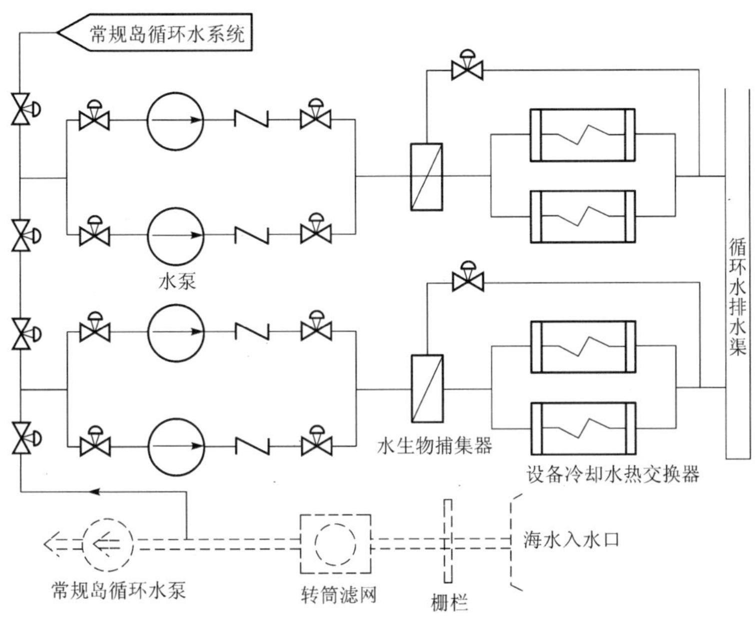

图 4-5-1 重要厂用水系统示意图

4.5.3 系统运行

为保证对设备冷却水系统的冷却，重要厂用水系统的运行与设备冷却水系统运行相匹配，包括运行水泵数目和管线。

因此重要厂用水系统也是核电厂运行时间最长的一个系统。对该系统同样要求既可对系统、设备进行隔离检修，又要不影响将设备冷却水系统的热量传导出。应指出的是，该重要厂用水系统针对的是沿海地区的核电厂，其最终热阱为大海。而对于内陆地区核电厂，重要厂用水系统怎么设置将另作别论。

复习思考题

1. 化学和容积控制系统有哪些功能？
2. 简述化学和容积控制系统的 4 个环节的流程和工作原理。
3. 怎样进行化学控制？
4. 简述化学和容积控制系统容积控制的原理。
5. 简述化学和容积控制系统反应性控制的方法。
6. 硼和水补给系统的功能是什么？
7. 描述硼和水补给系统 4 个环节的结构、工作原理。
8. 反应堆余热排出系统有什么功能？
9. 描述余热排出系统流程和主要设备。

10. 简述余热排出系统运行。
11. 设备冷却水系统有哪些功能？
12. 描述设备冷却水系统结构流程及用户分配情况。
13. 描述设备冷却水系统不同工况的运行方式。
14. 重要厂用水系统的功能是什么？
15. 描述重要厂用水系统工作原理。

第五章 专设安全设施

5.1 概 述

5.1.1 专设安全设施

为了实现核安全基本目标，核电厂必须满足下列总的安全要求：

1. 提供手段以确保核反应堆在任何情况下均能实现安全停堆，并维持安全停堆状态；

2. 提供手段以确保核反应堆停堆后能从堆芯排出余热；

3. 提供手段以减少可能的放射性物质释放，确保环境、周围居民和核电厂工作人员的安全。

为实现这些安全要求，核电厂设计中确定了一系列的安全功能。专设安全设施则是指在核电厂发生事故时确保将堆内热量排出，尽量防止堆芯烧毁；确保反应堆具有足够的停堆深度，防止反应堆重返临界；尽可能地防止包容系统和设备损坏，减少可能的放射性物质释放；能依靠其功能将事故后果减缓到最小的那些系统、设备和构筑物。

5.1.2 专设安全设施的设计准则

1. 设备必须高度可靠，以便在需要投入时能够按设计要求充分发挥其功能。即使在发生各类事故情况下（假想事故、地震、火灾等），专设安全设施仍能发挥其应有的功能。

2. 系统要有多重性，一般应设置 2 套以上执行同一功能的系统，以体现冗余。系统要按不同的原理设计以体现其多样性。这样既确保出现单个系统设备故障不会影响系统安全功能的发挥，同时也避免了共因故障使系统安全功能失效。

3. 系统必须各自独立，不共用同一设施或构筑物。对重要的能动设备还必须进行实体隔离。

4. 系统应能定期检查，即使在反应堆正常运行的情况下，也要能对系统及其设备的性能进行检验，使其始终保持应有的功能。

5. 系统必须备有应急备用电源，在发生断电事故时，备用电源应在规定的时间内达到额定的输出功率。作为应急电源的柴油发电机组也应具有独立性、多重性和可检查性等特点。执行安全功能的设备故障或断电时应处在安全状态。

6. 系统必须具有充足的氮气、蒸汽和水源，以备在事故情况下，自始至终都能满足各专设安全设施的需要。

5.2 安全注入系统

5.2.1 安全注入系统功能

安全注入系统又称为压水堆堆芯应急冷却系统。安全注入系统是压水堆核电厂专设安全设施中一个非常重要的复杂的安全系统。

安全注入系统在两种情况下执行其向堆芯注水的安全功能：

1. 压水堆冷却剂泄漏。泄漏可能是系统环路管道、设备出现不同程度的破口，甚至管道断裂；控制棒驱动机构密封壳断裂；稳压器安全阀误开或动作后不能回座；蒸汽发生器传热管断裂。当冷却剂泄漏发展到化学与容积控制系统已不能维持稳压器水位和压力时，安全注入系统动作，向冷却剂系统注入含硼水，用以维持系统压力和稳压器水位，使反应堆得到连续的冷却，并确保反应堆具有足够的停堆深度。在大破口失水事故情况下，安全注入系统向堆芯注水，以淹没并冷却堆芯，防止燃料元件温度升高引起包壳损坏，确保堆芯几何形状和结构的完整性。

2. 压水堆二回路蒸汽大量泄漏。这种泄漏主要由蒸汽系统管道断裂引起，也可能是卸压阀、安全阀故障引起大量蒸汽排放。此时，蒸汽发生器由于不可控地产生大量蒸汽，致使反应堆冷却剂连续降温，导致反应堆引入正反应性，冷却剂体积收缩。安全注入系统此时投入，向冷却剂系统注入高浓度硼酸溶液，以补偿冷却剂降温引入的正反应性，防止反应堆在停堆后又重返临界，同时用以维持冷却剂系统压力和稳压器的水位。

5.2.2 安全注入系统功能设置

目前压水堆核电厂事故下堆芯应急冷却普遍采用能动安注和非能动安注两类系统相结合的方式。非能动安注一般为蓄压安注箱方式，此类安注方式不需要信号触发或人为干预，不需要动力源（电源、蒸汽源）带动水泵等转动设备，故安全可靠性高。蓄压安注箱上部需要充氮气，安注压力一般在约 5 MPa 中压范围。能动安全注入系统则可设置高压安注、中压安注和低压安注三种，以适应冷却剂系统出现不同大小破口，系统压力的变化。高压安注核电厂一般利用化容系统 3 台上充泵兼容。低压安全注入系统有的核电厂利用余热排出系统 2 台余热排出泵及 2 台热交换器兼容，有的核电厂则专设低压安全注入系统设备。中压安全注入系统有的核电厂用非能动安注替代，而有的核电厂则专设中压安全注入系统设备。安全注入口一般均以环路冷段为主，辅以环路热段注入，但也有从堆顶注入或从压力容器筒体直接注入管注入的设计。具体设置方式因核电厂供应商设计思路及业主的安全要求而异。如我国有的压水堆核电厂高压以上充泵兼容，中压为专设，低压用余热排出系统兼容，而另设非能动蓄压安注；有的核电厂（如 900 MW PWR）则只设高压以上充泵兼容，低压为专设，不设中压能动安全注入系统而用非能动蓄压安注代替。

本节安全注入系统将以我国典型 900 MW 电功率压水堆核电厂设置方式为例作简单介绍。

5.2.3 非能动蓄压安全注入系统

非能动蓄压安全注入系统（图 5-2-1）主要设备为几个设于安全壳内的安注箱，每个环路设 1 个，连接于环路冷管段。安注箱为一个容积约 50 m^3，内充约 35 m^3 含硼水（硼含量约 2 000 mg/L）的直立圆筒容器。安注箱上部空间用加压氮气覆盖，氮气压力约 4.6 MPa。每个安注箱可提供淹没堆芯 50% 的含硼水容量。安注箱内含硼水由换料水箱通过专用水泵提供。该水泵为往复式活塞泵，流量较小（约 6 m^3/h），扬程高（约 24 MPa），除为核电厂 2 个机组安注箱供水外，还用于冷却剂系统水压试验，以及化容系统上充泵停运时为主泵轴封

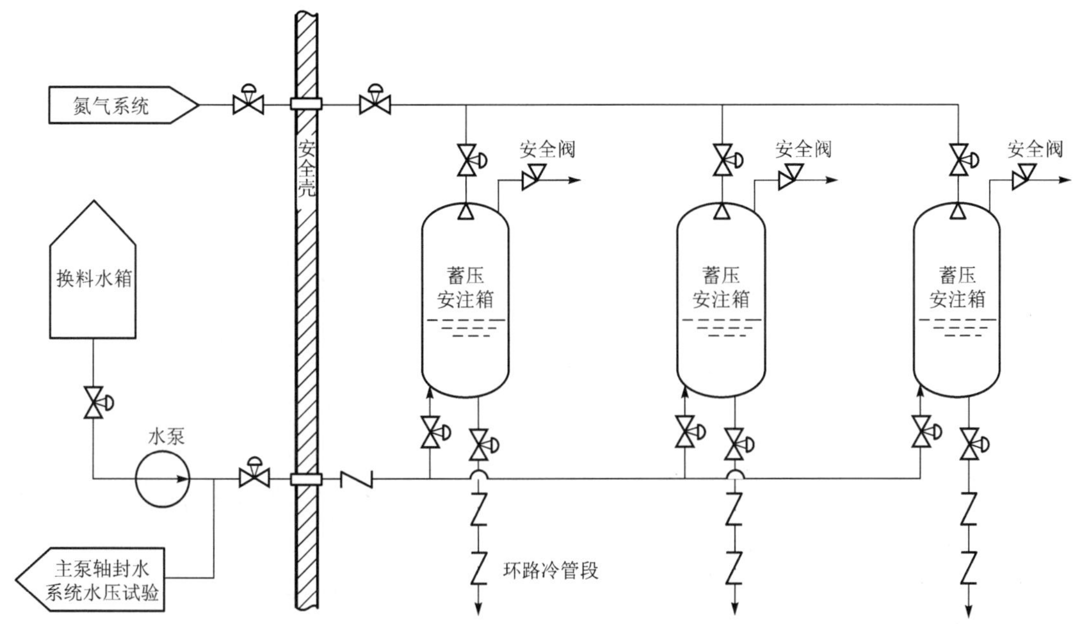

图 5-2-1 非能动蓄压安全注入系统

供水。安注箱底部至环路冷段的安注管线上串接 2 个止回阀和 1 个正常运行时常开的隔离阀。安注箱顶部设有安全阀。通过水位监测、取样分析及止回阀泄漏试验管线,可以监督止回阀是否泄漏、安注箱内含硼水硼浓度,以及安注箱是否要补充水。

核电厂正常运行发电时,安注管线隔离阀打开,由于系统压力高于安注箱压力,管线两端通过 2 个止回阀隔离。当压水堆冷却剂系统出现破口失水事故,系统压力降至安注箱压力以下时,不需要任何触发信号,2 个止回阀自动打开,安注箱内含硼水能在最短时间内快速注入淹没堆芯,避免堆芯燃料元件烧毁。而隔离阀的作用则是在系统冷态启动升压及系统停闭降压前,系统压力低于安注箱压力时,需要用隔离阀人为隔离,以防止非能动蓄压安注系统误动作。

5.2.4 能动高、低压安全注入系统

图 5-2-2 为典型 900 MW 压水堆核电厂高、低压能动安全注入系统示意图。

5.2.4.1 高压安全注入系统

高压安全注入系统由 3 台高压安注泵、硼注入箱及其再循环回路、通向冷却剂系统的注入管线、换料水箱及安全壳地坑取水管线等组成。

高压安注泵实际是化学和容积控制系统的 3 台上充泵。核电厂正常运行时,作为化容系统上充泵,1 台运行,1 台备用,另 1 台允许隔离维修。事故工况触发安注时,管线切换,上充泵作高压安注泵使用,2 台泵投运(另 1 台允许隔离维修),向冷却剂环路安注含硼水。

高压安注泵为卧式多级离心泵,额定流量约 34 m^3/h,扬程约 1 767 m。每台高压安注泵分别由独立的应急电源供电。安注泵设有小流量旁通管线,以保护高压安注泵在主流管线隔断状态下仍能安全运行。

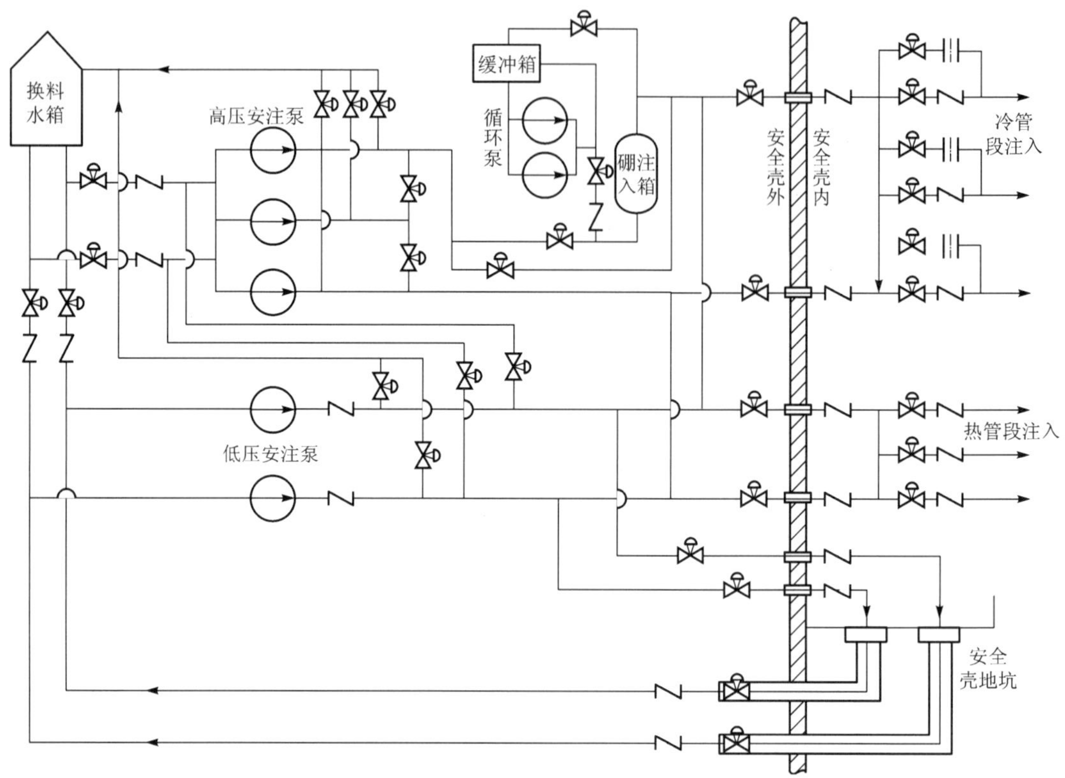

图 5-2-2　典型 900 MW 压水堆核电厂高、低压能动安全注入系统示意图

硼注入箱位于高压安注泵出口，容积 3.4 m^3，内充 4%硼酸浓度(硼含量为 7 000 mg/L)的溶液。高压安注系统投运时，首先由高压安注泵将硼注入箱内高浓度硼酸溶液顶入冷却剂系统冷段。由于硼注入箱内高浓度硼酸溶液的硼结晶温度较高，为防止硼结晶，硼注入箱用电加热器加热，以增高溶液温度。为使硼注入箱温度和硼浓度均匀化，硼注入箱设有再循环回路。其中再循环泵 2 台，1 台连续运行，1 台备用。再循环泵从缓冲箱下部吸入硼酸溶液，自下而上经硼注入箱，再由上部返回缓冲箱。缓冲箱最初暂存来自硼和水补给系统的高浓硼酸溶液，随后由再循环泵将高浓硼酸溶液转运至硼注入箱。之后缓冲箱则为硼注入箱再循环回路提供缓冲。缓冲箱配置有电加热器、搅拌器和带过滤的漏斗，能在硼浓度降低时加硼。与硼注入箱相连的再循环管线和设备均采取绝热保温措施。

换料水箱内充满约 1 600 m^3，约 2 000 mg/L 浓度的含硼水。在反应堆换料时，换料水箱中含硼水被送往堆顶换料水池以实施换料；事故时箱内含硼水则用来向堆芯安全注水和向安全壳内喷淋。换料水箱贮水容量可以为全部安注泵、喷淋泵连续运行约 20 min。换料水箱内设水位监测，用以决定何时从换料水箱取水切换至从安全壳地坑取水；设温度监测和电加热器以防止含硼水温度过低。安全壳地坑取水管线用来当换料水箱内含硼水用光时，改由从安全壳地坑吸取管路破口漏出的高温含硼水。为确保安全可靠，防止吸水管热应力损坏，地坑取水管直至安全壳外第一道隔离阀，管道设计成双层套管。安全壳地坑位于安全壳内环廊，地坑为 4 个取水管线提供水(另 2 根取水管线为安全壳喷淋系统提供喷淋水)。地坑上部设公用进水大碎片拦污栅，每个管线进水口设 3 道过滤筛网和飞射物防护罩。过滤系统上部人孔用以定期检查。

高压安全注入系统通过以下管线将含硼水注入冷却剂系统：

(1) 通过硼注入箱冷段注入

管线用高压安注泵将来自换料水箱中的含硼水，通过硼注入箱将硼注入箱中的高浓硼酸溶液顶入环路冷段，以迅速向堆芯引入负反应性。

(2) 不经过硼注入箱直接冷段注入

在硼注入箱管线故障失效或已将硼注入箱内高浓硼酸溶液注入完后，将硼注入箱旁通改用 2 条独立管线直接将换料水箱含硼水注入环路冷段。

(3) 热段注入

高压安注泵出口设 2 条并联的热段注入管线，用于长期堆芯再淹没阶段系统热段注水。在热段注入时，允许同时有小流量冷段注入，小流量冷段注水通过与隔离阀并联的带有节流孔板的管线实现。

(4) 高压安注泵入口到低压安注泵出口的串联连接

高压安注泵通过低压安注泵从换料水箱或安全壳地坑吸水，用以在管路小破口情况下增高向堆芯注水的压力。

5.2.4.2 低压安全注入系统

低压安全注入系统也设有 2 条独立的注射管线，由 2 台低压安注泵、通向冷却剂环路的注入管线以及供应含硼水的换料水箱、安全壳地坑取水管线等组成。由图 5-2-2 可知该核电厂低压安注系统为专设系统。核电厂正常运行时处于备用状态，事故工况触发安注后，低压安注泵启动首先从换料水箱取水向环路注入。

低压安注泵为立式单级离心泵，设有机械轴密封和轴向止推轴承，额定流量约 850 m^3/h，最大扬程 102 m 水柱。低压安注系统安注管线包括：①向冷管段安注管线；②向热管段安注，同时小流量向冷管段安注管线；③低压安注泵出口连接到高压安注泵入口，提高高压安注泵入口压力，防止其汽蚀，为高压安注增压；④低压安注泵出口至换料水箱管线用于冷却剂系统压力高于低压安注泵出口压力情况下，低压安全注入泵向换料水箱小流量旁通或用于低压安注泵试验。与高压安注相同，低压安全注入水源来自换料水箱的含硼水和安全壳地坑内的高温的泄漏水。低压安全注入系统管线上的止回阀用于与冷却剂系统隔离；保护低压安全注入泵免受高压安注压力冲击；同时也是安全壳的隔离阀。

低压安全注入系统除实施向堆芯注水的安全功能外，还可用于向换料水箱充水等操作。

5.2.5 事故工况下对安全注入系统的要求

1. 能动系统用信号触发安全注入系统投入运行，要求响应时间不小于 30 s，电源中断 15 s 内应急电源能及时替代外电源，以确保对堆芯实现安注，尽量避免燃料熔化、包壳损毁、锆—水反应引起安全壳内氢含量增高、堆芯结构几何形状变化引起安全注入系统、冷却通道堵塞。

2. 各类安全注入系统启动，确保 100％安注容量，并有相当的安全冗余度。

3. 要求系统在设计基准地震下仍能触发启动、正常运行；安注泵在较低电源电压(85％额定电压)下启动达到额定流量；系统设备在 10 s 内能承受从换料水箱取水切换至安全壳地坑内取水引起的水温从约 5 ℃突升到约 150 ℃的热冲击；安全壳内的安注设备在 10 s 内能承受从 1 个大气压突升到几个大气压，充满水蒸气和含氢氧化钠、含硼酸溶液的恶劣环境。

4. 当发生蒸汽管道断裂大量蒸汽不可控泄漏排放，堆芯引入过大正反应性，且考虑最大当量控制棒组件卡在堆顶部及外电源断电状态，要求安全注入系统及时投运，通过硼注入箱向堆芯安全注入高浓硼酸溶液，确保反应堆停闭并持续处于次临界状态。

5.2.6 安全注入系统运行

5.2.6.1 备用状态

核电厂正常运行时安全注入系统处于备用状态。此时高压安注泵为化容系统上充泵，1 台运行，1 台热备用，1 台可隔离检修。上充泵用于环路系统上充和主泵轴封供水，上充泵小流量旁通管线开通运行。高压安全注入系统硼注入箱再循环回路 1 台泵运行。蓄压安注箱开通，由专用水泵和氮气系统维持水位和压力，由止回阀与冷却剂系统隔离。低压安全注入系统阀门开通并充满水，通往换料水箱小流量旁通阀开通，通往环路冷管段注入管线阀门开通，依靠止回阀与系统隔离。

在反应堆冷态停闭、降温降压或升温升压过程，为防止安注误动作，须将非能动蓄压安注箱下游隔离阀关闭，须将能动安注各种触发信号闭锁。

5.2.6.2 能动安注触发信号

1. 核电厂正常带功率发电运行，如一回路压力边界发生破口，冷却剂泄漏，系统压力和稳压器压力、水位下降到设定值，将触发安注动作。

2. 核电厂正常运行，如二回路蒸汽管道发生破口，出现下列信号组合则触发安全注入系统：

(1) 蒸汽压力下降和流量上升组合。此组合在电厂满负荷发电工况下，因蒸汽压力较接近于整定值压力，其裕量小，故比较灵敏。

(2) 冷却剂平均温度下降和蒸汽流量上升组合。此组合在电厂负荷较低工况下，因冷却剂平均温度较接近于整定值温度，其裕量小，故比较灵敏。

(3) 蒸汽发生器出口蒸汽管线间压差高。此信号适用于电厂热态零负荷工况，此时主蒸汽隔离阀关闭，如管道某处破裂，则蒸汽发生器出口蒸汽管线间将会出现较大的压差，当达到整定值时触发安注。

上述 3 条设计体现了安全冗余和多样性。其目的都是防止蒸汽发生器在蒸汽管道破断大量失控排放蒸汽时，使冷却剂过分冷却，温度快速下降，堆芯引入较大正反应性而使反应堆失控。触发投入运行安全注入，首先将硼注入箱内的高浓硼注入堆芯，使反应堆确切停闭并维持其在次临界状态，不重返临界。同时安全注入系统投入，补偿了冷却剂系统降温引起的冷却剂体积收缩，压力下降。二回路蒸汽管道破口引起的安注，在达到上述目的后，即可及时停运。

3. 冷却剂系统破口或蒸汽管道破口如发生在安全壳内，则安全壳内压力会增高，当从正常压力 0.1 MPa 增至 0.13 MPa 整定值时，也会触发安注，它是一种后备冗余。除此之外，核电厂还设置有手动触发信号。

在信号触发安全注入动作时，设计上还要求如下系统设备自动触发动作：①反应堆停堆，汽轮机脱扣；②安全壳实施第一阶段隔离；③启动应急柴油发电机组；④停运隔离蒸汽发生器主给水系统,辅助给水系统投入运行;⑤投入运行安全壳、上充泵房等构筑物内的事故下应急通风系统;⑥启动备用的设备冷却水及重要厂用水系统。

5.2.6.3　能动安全注入系统投入运行后的安注阶段

能动安全注入系统被触发投入运行后,可分为 4 个阶段按 4 种安注模式运行。

1. 冷端直接注入阶段

接到安注信号后首先启动第 2 台上充泵,即高压安注泵,打开高压安注泵与换料水箱间阀门,高压安注泵从换料水箱吸水。打开硼注入箱前后隔离阀,隔离硼酸注入箱再循环回路;隔离化容系统容积控制箱,隔离上充管线及上充泵零流量旁通管线。高压安注泵向环路冷管段安注高浓含硼水。确认低压安注泵与换料水箱间的隔离阀已开启,打开低压安注泵出口通往高压安注泵入口的隔离阀,启动 2 台低压安注泵,打开低压安注泵至换料水箱的小流量旁通管线上的隔离阀,确认低压安注泵与安全壳地坑间管线隔离阀关闭,低压安注泵作为高压安注泵的增压泵运行。当冷却剂系统压力开始低于低压安注泵出口压力时,低压安注管线开始向环路冷管段注入含硼水。

在安全注入系统投入运行的第一阶段——冷端直接注入阶段,各种动作基本自动完成,操纵员只需加以确认。然后需要判断安全注入是真发生冷却剂系统或主蒸汽系统破口,还是假信号触发的误动作,有无必要继续安注。

第一阶段向冷端直接注入含硼水,其流向与冷却剂正常运行流向一致。安注使换料水箱水位降低,水位降低到一定限值时,自动切换至第二阶段安注模式。

2. 冷端再循环注入阶段

当换料水箱水位降至低水位整定值,且安注信号存在需要继续安注时,则安注进入第二阶段——冷端再循环注入阶段。此时自动关闭高压安注泵从换料水箱吸水阀门,自动开启低压安注泵出口到地坑的小流量旁通管线,自动隔离到换料水箱的小流量旁通管线,以防在再循环阶段高放射性液体污染换料水箱。低压安注泵吸水口由换料水箱切换至安全壳地坑。由于此时安全壳地坑中已经积累了足够的水,因此可以满足低压安注泵的吸水运行要求。

3. 冷热端同时再循环注入阶段

从安注动作开始,不管来自换料水箱还是安全壳地坑的水,都经由冷却剂系统冷端注入堆芯。由于冷却剂从破口泄漏汽化,蒸汽带走硼酸的能力很低,因此对环路冷管段破口而言,会使压力容器内硼酸浓度不断增高,安全壳地坑水硼酸浓度不断减小。从而导致堆芯及燃料元件表面出现硼酸结晶,影响燃料元件的传热。为此,有必要改变安注水流向,由环路热管段向堆芯注水,用以反冲堆芯,防止堆芯硼酸浓缩结晶。但是,对于环路热管段破口,冷端注入并不会使堆芯硼酸浓度很快增高,因此并不希望改为热端注水引入其他复杂因素。然而实际上事故初期往往不能确定破口的确切位置,为此第三阶段,即在安注动作约 12 h 后,通过手动操作采取冷热端同时再循环注入模式。首先开通低压安注泵通向系统热端安注管线,关闭通向冷端管线主通道阀门,开通通向环路冷管段的带节流孔板的小流量安注管线。打开高压安注泵通向系统热端管线阀门,关闭通向冷端管线主通道阀门,开通通向环路冷管段带节流孔板的小流量安注管线,视情况决定要否高压安注泵运行。此时安注以热端注入为主,冷端注入为辅,用以起到反冲洗和搅拌作用,使压力容器内硼酸浓度接近于安全壳地坑水的硼酸浓度。

4. 长期再循环注入阶段

安注 24 h 后，通过手动操作将安注转到长期再循环注入阶段。该阶段主要目的是，既要满足事故下安注需要，又要防止长期恶劣环境下安注系统设备故障、失效或泄漏。因此需要将 2 条独立的吸水管线、安注管线，高压安注、低压安注系列统筹安排，合理运行。该分离的进行分离，该隔离停运的进行隔离停运，以作为备用，用以尽量延长安注时间，以便进行事故处理。

5.3 安全壳喷淋系统

5.3.1 安全壳喷淋系统的功能

当安全壳内发生反应堆冷却剂系统破口事故或二回路蒸汽管道破裂事故时，将导致安全壳内温度、压力升高。安全壳喷淋系统的主要作用即是用喷淋水冷却、冷凝安全壳内空气和蒸汽的混合气体，使安全壳内温度、压力维持在可承受的水平(不超过安全壳设计压力约 5 个大气压)，以保证安全壳的完整性。利用安全壳喷淋系统热交换器排出事故时释放到安全壳的热量。

此外，喷淋水中加入的氢氧化钠(NaOH)，能降低释放到安全壳内挥发性裂变产物的浓度(捕捉放射性碘)，同时 NaOH 与硼酸起中和作用，能限制对金属的腐蚀；当安全壳内发生火灾而消防灭火系统失效时，安全壳喷淋系统可用来扑灭火灾。

5.3.2 安全壳喷淋系统结构原理

安全壳喷淋系统(图 5-3-1)由相同的 2 个系列组成。每个系列具有 100%容量的喷淋功能，由 1 台喷淋泵、1 台热交换器、1 台化学添加喷射器、喷淋管和阀门组成。安全壳喷淋系统化学添加箱 2 个系列共用。这是目前世界上压水堆核电厂事故下安全壳喷淋所采取的典型的配置方式。

喷淋泵为立式轴筒式泵，名义流量为 1 050 m^3/h，相应扬程 115 m 水柱。喷淋泵电源来自 2 个系列的应急电源。喷淋泵设有小流量旁通管线以满足运行要求。喷淋泵从换料水箱或各自独立的安全壳地坑管线吸水，然后将喷淋水打入热交换器入口。热交换器为卧式管壳式换热器，喷淋水流过管侧，将热量传给壳侧设备冷却水(主要用于安全壳地坑吸水时的喷淋水降温)。热交换器出口喷淋水经由喷淋管线穿过安全壳被送至安全壳拱顶喷淋环管。

4 条环形喷淋管(每个系列 2 条)以安全壳中心线为圆心固定在安全壳的拱顶上。环形喷淋管上设有 506 只喷头。喷出水滴平均直径为 0.27 mm。每个系列喷头的布置和定位均能覆盖安全壳的全部面积。为便于加工并能满足耐腐蚀要求，喷头材料一般采用金属铜。喷射器与喷淋泵并联，靠喷淋泵的回流作为动力经过喷射器时将 NaOH 溶液吸入喷淋系统。溶液流量约 14 t/h，动力液体流量约 36 t/h。喷射器的溶液进口管线上装有 1 只电动阀门用以与喷淋系统隔离。安全壳喷淋系统触发投入运行后，运行人员可根据需要调节 NaOH 溶液添加量或停止添加。化学添加箱约经过 30 min 后将被排空。当化学添加箱低液位时，添加隔离阀自动关闭。化学添加箱可用容积为 10 m^3，内装质量分数为 30%的

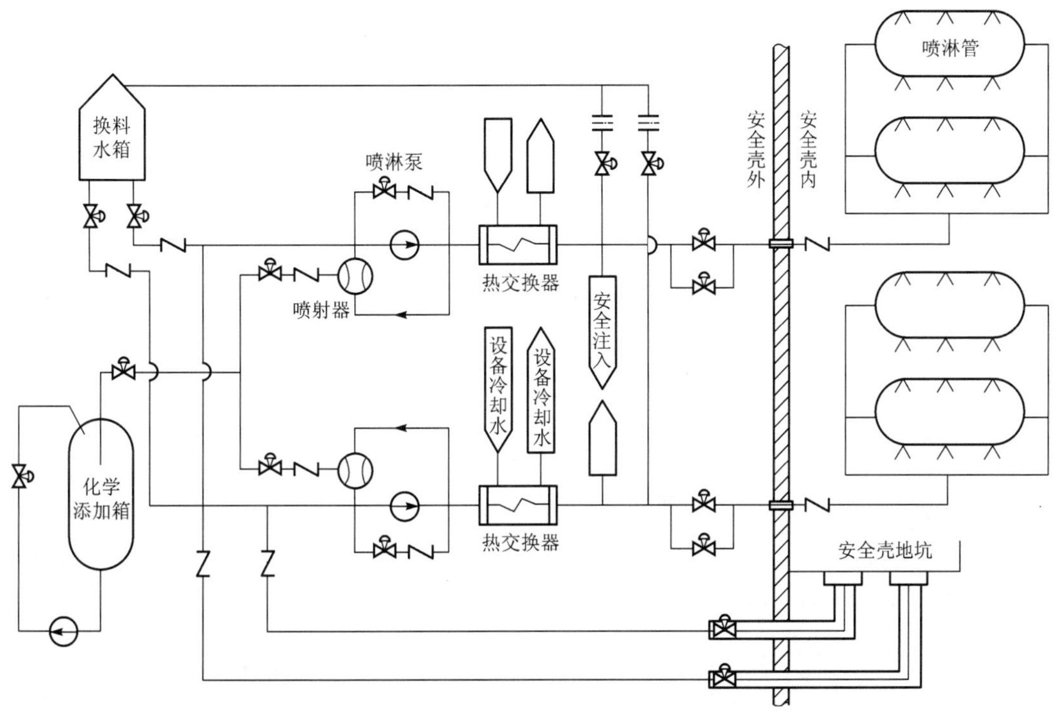

图 5-3-1　安全壳喷淋系统示意图

NaOH 溶液，由溢流管与大气相通。为使箱内溶液浓度均匀，设有 1 台搅拌泵，额定流量 15 m^3/h，每 8 h 运行 20 min，使箱内溶液再循环。

5.3.3　事故工况下对安全壳喷淋系统的要求

1. 安全壳喷淋信号触发喷淋系统投入运行，要求响应时间不大于 30 s；应急电源切换过程，喷淋电动阀断电时间应小于 10 s，电动阀失电状态为开。

2. 安全壳喷淋系统同样有足够的冗余容量和独立管线要求；满足抗震要求；贯穿安全壳隔离要求；喷淋泵在低压下(85%额定电压)正常启动的要求。

3. 系统设备同样要求在 10 s 内能承受从换料水箱取水切换至安全壳地坑内取水引起的水温从约 5 ℃突升到约 150 ℃的热冲击；安全壳内设备在 10 s 内能承受从 1 个大气压突升到几个大气压，充满蒸汽和含氢氧化钠、硼酸溶液的恶劣环境。

4. 喷淋液中添加的氢氧化钠的浓度，应能迅速吸收安全壳空间内游离的放射性裂变产物碘，使其溶解、滞留在水中；同时有效地中和水中的硼酸，使安全壳内设备的腐蚀降到最低程度。

5. 安全壳内喷淋应有最大的分布范围和最小的相互交迭，使喷淋液能同安全壳内混合气体有最大的接触面，获得最佳的冷却、冷凝和除碘效果。

5.3.4　安全壳喷淋系统触发信号

当安全壳内压力增至 0.24 MPa 时，自动触发安全壳喷淋系统，向安全壳喷淋含硼水，并在 5 min 延时后，开始向喷淋水中注入氢氧化钠。延迟时间是为了给操纵员判断事故，如事故不属于冷却剂系统破口引起的压力升高，则应及时闭锁 NaOH 注入管线。除上述触发信号外，核电厂还设置有手动触发按钮。与安注系统相同，喷淋信号同时还会给出紧急停堆、汽轮机脱扣、应急柴油发电机组启动、第二阶段安全壳隔离等指令。

5.3.5 喷淋系统的运行

5.3.5.1 备用状态

核电厂正常运行时，安全壳喷淋系统处于备用状态，此时换料水箱到喷淋泵入口间阀门开启；喷淋管线安全壳隔离阀、地坑至喷淋泵入口间阀门、化学添加物回路隔离阀、热交换器壳侧设备冷却水阀处于关闭状态；NaOH 溶液搅拌泵间断运行。

5.3.5.2 直接喷淋阶段

喷淋信号触发安全壳喷淋系统，系统以“直接喷淋”方式从换料水箱吸水，向安全壳喷淋，使安全壳迅速降温降压。此时 2 台喷淋泵启动；打开安全壳隔离阀，打开热交换器设备冷却水阀；在喷淋泵启动，实现向安全壳喷淋 5 min 延时后，自动打开 NaOH 添加剂隔离阀，开始向喷淋水内注入 NaOH 溶液。

5.3.5.3 再循环喷淋阶段

直接喷淋约能持续 20 min，当换料水箱含硼水即将用完，出现低水位信号时，安全壳喷淋系统自动转入再循环喷淋阶段，此时喷淋泵从安全壳地坑吸水进行再循环喷淋，并通过热交换器将地坑水中热量转移给设备冷却水，最终将热量排向大海。这部分热量包括堆芯剩余功率发热、流体和结构材料的显热、冷却剂泵运行发热、金属材料与氢氧化钠反应放热，还可能发生锆水反应放热。

事故情况下再循环喷淋阶段可能延续运行几个月。由于喷淋流量很大，经过一段时间喷淋运行后，可以改为一个系列喷淋管线运行。

另外，安全壳喷淋系统热交换器是此类压水堆核电厂专设安全设施中唯一的热阱，所以当安全注入系统处于再循环安注阶段时，即使安全壳已不需要喷淋降温降压和除碘，但仍需要其投入运行，以冷却安全壳地坑中的水，将热量导出。

为了保证事故后堆芯长期余热排除，在安全壳喷淋系统热交换器下游设置有通向安注系统的接口。2 个系列管线通过阀门与低压安全注入系统相连接，以作为支援。

5.4 辅助给水系统

5.4.1 辅助给水系统的功能

辅助给水系统作为核电厂蒸汽发生器主给水系统的后备，可在电厂启动冷却剂升温阶段、热停堆及向冷停堆过渡阶段，替代主给水系统，传递冷却剂系统的热量（冷却剂温度约在 160 ℃以下，压力约在 2.8 MPa 以下时则由余热排出系统传递冷却剂系统热量）；用于向蒸汽发生器二次侧进行初充水和保持水位补充水；利用辅助给水系统脱气装置为常规岛、核岛除盐水除氧。上述功能仅为辅助给水系统常规岛部分的正常功能，而该系统在核电厂将其列入专设安全设施的原因则是其重要的安全功能。

核电厂运行中当用于蒸汽发生器正常给水的诸系统任一环节失效时，辅助给水系统将成为应急手段，取代主给水系统，向蒸汽发生器二次侧提供给水，用以排出堆芯余热，直至余热排出系统达到投运条件正式投入运行，以此确保堆和冷却剂系统设备的完整性。核电厂运行中发生事故导致安全注入系统动作或蒸汽发生器低水位时辅助给水系统将替代主给水系统，以此排出堆芯余热，保护堆和冷却剂系统设备免遭损坏。

辅助给水系统投运后，冷却剂系统放出的热量将通过蒸汽发生器辅助给水蒸发，以蒸汽经由汽轮机旁路系统向凝汽器或大气排放的形式将热量传递出去。

辅助给水系统应有足够的流量来满足反应堆紧急停闭后的堆芯余热导出，以限制冷却剂系统温度、压力维持在允许范围之内，防止稳压器安全阀动作。辅助给水系统还应具有足够的给水时间，以维持对蒸汽发生器供水，直至余热排出系统正式运行。

5.4.2 辅助给水系统结构原理

辅助给水系统（图 5-4-1）包括贮存水箱、辅助给水泵、脱气装置及相应的管道阀门。系统属于专设安全设施，为满足单一故障准则，系统被设计成双系列 2×100%容量。2 台并联的电动辅助给水泵组成 2×50%容量 A 系列，电动机由应急电源供电。1 台汽动辅助给水泵为 100%容量 B 系列，由蒸汽系统供汽。

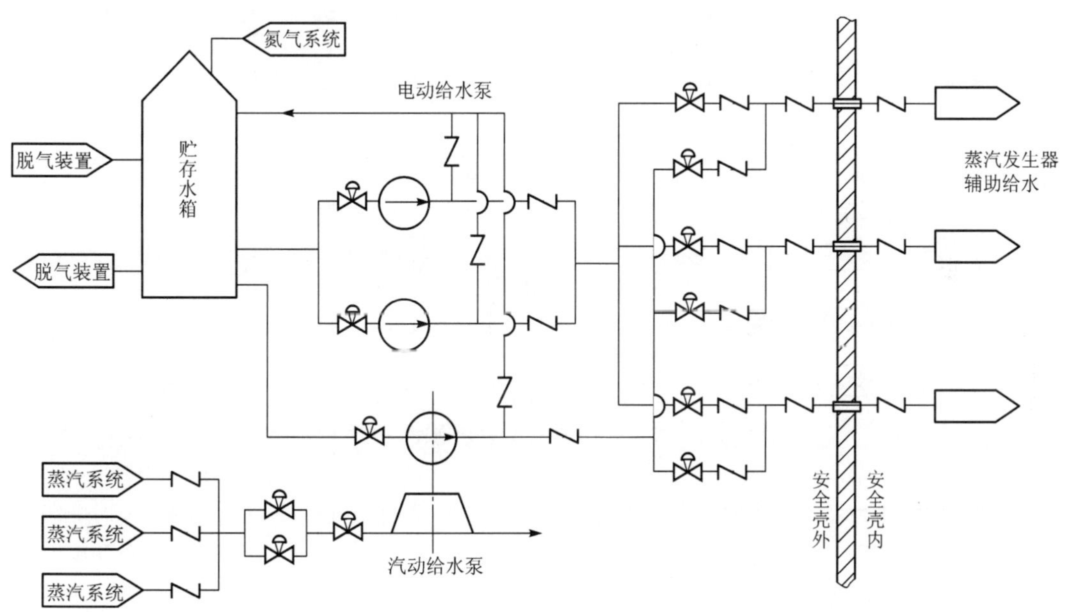

图 5-4-1 蒸汽发生器辅助给水系统示意图

贮存水箱贮水容积为 790 m³，为保证水箱内的水质，水在氮气覆盖下保存。箱内水温依靠脱气装置加热，维持在 7 ℃以上，温度高于 50 ℃时报警。

由于蒸汽发生器给水含氧量要求控制在 0.1 mg/L 以下，所以辅助给水系统贮水箱的供水，需来自常规岛除盐水系统并经脱气装置除氧；或者来自电厂凝结水泵的除盐除氧水。

2 台电动辅助给水泵为多级卧式离心泵，每台额定流量约 100 t/h。该流量可使冷却剂温度在 6 h 内从热停堆状态降到 160～180 ℃。电动泵由应急电源供电。另 1 台汽动辅助给水泵也为多级卧式离心泵，其流量为 200 t/h。汽动泵由单级冲动式汽轮机带动，蒸汽来自 3 个分管。转速由蒸汽调节阀控制，乏汽通过消音器直接排向大气中。汽轮机在 8.6～0.76 MPa 蒸汽压力范围内运行，蒸汽压力降到 0.76 MPa 相当于冷却剂系统温度已降至 160～180 ℃范围，可允许余热排出系统投入运行。在额定流量 200 t/h 时，汽轮机转速为 3 560 r/min。在核电厂正常运行时，汽轮机供汽管道处于预热状态，且有疏水设施，以确保汽动辅助给水泵能随时启动。3 台辅助给水泵出口均设有向贮存水箱回水的旁通管线，以保证泵的安全运转和设备定期试验。

脱气装置 2 个机组共用，它由 1 台脱气器、2 台脱气给水泵、1 台再生热交换器组成(图 5-4-2)。

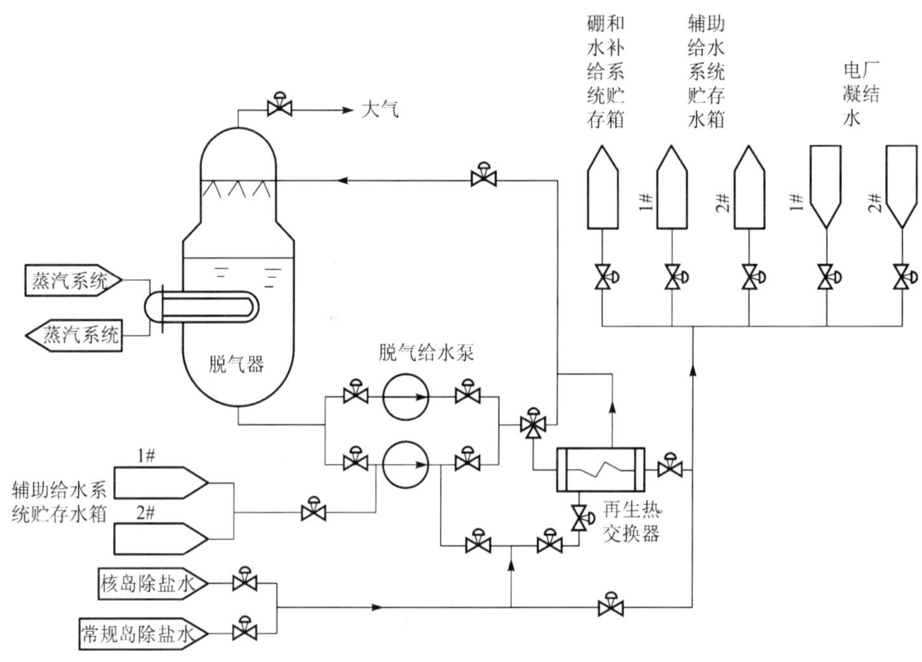

图 5-4-2 脱气装置示意图

脱气装置用于向 2 个机组的贮存水箱供水之前，对常规岛除盐水进行除氧；对辅助给水系统贮存水箱内的水进行再处理除氧；给来自核岛的除盐水脱气后，向硼和水补给系统贮存水箱供给除盐除氧水。

2 个机组的凝结水泵出口与脱气装置出口相连接，可用凝汽器的水作为辅助给水系统贮水箱的补充水源。辅助给水在蒸汽发生器内产生的蒸汽则可通过汽轮机旁路系统排向凝汽器。

脱气装置采用热力除气方法。需要脱气的除盐水在 5～40 ℃温度下进入再生热交换器壳侧，被预加热，温度可达 88.5～96 ℃。再生热交换器出口被加热的水从脱气器顶部喷出雾化。脱气器下部水腔利用蒸汽套管加热除盐水，温度可达 105 ℃，使水中气体不断释放出，同时利用脱气给水泵使除盐水不断喷淋循环。脱气器水位由进水调节阀控制。脱气器的压力(约 0.12 MPa)由蒸汽流量控制。脱气器内不凝气体从脱气器顶部排出，排气量约为

60 kg/h。加热用蒸汽来自辅助蒸汽系统。经过除氧的除盐水温度约 105 ℃,由脱气给水泵送往再生热交换器管侧将热量传给壳侧除盐水,降温后的除盐除氧水被送往相应的贮存水箱,其水温在 50 ℃以下。脱气器的除气因子(输入含氧量/输出含氧量)为 800。

5.4.3　辅助给水系统运行

5.4.3.1　系统启动信号

辅助给水系统启动来源于两类事故,一类是引起主给水系统隔离的事故,一类则是主给水本身功能丧失的事故。下列触发信号将会引起 2 台电动辅助给水泵启动或 1 台汽动辅助给水泵启动或 3 台辅助给水泵全部启动。

(1) 安全注入信号

安注信号直接启动 2 台电动辅助给水泵。同时,安注信号使主给水泵跳闸并隔离。

(2) 蒸汽发生器高水位

当某一台蒸汽发生器水位太高时,旋风汽水分离器及干燥器无法正常工作,蒸汽可能带水进入汽轮机,导致汽轮机叶片损坏。当蒸汽发生器水位升高达到整定值时,触发 2 台电动辅助给水泵启动,主给水泵跳闸并隔离。

(3) 主给水系统本身功能损失

主给水系统本身功能丧失、故障引起主给水泵跳闸时,2 台电动辅助给水泵启动。

(4) 厂外电源丧失

当厂外电源丧失时,凝结水泵停转,冷却剂泵断电减速,此时堆芯及环路冷却剂将会过热。当凝结水泵及主泵的供电母线失电时,2 台电动辅助给水泵或汽动辅助给水泵自启动,主给水泵跳闸并隔离。

(5) 蒸汽发生器水位低

当某台蒸汽发生器水位低至整定值时,表征蒸汽发生器的导热能力下降,此时延迟 8 min后,触发 3 台辅助给水泵自启动,主给水泵跳闸并隔离。

(6) 蒸汽发生器水位低且其给水流量低

当某台蒸汽发生器水位低,同时主给水流量低时,触发 3 台辅助给水泵自启动,主给水泵跳闸并隔离。

(7) 蒸汽发生器主给水流量下降

2 台蒸汽发生器主给水流量下降,堆功率大于 30%额定功率,触发 3 台辅助给水泵自启动,主给水泵跳闸并隔离。

(8) 手动控制

3 台辅助给水泵均可手动控制启动。

5.4.3.2　系统的运行

核电厂正常发电运行时,辅助给水系统 3 台辅助给水泵处于备用状态,与蒸汽发生器对应的辅助给水阀门全开,汽动辅助给水泵汽轮机蒸汽管线保持加热状态。贮存水箱处在高液位,水容积 790 m^3,上部覆盖氮气,水温 7～50 ℃。水温低于 7 ℃时利用脱气装置循环加热。脱气装置在贮存水箱水温、水质合格时处于停止备用状态或向核岛硼和水补给系统贮存水箱补水状态。在辅助给水系统投运后,可手动启动脱气装置。常规岛凝结水系统连接管线呈隔离状态。

辅助给水系统触发投运后，主控室运行人员应维持蒸汽发生器的正确水位。贮存水箱的水量足够维持 2 h 热停堆，4 h 冷停堆至余热排出系统启动及 1.5 h 反应堆重新启动所要求的给水需求量。在延长的热停堆及不可预见的反应堆启动工况下，可以启动脱气装置，利用常规岛除盐水脱气后给系统贮存水箱补充除盐除氧水。

辅助给水系统贮存水箱充水及补水，其水源也可来自常规岛凝水系统，尽可能从另一个机组的凝结水抽取泵的接口向贮存水箱充水或补水。其好处是供水比较快捷，且留下本机组脱气装置供可能出现的核岛硼和水补给系统需求时使用。特殊情况，常规岛的除盐水允许不经除氧直接向贮水箱供水。这种情况仅适用于比较紧急的工况。

脱气装置根据实际需要由现场手动控制启动。

需要给蒸汽发生器首次充水或停堆连续充水时，由 2 台电动辅助给水泵运行。核电厂启动时，2 台电动辅助给水泵运行，维持蒸汽发生器水位于零负荷水位。

5.5 安全壳

5.5.1 概述

核电厂总体布置首先应合理区分放射性和非放射性区域，将所有涉及放射性的系统设备都布置在放射性控制区内，工作人员需经特殊通道进入控制区，以减少污染。同时应尽量减少厂区各部分走线的纵横交叉，以避免堵塞，便于安全运输和事故下的应急响应。反应堆厂房、核辅助厂房及核燃料厂房等核岛主要建筑应设在同一基岩垫层上，以防厂房自重或地震而产生沉降差，造成走线断裂。整个核电厂应以反应堆厂房为中心，进行合理布置。

对于压水堆型核电厂，反应堆厂房即是指安全壳。安全壳是一个将反应堆本体及冷却剂环路、蒸汽发生器、反应堆冷却剂泵、稳压器等设备包围集中在一起的密封建筑。安全壳能承受一定的内压，一旦发生事故，密封的安全壳能防止放射性物质扩散，不致污染周围环境。因此，安全壳是确保核电厂安全的最后一道屏障，也是专设安全设施范畴的一个极其重要的构筑物。

图 5-5-1 为压水堆安全壳内布置示意图。反应堆置于安全壳中心位置，冷却剂各环路采取对称布置，用以改善堆本体压力容器的受力。安全壳内环路设备的布局要适应其在断电事故时实现自然循环冷却堆芯；使蒸汽发生器、稳压器位置高于压力容器，以便失水事故时冷却剂能够回流淹没堆芯；使管道设备便于安装、维修；使安全壳尺寸尽量缩小，降低造价。

安全壳内以主屏蔽、二次屏蔽和堆顶换料水池结构构成安全壳内主要混凝土结构框架。这个框架在各高度层支承管道设备及装卸料机。主屏蔽用来支承压力容器，保护相邻金属构件不受过量照射，并在停堆后为工作人员提供生物屏蔽。二次屏蔽用来包围主系统各设备，防止内部碎片飞散，提供生物屏蔽便于工作人员进入检修设备。二次屏蔽通过楼板与主屏蔽、堆顶换料水池结构连接。堆顶换料水池混凝土结构内衬不锈钢板。冷却剂环路和蒸汽发生器、冷却剂泵等设备均匀对称布置于堆顶换料水池周围一、二次屏蔽之间的环室内。稳压器也置于两个环路之间的环室内。250 t 环形吊车位于安全壳顶部，支承在标高为

40 m的安全壳环吊支架上。为了便于反应堆核燃料的装卸和运输，从反应堆到堆顶换料水池，直至安全壳外的核燃料贮存厂房水池，可连成一条水通道。安全壳大厅内设有装卸料操作的配套设施。为保障失水事故和蒸汽管道断裂事故下安全壳的安全，安全壳顶部设有喷淋系统喷淋环管。非能动蓄压安注水箱布置在环室的外侧。安全壳底部设置有2个地坑，1个为再循环地坑，用于安全注入系统和安全壳喷淋系统投运时集水并吸水再循环；另1个为堆腔地坑，位于压内壳底部，用于收集堆腔渗漏水。

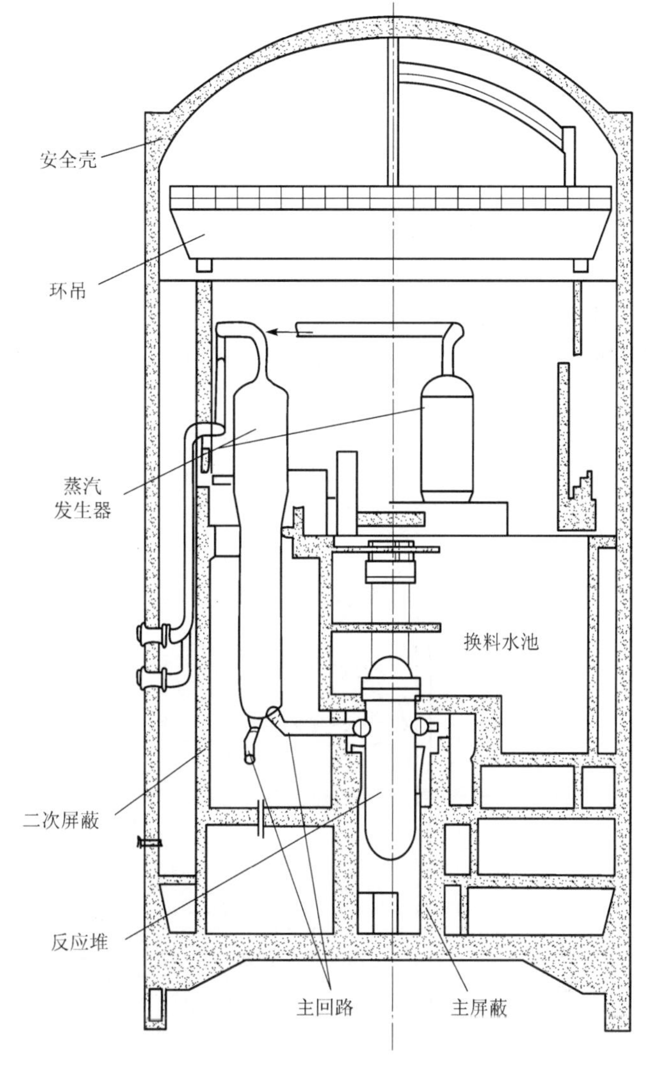

图 5-5-1 压水堆安全壳内布置

5.5.2 安全壳功能

安全壳是电厂压水堆多道屏障的最后一道安全屏障，因此它的主要功能是：

(1) 在核电厂正常运行时对反应堆及冷却剂系统的放射性辐射提供生物屏障，限制安全壳内放射性流体泄漏到环境。在一回路、二回路发生破口泄漏事故时，承受一定的压力、温度应力并限制裂变产物等放射性物质的泄漏。即使在预计的地震应力下，安全壳仍能确保其完整性和密封包容放射性物质的安全功能。

(2) 防止外部飞射物袭击，保护安全壳内反应堆和设备。同时也阻止事故时内部碎片飞射出安全壳。

5.5.3 安全壳结构

5.5.3.1 安全壳类型

核电厂安全壳按材料分，有钢壳、钢筋混凝土壳和预应力混凝土壳等几种；按结构分有单层壳和双层壳两种；按其性能分，有干式壳、湿式壳和冰冷凝式壳等几种；按形状分，有球形壳、平底、球底、椭球底、球顶、椭球顶圆柱形壳等多种。

球形安全壳直径大，高度低，壳内容纳设备多，但占地面积大。圆柱形安全壳是压水堆普遍采用的形状，直径小，占地面积小，高度较高，相对造价较低，但与球形壳比较，其壳内容纳设备较少，核电厂正常运行期间由于放射性辐射水平较高，故不允许工作人员进入安全壳。

目前典型压水堆安全壳为单层干式平底准球形壳顶圆柱形筒体，其内侧覆盖有钢衬的预应力混凝土安全壳(俄罗斯 VVER 系列压水堆安全壳为双层壳型)。

5.5.3.2　典型压水堆安全壳结构(图 5-5-2)

1. 壳体

安全壳底部用钢筋混凝土底板封闭，顶部用准球形预应力混凝土穹顶封闭，圆柱形筒壁为预应力混凝土。预应力混凝土厚 0.9 m。

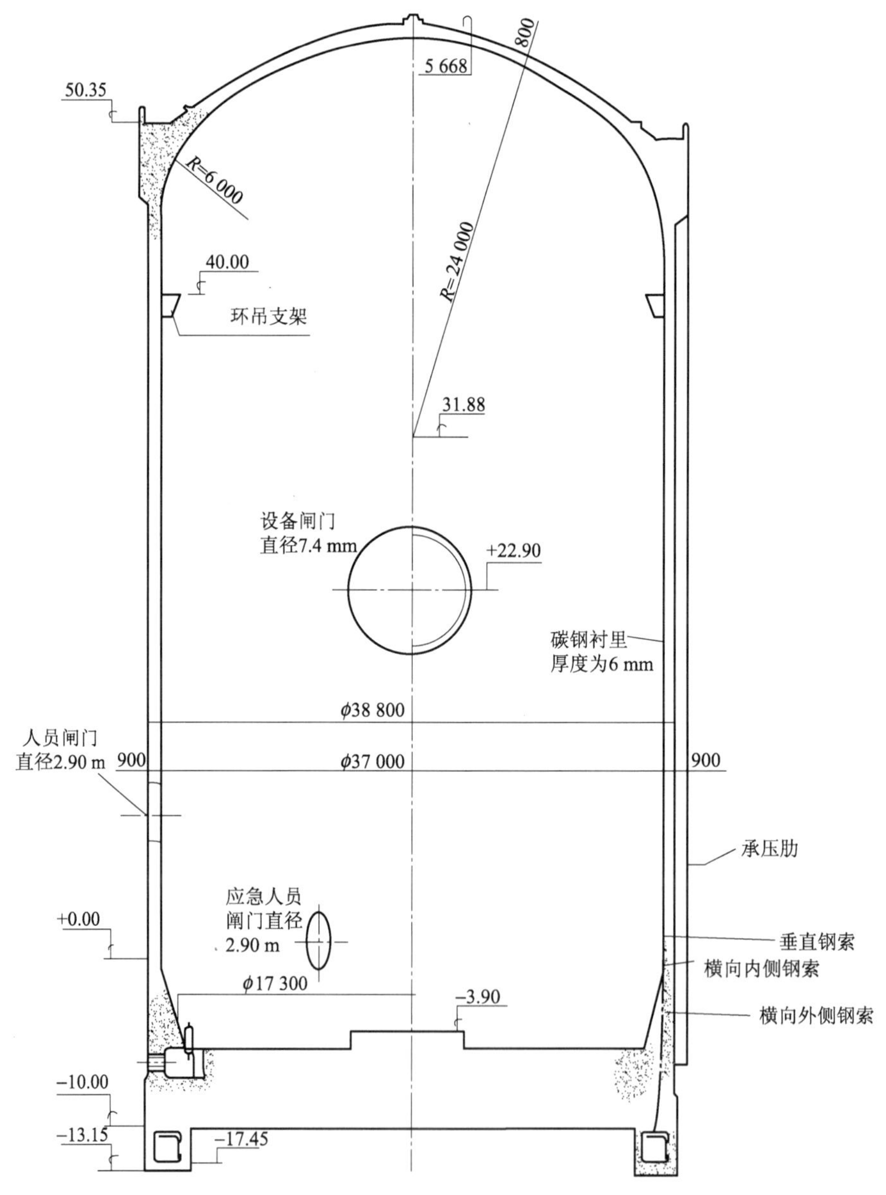

图 5-5-2　电厂压水堆安全壳

混凝土具有很高的抗压强度(140～560 kg/cm^2,视材料组分,放置方式,含水量而定),但抗拉伸强度只有抗压强度的10%～20%。为此,通常建筑结构均采用钢筋混凝土结构,以增加构筑物的拉伸强度。如果对钢筋预加拉伸应力,使混凝土处于受压状态,即在混凝土中设置一定数量的空心管,在混凝土凝固后将穿过空心管的钢索拉紧,使混凝土始终处在相当高的压缩应力状态。这样,当安全壳内承压时,混凝土所受的压缩应力仍大于拉伸应力,从而确保安全壳承压密封,确保安全壳的完整性。这种混凝土结构安全壳即为预应力混凝土安全壳。

安全壳内侧全部覆盖有一层防泄漏的厚为6 mm的钢衬里。安全壳内径为37 m,中心高度为56.7 m,壳内有效空间约49 000 m^3。

2. 安全壳贯穿件

安全壳贯穿件包括机械贯穿件和电气贯穿件两大类。贯穿件是由1个穿过安全壳混凝土壁面并锚固在混凝土上的钢套管及2个接头构成(图5-5-3)。接头保证了套管和穿过安全壳的管道(或电缆)间的密封连接。贯穿管道在安全壳两侧均设有隔离阀,用于事故状态安全壳隔离。

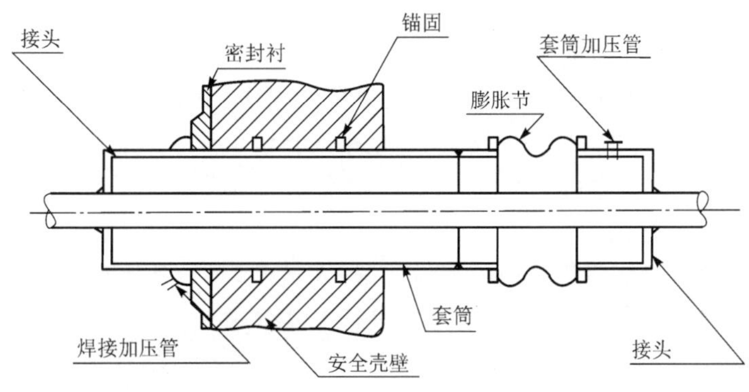

图5-5-3 安全壳贯穿件

安全壳贯穿件除了众多电缆贯穿件、管道贯穿件外还设有2个人员闸门、1个设备闸门和1个核燃料运输通道贯穿。此外,还预设有不少数量的备用贯穿件。其中电缆贯穿件的密封性由钢套筒内充加压氮气来保证;备用贯穿件两端侧焊有密封栓塞。管道贯穿件内可以是单根管道,也可以是多根管道,视安全和设计要求而定。大部分贯穿件垂直于安全壳筒体壁面,焊接在安全壳内侧的钢板上,但也有少数斜穿过安全壳的贯穿件;焊接在固定于安全壳外侧的侧板上的贯穿件;安装在阀基上的贯穿件;以及采用贯穿钢套筒直径与贯穿管道直径相同,钢套筒与管道直接焊接的贯穿件。

3. 人员闸门

人员闸门设在标高8 m处,供工作人员经由辅助厂房的专用通道出入安全壳。另外,在0 m标高处还设有一个应急人员闸门,供工作人员在应急时通过更衣室厂房出入安全壳。

人员闸门是一个直径2.9 m,长5.4 m的圆筒。圆筒内外各设一道密封门,内侧密封门上设有观察窗。工作人员出入安全壳可以自动或手动两种方式开关闸门。自动方式时,在获得“通行许可”后,内外密封门按程序启闭,不同时打开而破坏密封(人为故意畅通除外),

联锁系统采用机械和电气两种方式。失去电源时，工作人员可按程序手动启闭密封门。密封门自动启闭，设有门速控制装置保证密封门能以稳定的并可调的速度平稳工作，门上装有防回弹的阻尼机构。

4. 设备闸门

设备闸门位于20 m标高处，作为重型设备的进出口。直径7.4 m的开孔用一个滑动门密封，并构成一道放射性辐射屏蔽。其密封性由压紧在两块钢法兰之间的两个同心的弹性材料实心密封件来保证。密封件之间充以加压空气。

设备闸门外设有设备吊装平台，平台上设有轨道、平板车及250 t龙门吊车。重型设备由吊装平台通过设备闸门出入安全壳。

5.5.4 安全壳定期试验

为了验证安全壳具有的安全功能，安全壳建成后核电厂投入运行前需进行一次验收性试验(役前检查)，包括在设计压力下的密封性能试验和1.15(或1.25)倍设计压力下的整体结构强度试验(或称压力试验)以检验安全壳的可靠性。

核电厂在役运行期间，需要定期进行设计压力(0.52 MPa)下的试验。试验分A、B、C三类。

(1) A类整体密封(或泄漏)试验

试验的合格条件是，在安全壳钢衬表面无可见的损伤，由应变仪测得的安全壳的变形表明其弹性行为符合设计标准，24 h安全壳总泄漏小于0.3%安全壳内气体量。A类试验在首次换料时及以后每10 a进行1次(每次在役检查时同时进行)。

(2) B类局部密封性试验

电气贯穿件长期加压，每年需记录密封数据；人员闸门、设备闸门及燃料运输通道盲板每次换料后进行1次试验。A类试验前应先进行B类试验。

(3) C类局部密封性试验

C类试验包括所有安全壳管道贯穿件的隔离系统，2次试验间隔时间不得超过2 a。在每次A类试验之前，同样应先进行C类试验。

5.6 安全壳通风系统

5.6.1 正常工况通风系统

核电厂正常工况通风系统(图5-6-1)用于电厂带功率发电运行时带走安全壳内堆和系统设备释放出来的热量，保持安全壳内仪器、设备适于运行的环境温度；用于电厂停堆期间维持工作人员进入安全壳内，可接受的环境温度和放射性气体的浓度。根据分工核电厂设计有热态和冷态两类通风冷却系统。

5.6.1.1 热态通风系统

核电厂运行发电或系统热态时，需要热态通风系统连续运行，直至反应堆冷态停堆运行工况。系统分主通风和穹顶通风两部分。主通风设负荷容量各为50%的三组并联系列。每组包括1台风机和出口逆风挡板、1台缓冲阻尼器、1台预过滤器和1台冷冻水盘管冷却器。3 个抽风口设于安全壳约 36 m 标高位置。送风连接于零标高送风母线，随后送风至安全壳内各设备间。穹顶通风由 2 台 100％容量并联的风机和不锈钢风管组成。抽风口位于安全壳顶（约 54 m 标高），风机出口连接于主通风（或冷态通风）一个系列的抽风管。

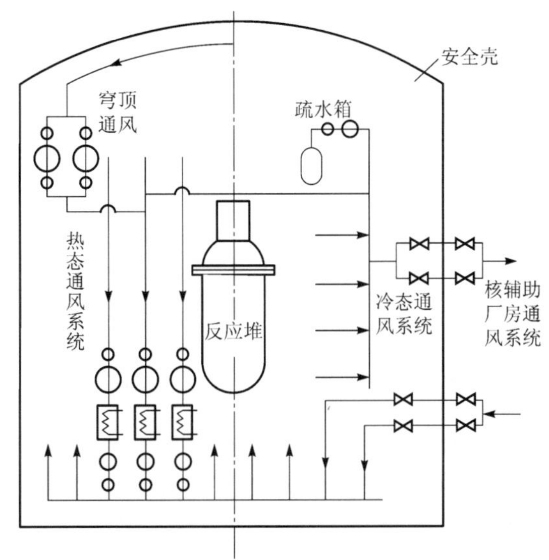

图 5-6-1　安全壳内正常工况通风系统

5.6.1.2　冷态通风系统

核电厂冷态停堆工况时，需要维持安全壳内适宜温度（15～35 ℃）和可接受的放射性气体及气溶胶浓度，以便工作人员在安全壳内长时间的工作。该冷态通风系统抽风口设于安全壳各楼层标高，抽风总管贯穿出安全壳与核辅助厂房通风系统风机、过滤器等连接。送风管由核辅助厂房贯穿安全壳返回，连接于零标高送风母管，将风送入安全壳内各设备间。该系统在安全壳内设有 1 台小抽风机，用于抽走安全壳内疏水排气系统可复用冷却剂收集水箱上部的裂变气体。抽风机出口管线与冷态通风主系统抽气管线连接。热态通风系统的 1 个系列抽气管线与冷态通风系统抽气管线相连，用于相互兼容。核电厂冷却剂系统达到热态运行或带功率运行工况时，冷态通风系统停运并隔离，由热态通风系统投运替代。

5.6.1.3　正常工况通风系统运行

核电厂发电运行、热停堆或由热停堆向冷态过渡时热态通风系统运行，主通风 2 台风机投运，1 台备用；穹顶风机 1 台工作，1 台备用。此时可使安全壳内操作层区域温度降至 40 ℃以下，其他区域约在 55 ℃。运行中该系统失效，估计 48 h 内安全壳内温度将上升至 60 ℃，会使混凝土构筑物变形，影响安全壳的密封性能，故需考虑停堆。核电厂处于长期冷停堆工况时，为便于工作人员进入安全壳长期工作，安全壳内有适宜的温度和较低的放射性气体浓度，要求冷态通风系统连续投运，换气量每小时不低于整个安全壳内总气量。安全壳内温度范围要求在 15～35 ℃，低于 15 ℃时启动管线上的盘管加热器。超过温度上限，可将热态通风系统投运，使安全壳内气温下降。

5.6.2　安全壳堆坑通风系统

安全壳堆坑通风系统（图 5-6-2）主要对压力容器冷却剂环路进出口管道支撑贯穿件、电离室等仪器设备的贯穿件及反应堆堆坑混凝土等构筑物进行通风冷却。

堆坑通风系统为闭路循环冷却系统，由 4 套 50％容量盘管冷却器、风机及阀门、不锈钢风管、混凝土风道组成。4 个管线并联成两个系列。安全壳内经冷却器冷却的冷风被送往上述贯穿件及混凝土构筑物风道。

核电厂正常功率运行或热停堆时，系统投入运行，用来维持：①堆外电离室附近空气的最高温度小于 50 ℃;②反应堆堆坑处空气和反应堆支撑贯穿件的最高温度小于 75 ℃;③堆坑混凝土表面最高温度小于 80 ℃。

两个系列各 1 台风机运行,1 台备用。风机由两个不同系列的电源供电。系统需在控制棒提升前启动。系统在冷停堆约 140 h 后停运。

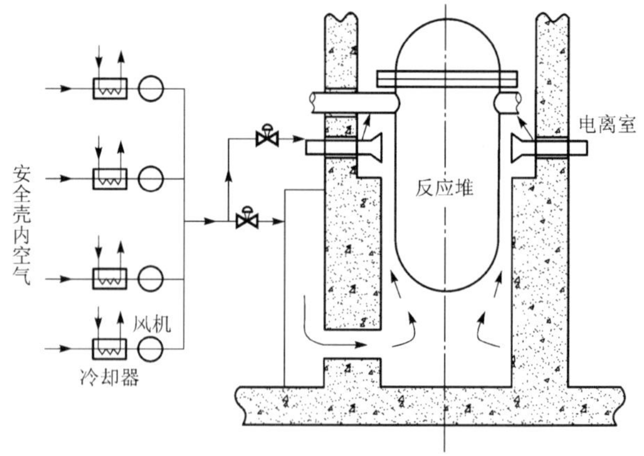

图 5-6-2　安全壳堆坑通风系统

5.6.3　控制棒驱动机构通风系统

控制棒驱动机构通风系统(图 5-6-3)用来将控制棒驱动机构护罩内的热空气抽出,以降低驱动机构处的温度。控制棒驱动机构通风系统共有 4 个并联的单元,每个单元由 50%容量的 1 台冷却器、1 台风机和相应的阀门管道组成。从驱动机构护罩内抽出的热空气被冷却后排往正常工况通风系统抽气口。控制棒驱动机构通风系统运行方式与安全壳堆坑通风系统相同。

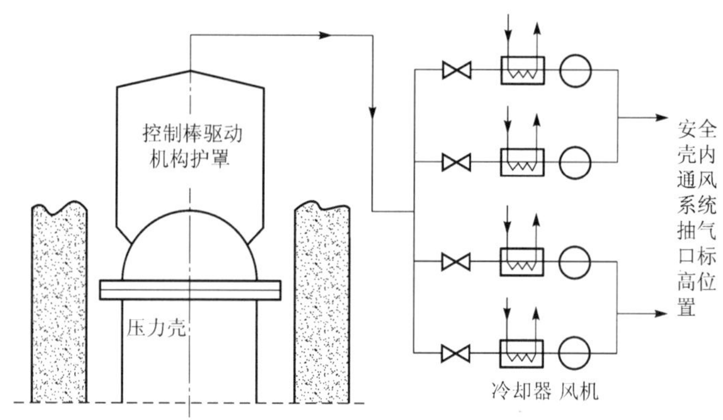

图 5-6-3　控制棒驱动机构通风系统

5.6.4　安全壳内部过滤净化系统

安全壳内部过滤净化系统也称除碘过滤系统。主要用来去除事故状态释放到安全壳内的放射性裂变气体和挥发性裂变产物,其主要核素为放射性碘等。

安全壳内部过滤净化系统设置有 2 个 100%容量的单元,每个单元包括 1 台高效过滤器、1 台活性炭过滤器和 1 台风机。系统抽气口设在安全壳内正常工况通风系统各个送风口位置,过滤净化后则向安全壳环形空间送风。

5.7　安全壳内消氢系统

5.7.1　消氢系统的功能

核电厂正常运行时，安全壳内消氢系统用来净化安全壳内大气，即把安全壳内气体抽出，过滤除碘后通过烟囱排出，限制安全壳内放射性气体浓度过高，实现对安全壳内大气的间断更新；用来保持安全壳内气体压力处于正常运行限值范围。同时，消氢系统采用从安全壳顶部连续抽风方式，使安全壳内气体循环混合，以避免氢气在壳顶积聚，提高事故时取样分析的正确性。

在失水事故时，进行安全壳内大气取样分析氢浓度。必要时利用系统氢气复合装置将氢、氧气体复合，控制安全壳内大气氢浓度保持在足够低的水平，防止大气中氢浓度达到极限(约 4%)，氢与空气中氧复合造成风险，保证安全壳结构和密封的完整性。

消氢系统正常功能中壳内空气间断更新及压力维持，核电厂设计时也可将其放在正常工况通风系统中考虑。

5.7.2　安全壳内消氢系统结构及工作原理

安全壳内消氢系统(图 5-7-1)由 2 条平行的管线组成，1 个系列正常运行，1 个系列备用。管线从安全壳上部穹顶抽风，然后贯穿出安全壳。每条管线设 1 台 100%容量的电动风机。风机将空气通过贯穿管道送回到安全壳内下部位置，形成安全壳内空气循环混合。风机的进出口管两侧各设有 2 对管嘴。使用可移动的取样装置，使之通过 2 个管嘴间循环的空气小旁通流量可取得气体样品。为了降低安全壳内事故下的氢气浓度，核电厂装备有 2 台可移动氢气复合装置。在失水事故时将 2 台氢复合装置与系统风机进出口两端管嘴相接，用于使氢氧复合，消除安全壳内氢气。

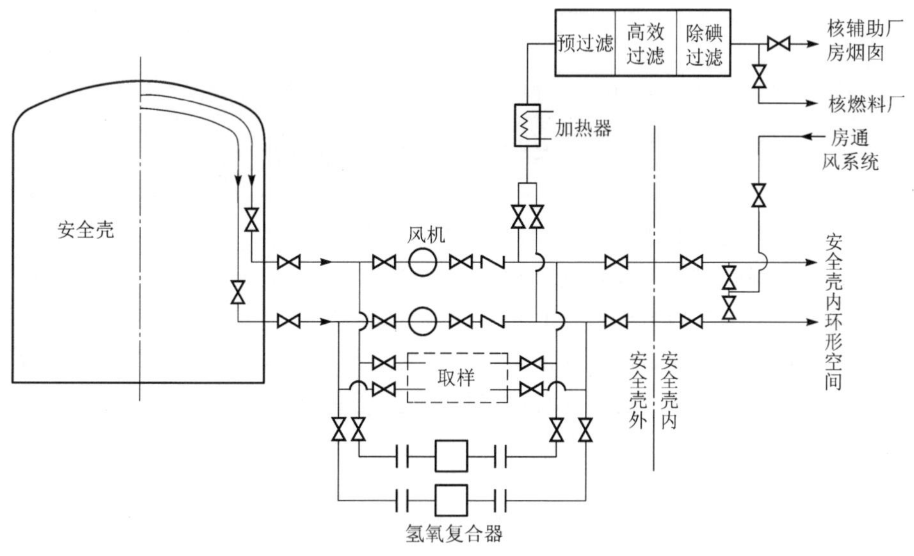

图 5-7-1　安全壳内消氢系统示意图

氢气复合装置由 1 台空气压缩机、1 台气体加热器、1 个合成室、1 台冷却器和相应的管道、阀门、仪表组成。含氢空气通过空气压缩机加压流动，经过气体加热、氢氧复合和排出气体冷却除水三步，消氢后返回系统。在复合装置中空气被加热至 320 ℃，然后进入合成室，在钯催化剂作用下氢与氧合成为水蒸气，最后经冷却将冷凝水排除，空气返回。事故时，当安全壳内氢浓度达到 1%～3%时，启动氢复合装置，氢复合装置投入 2 h 之内，安全壳中氢浓度即降低至 0.1%。

压水堆核电厂也可采用安全壳内热力氢复合器来除去壳内的氢气。复合器是一种全封闭的能防止内部构件受到安全壳喷淋液侵蚀的，以不锈钢、镍基合金为主体结构的独立装置。装置由 1 个入口预热段、1 个加热复合段和 1 个混合室组成。含氢空气通过百叶窗靠自然对流吸入装置预热段。空气在预热段向下，获得由中心加热器套管管壁传导出的热量，以提高系统效率并蒸发气载微小水滴。被预热的空气通过流量调节孔板向上流过中心加热器套管复合段。电加热器将温度升至 620～760 ℃，使空气中氢、氧复合（复合温度约 613 ℃）。高温气体进入顶部混合室，与安全壳内较冷空气混合后排出。加热器电源为应急电源。

5.7.3 系统运行

失水事故时，氢气主要来源于锆-水反应产生的氢和喷淋液中氢氧化钠引起的金属材料（铝、锌等）腐蚀产生的氢，其次来源于破口泄漏出冷却剂中释放出的过量溶解的氢和冷却剂被辐照分解的氢。分析计算认为，失水事故安全壳内的氢，大部分是由铝受喷淋溶液腐蚀的结果。如果假设电缆中全部铝受喷淋液腐蚀，则失水事故之后 22 d 氢浓度达到 4.1%的极限，如不考虑铝腐蚀则需 49 d 才能达到氢浓度极限。因此，作为保守措施，一般在失水事故后第 11～22 d 投入运行氢复合装置。

安全壳内消氢系统 2 台风机出口另设有通向核燃料厂房通风系统和核辅助厂房通风系统烟囱的专用管线，以及来自核燃料厂房通风系统的供气管线。通向烟囱的管线上设有过滤净化用电加热器、预过滤器、高效过滤器、除碘活性炭过滤器。这些管线均用于核电厂正常运行状态下安全壳内空气间断更换，降低空气中放射性气体浓度，并维持安全壳正常压力。

5.8 安全壳隔离系统

当核电厂压水堆发生事故，放射性裂变产物从堆芯泄漏释放出来时，作为最后一道安全屏障的安全壳，将起到密封、包容阻止放射性物质向周围环境泄漏扩散的作用。事故下安全壳除了要确保安全壳构筑物结构本身的密封性、完整性外，还应确保安全壳贯穿体通道的密封隔离。安全壳隔离系统就是用来保证核电厂正常运行时将停闭的或有缺陷的贯穿安全壳的管道实施隔离，在事故下按程序分阶段将贯穿安全壳的管道局部或全部隔离。

5.8.1 安全壳贯穿管道隔离类型

图 5-8-1 为安全壳贯穿管道隔离阀的典型配置。其主要隔离类型为安全壳内侧 1 只手动闭锁阀或 1 只自动隔离阀，外侧 1 只手动闭锁阀或 1 只自动隔离阀。用于进入管线的隔

离，可以在安全壳内侧设 1 只止回阀，外侧 1 只手动闭锁阀或 1 只自动隔离阀。用于安全壳内闭合管线的隔离（备用贯穿管道），则仅需在安全壳外侧设 2 只手动闭锁阀或 2 只自动隔离阀。隔离阀之间管段，如果会因隔离使保留在其内的介质热膨胀承受高压时，则可在安全壳内侧改设为止回阀隔离，或在隔离阀之间安全壳内安装安全阀提供超压保护。

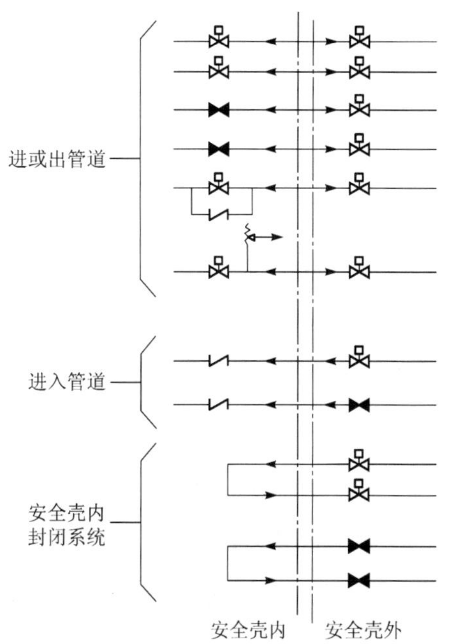

图 5-8-1 安全壳贯穿管道隔离阀的典型配置

5.8.2 安全壳隔离系统运行

安全壳隔离系统通过两类触发信号，分两个阶段对安全壳实施隔离。在触发堆芯应急冷却能动安注系统投运的同时，第一阶段安全壳隔离启动。此时被隔离关闭的安全壳贯穿管道上的阀门，原则上不会在短时期内导致安全壳内重要设备的损坏或影响安全设施的功能。伴随安全壳喷淋系统触发投运，第二阶段安全壳隔离启动。为了确保安全壳对放射性物质的包容，此时不再考虑隔离对安全壳内重要设备的影响，基本上除专设安全设施实现安全功能的管线外，所有贯穿管线将全部隔离。

5.8.2.1 安全壳第一阶段隔离

安全壳第一阶段隔离对以下系统发生作用：

(1) 安注系统试验管线；

(2) 化学和容积控制系统下泄管线、轴封水回程管线和上充管线；

(3) 反应堆硼和水补给系统补充水分配管线；

(4) 核岛排气疏水系统冷却剂排放管线、工艺排水管线、地面排水管线、废气排放管线；

(5) 设备冷却水系统稳压器泄压箱和过剩下泄热交换器管线；

(6) 蒸汽发生器排污系统管线；

(7) 核岛氮气分配系统管线；

(8) 核取样系统除反应堆冷却剂取样所需管线外的所有管线。

5.8.2.2 安全壳第二阶段隔离

安全壳第二阶段隔离对以下系统发生作用：

(1) 设备冷却水系统冷却剂泵冷却管线、控制棒驱动机构通风冷却器管线、反应堆余热排出系统热交换器冷却管线；

(2) 核岛冷冻水系统管线；

(3) 仪表用压缩空气分配系统管线；

(4) 核取样系统在第一阶段隔离时未关闭的冷却剂取样所需的管线。

5.9 主蒸汽隔离系统

5.9.1 主蒸汽隔离系统的功能

发生主蒸汽系统管道破裂事故时,蒸汽的大量失控排放,将造成冷却剂系统冷却剂过度冷却。堆芯慢化剂温度的降低将引入过多的正反应性,有可能使反应堆失控。因此,当发生此类事故时,希望主蒸汽系统管道及时隔离,以消除或减少蒸汽的泄漏,同时尽量保护蒸汽发生器,避免因大量蒸汽排放引起二次侧水位下降,传热管裸露过热损坏。

当主蒸汽管道破裂事故破口发生在主蒸汽隔离阀的下游,则主蒸汽阀的关闭便隔离了破口,消除了蒸汽泄漏;若破口发生在主蒸汽阀的上游,则隔离阀的关闭便避免了其他蒸汽管道完好的蒸汽发生器的泄漏和排空;同时也减缓了因蒸汽排放而使冷却剂温度快速下降,引入过多正反应性使堆失控的危害。

5.9.2 主蒸汽隔离系统触发信号

主蒸汽管道隔离阀关闭由下列信号触发:

(1) 至少 2 台蒸汽发生器蒸汽流量高且 1 台蒸汽发生器蒸汽出口压力低;

(2) 至少 2 台蒸汽发生器蒸汽流量高且冷却剂平均温度低于整定值;

(3) 至少 2 台蒸汽发生器蒸汽管道压力进一步低于整定值;

(4) 安全壳压力高,压力达到约 0.19 MPa 整定值;

(5) 手动控制发出隔离信号。

应注意的是,当冷却剂系统冷却剂平均温度处在 284 ℃以下,机组由热停堆向冷停堆过渡或冷态启动向热态过渡时,运行人员需要手动闭锁"两台蒸汽发生器蒸汽管道压力同时低"信号,避免触发主蒸汽系统隔离,以维持主蒸汽系统原状态。此时蒸汽管道并未破裂,不必隔离主蒸汽系统。

5.10 非能动 AP1000 安全系统简介

AP1000 核电厂非能动安全系统总体优点为:①非能动利用自然力驱动,不需要泵、风机、柴油机等能动机器,减少了因电源、机械故障引起的系统运行失效。系统中只设少量阀门,能自动触发,遵循失电、故障时"失效安全"准则,使阀门自动处于安全位置。大大提高了系统运行的可靠性。②事故下允许操纵员不干预时间由二代、二代加压水堆的 10~30 min 放宽至 72 h,从而减少了人为操作失误导致事故升级的可能性。③安全系统启动、运行无须交流电源,核电厂取消了安全级的应急柴油发电机组。在失去交流电源情况下,安全级直流电源和 UPS 不间断电源为安全系统确保供电。

本节将分别对 AP1000 设计上具有特色的非能动堆芯冷却系统和安全壳及其相应系统作简单介绍。

5.10.1　非能动堆芯冷却系统

非能动堆芯冷却系统由非能动堆芯余热排出系统和非能动安全注入系统两部分组成。

非能动堆芯冷却系统的主要作用是在假想设计基准事故下提供应急堆芯冷却，包括应急堆芯余热排出、冷却剂系统应急补水和硼化、堆芯安注、安全壳内 pH 值控制等。基于上述功能，设计中对发生设计基准事故，伴随不太可能的最大极限单一故障事件下能执行其安全功能；发生火灾、内部飞射物或管道破裂事件时能执行其安全功能；发生诸如地震、龙卷风和水淹等外部事件的抵御能力；以及对可靠性、多重性、多样性等提出了要求。

非能动堆芯冷却系统包括 2 个堆芯补水箱、2 个蓄压安注箱、1 个安全壳内置换料水箱、1 个非能动余热排出热交换器、pH 值调节篮、自动降压系统阀门和喷洒器，以及相关的管道、阀门、仪表、滤网等设备（图 5-10-1）。非能动堆芯冷却系统与其他相关系统的接口包括：化容系统为非能动堆芯冷却系统补充含硼水；气体系统为蓄压安注箱提供加压氮气；乏燃料池冷却系统为安全壳内置换料水箱提供循环、净化。另外，还与取样、通风、排气疏水等系统设置有接口。

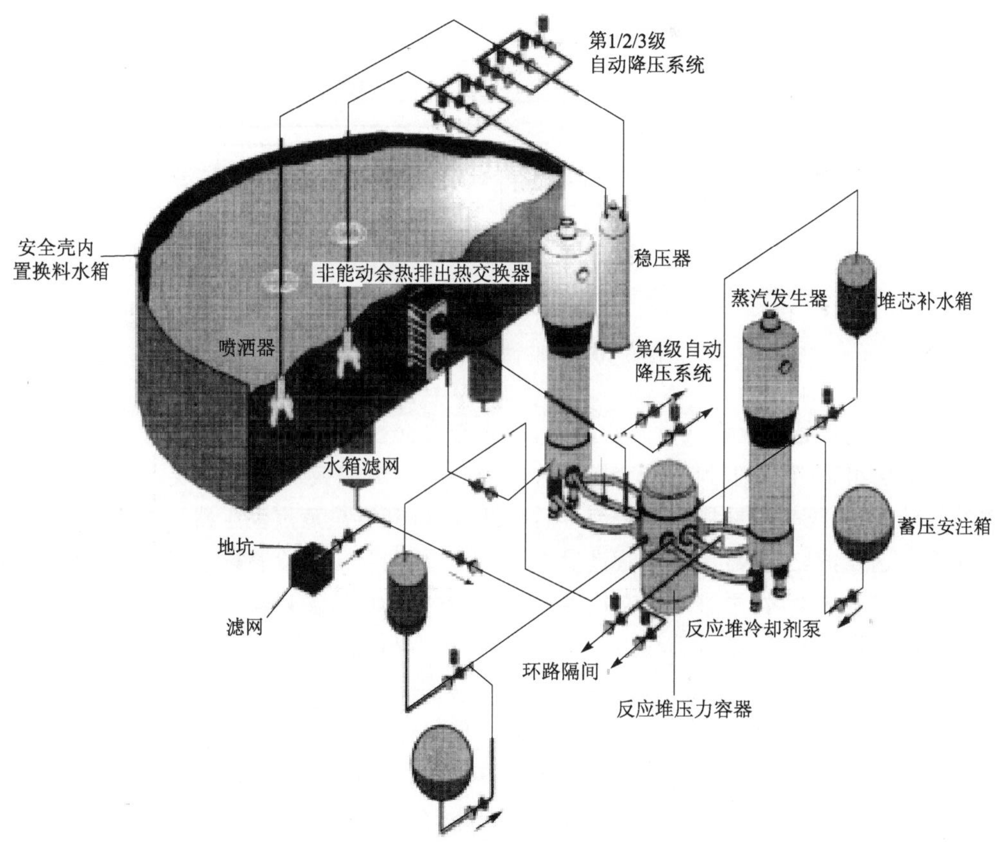

图 5-10-1　非能动堆芯冷却系统

5.10.1.1 非能动余热排出系统

非能动余热排出系统(图 5-10-2)主要靠余热排出热交换器应急排出堆芯余热。热交换器由一组连接在上、下管板上的 C 形传热管束及上部(入口)、下部(出口)封头组成。热交换器置于高于冷却剂环路的内置换料水箱内,利用上、下封头与水箱侧面固定、密封。

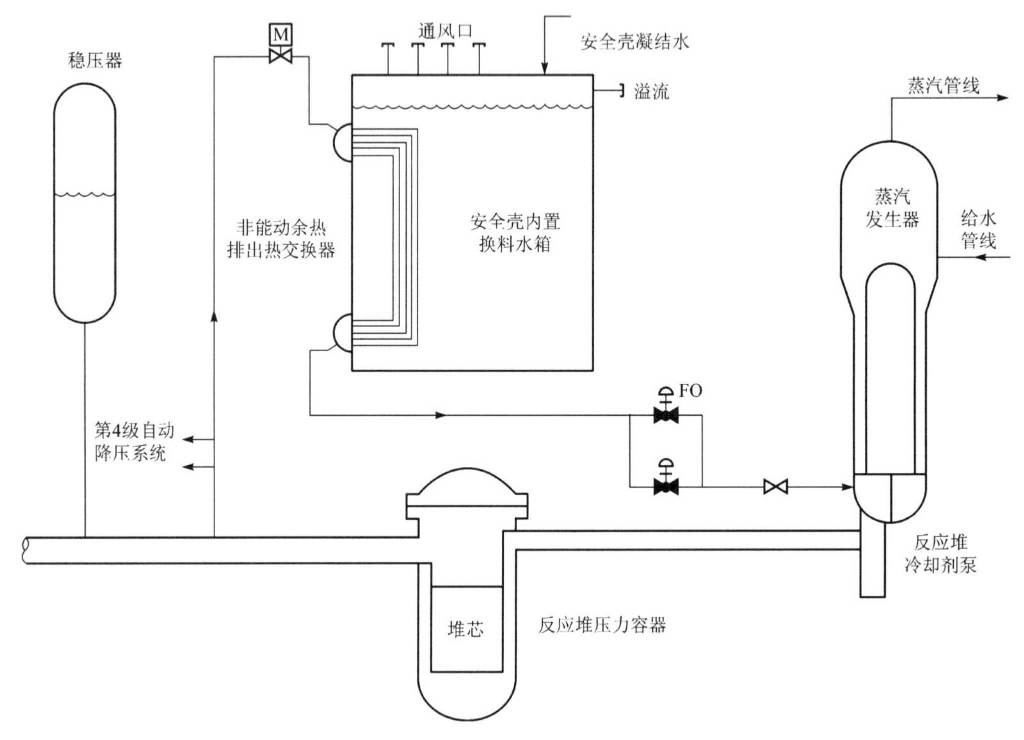

图 5-10-2 非能动余热排出系统

热交换器入口管线上设一常开电动阀,管线与热交换器上封头相连。入口管线从环路热管段顶部引出,一直向上到达热交换器入口的高点。热交换器出口管线上设 2 个并联的常关的气动阀,气压丧失或接到触发信号后打开,出口管线与蒸汽发生器下封头冷却剂出口腔相连接。这样,热交换器出口至蒸汽发生器,至冷却剂泵出口冷管段,至压力容器内堆芯,至压力容器出口热管段,再进入热交换器入口,形成一个自然循环流道。

核电厂正常情况时,系统管线由充满冷却剂,压力与冷却剂环路压力相同,热交换器入口管线处水温高于出口管线处水温,热交换器传热管中水温与安全壳内置换料水箱的水温相同。这样,电厂运行期间系统已建立并保持了自然循环热驱动压头。事故时通过信号触发,热交换器出口气动阀自动打开,非能动余热排出系统在失去冷却剂泵动力状态下,自然循环,将堆及冷却剂热量排出。为了确保自然循环,在热交换器入口管线高位处设有集气短管,可定期将气体排放到安全壳内置换料水箱内。另外,非能动余热排出系统管线设计允许冷却剂泵运行时,以自然循环流向强制冷却剂循环流动,排出热量。安全壳内置换料水箱为热交换器提供热阱。

在非能动余热排出系统触发投入运行约 2 h 后,内置换料水箱水温达到饱和,水箱水开始向安全壳蒸发。此时，安全壳内空气和钢制安全壳容器就会将热量传递到最终热阱——安全壳外大气中。余热排出热交换器能在约 36 h 内将环路系统冷却剂温度降至约 216 ℃，使冷却剂系统得以降压。安全壳内蒸汽被冷凝下来，冷凝水沿安全壳内壁向下流入位置高于内置换料水箱的水槽。通常水槽中积水流向安全壳地坑，但非能动余热排出系统投运时，此通道隔离，冷凝水溢出直接返回内置换料水箱，以此长期维持内置换料水箱充满水并起到热阱作用。

5.10.1.2 非能动安全注入系统

非能动安全注入系统(图 5-10-3)在非堆芯失水事故时，对冷却剂系统进行应急补水和硼化，在出现堆芯失水事故时，可对冷却剂系统进行安全注水。

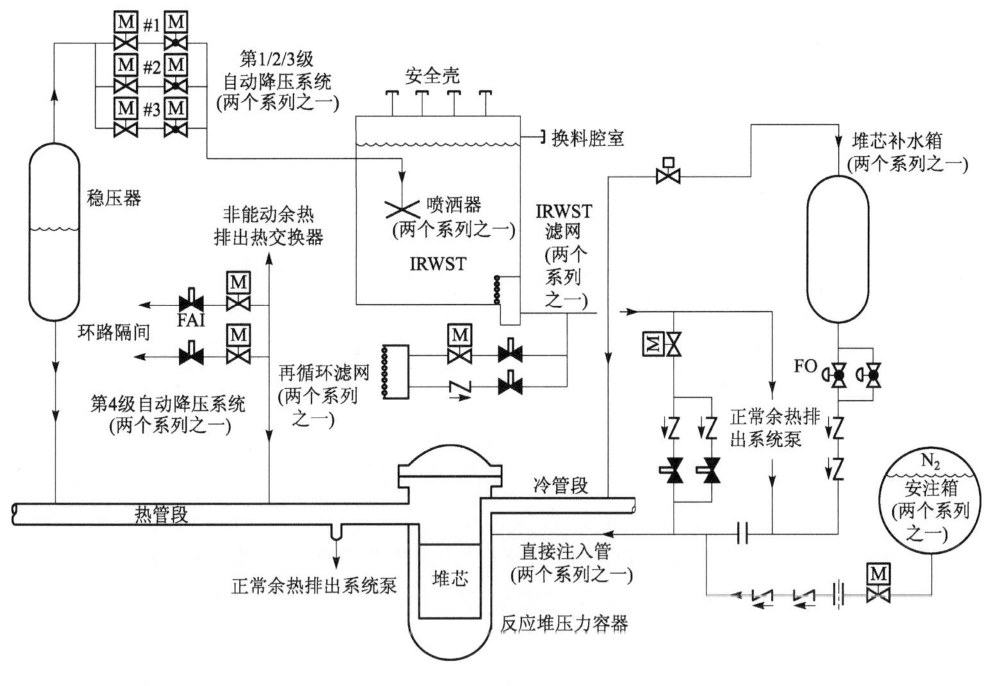

图 5-10-3 非能动安全注入系统

1. 冷却剂系统应急补水和硼化

压水堆核电厂运行中发生类似主蒸汽管道破裂这样的事故，正常补给系统失效或能力不足时，安全壳内 2 个位于冷却剂环路稍高位置的堆芯补水箱能为冷却剂系统提供足够的补充水和停堆深度。堆芯补水箱内含约 3 500 mg/L，约 70 m^3 的含硼水，为半球形上下封头立式圆柱碳钢容器，内衬不锈钢。

堆芯补水箱底部通过 1 根出水管线、2 只并联的常闭气动阀和 2 只串联的止回阀，连接到压力容器直接注入管口，注入的含硼水从压力容器、吊篮间环隙向下，然后向上进入堆芯。补水箱顶部高位连接 1 根压力平衡连通管线，通过 1 只常开电动阀连接到冷却剂环路冷管段。管线压力与环路系统相同，用以防止开始注入时出现水锤。常闭气动阀由失压、失电或信号触发。

气动阀打开后堆芯补水箱中温度较低的含硼水自动注入堆芯，来自冷管段的热水返回至堆芯补水箱，以此补充冷却剂环路水装量并进行硼化。当冷却剂系统冷管段缺水排空时，则在补水箱向堆芯注水的同时，冷管段只有蒸汽向补水箱排放。

2. 失水事故下非能动安全注入

发生冷却剂系统破口泄漏(失水事故)时，由以下四种水源进行非能动安注：①堆芯补水箱长时间提供较高流量安注；②蓄压安注箱短时间内提供高流量安注；③安全壳内置换料水箱提供更长时间低流量安注；④上述三水源安注结束后，安全壳淹没，堆芯非能动再循环冷却，非能动安全壳冷却系统成为最终的长期冷却热阱。

(1) 堆芯补水箱安全注入

堆芯补水箱安注信号触发后动作及流程，与非堆芯失水事故冷却剂系统应急补水和硼化相同。补水箱出口管线上 2 只串联的止回阀用来防止蓄压安注箱安全注入时安全注入水倒流。为了在小破口时安注水顺利进入堆芯，冷却剂系统设计有多级降压措施。此时自动降压系统将伴随触发信号进行逐级降压。

(2) 蓄压安注箱安全注入

2 个位于安全壳内地面，堆芯补水箱下方的蓄压安注箱，为球形内衬不锈钢的碳钢容器。安注箱容积约 57m^3，内含硼含量约 2 800 mg/L，约 48 m^3 的硼酸溶液。含硼水上部充约 5 MPa 加压氮气。蓄压安注箱底部通过出口管线、1 个常开的电动隔离阀及 2 个串联的止回阀与压力容器直接注入管线连接。当失水事故冷却剂系统压力降至安注箱氮气压力之下时，蓄压安注箱止回阀打开，含硼水在数分钟内大流量快速注入堆芯。

(3) 安全壳内置换料水箱安全注入

安全壳内置换料水箱是一个大体积整体结构内衬不锈钢的水箱。水容量约 2 100 m^3，硼含量约 2 600 mg/L。整个水箱位于高位，其底部略高于冷却剂环路最高位置，以便于靠重力进行安全注入。箱内含硼水通过两套各自独立的内置换料水箱底部滤网、安注管线，由压力容器直接注入管向堆芯注水。安注管线上设 1 常开电动隔离阀，2 个并联的常闭爆破阀，并各设止回阀与爆炸阀串联。爆破阀只有在冷却剂系统第 4 级降压系统动作或环路破口失水事故发展到冷却剂系统压力降至与安全壳压力相当时，才能触发爆破打开，实施内置换料水箱向堆芯安注。止回阀则用于防止含硼水倒流。内置换料水箱顶部设通风口和溢流通道，通风口正常运行时关闭，事故下冷却剂降压系统向箱内卸压或非能动余热排出系统热交换器卸热时，释放蒸汽，压力高于安全壳压力时打开，以便将蒸汽释放到安全壳内通风口在失水事故内置换料水箱安注时，也应打开，以防水箱造成真空损坏。溢流通道与安全壳内堆顶换料水池相通，当余热排出热交换器释热使水箱水温升高或冷却剂降压系统喷放蒸汽，引起水位升高时，将含硼水溢流。

(4) 安全壳淹没，堆芯非能动再循环冷却

当堆芯补水箱安注、蓄压安注和内置换料水箱安注结束后，安全壳将被淹没，其水位足以使含硼水靠重力通过直接安注管线返回堆芯，实现再循环冷却。再循环冷却管线由 2 个独立的系列组成。每个系列管线包括安全壳再循环地坑、滤网、1 个止回阀和 1 个爆破阀。管线连接到内置换料水箱安注出口管处。当安全壳内置换料水箱水位降到低水位时，触发安全壳地坑出口爆破阀爆破打开。此时只要安全壳水位足够高，即开始再循环冷却。安全壳内含硼水通过直接注入管线进入堆芯，堆芯产生的蒸汽通过环路热管段上第 4 级降压阀排向安全壳或通过稳压器顶部 1、2、3 级降压阀，经由内置换料水箱排向安全壳。安全壳内

蒸汽则不断由钢制安全壳冷凝，冷凝水沿壳壁向下最终流入安全壳进行补充。与爆破阀串联的止回阀用于防止含硼水向地坑倒流。另外，AP1000 还设计有通过电动阀、爆破阀在紧急状态下打开，将内置换料水箱约 2 100 m³ 含硼水直接排入安全壳地坑的管线，用以快速淹没安全壳。

5.10.1.3　自动降压系统

AP1000 核电厂特殊的四级自动降压系统设计，其目的在于在发生假想事故工况后，将冷却剂系统逐级降压，以使非能动堆芯应急冷却各安注系统得以实施靠重力向堆芯安注含硼水。自动降压系统 1、2、3 级降压管线设各自独立的 2 组，位于稳压器顶部，每组均与稳压器安全阀管线并联。每组三级降压阀并联，每级设 2 个串联的常闭电动阀，三级降压阀出口通过 1 条共用管线与内置换料水箱含硼水下的喷洒器相连（图 5-10-4）。

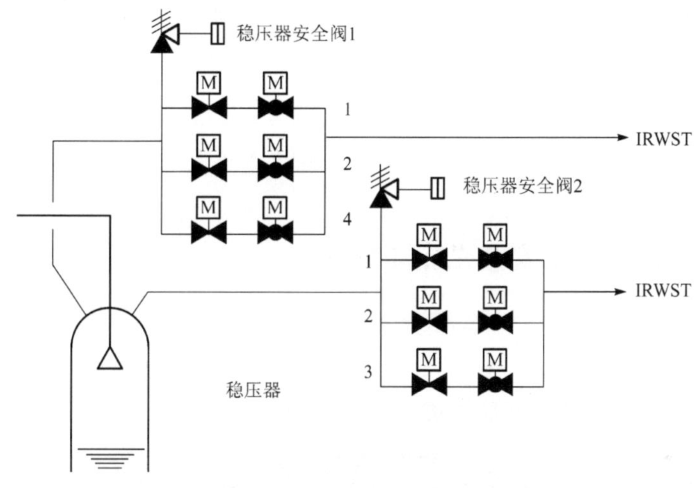

图 5-10-4　自动降压 1、2、3 级降压阀设置

第 4 级降压管线同样设各自独立的 2 组，分别与环路 2 个热管段相连。每组管线上并联 2 个降压排放管，每个排放管线上串接 1 个常开电动阀和 1 个爆破阀。爆破阀触发爆破打开后，管线向安全壳内设备隔间卸压排放。

爆破阀结构如图 5-10-5 所示。爆破阀在电厂正常运行时关闭，保持零泄漏。在事故需要开启时则触发爆破，爆断预紧螺栓并使活塞带动触发撞销快速向下冲击，使接管与接管剪切帽剪切位移分离，爆破阀上游高压介质使剪切帽由垂直变为水平，爆破阀可靠开启且不会误关闭。

降压系统电动阀采用直流驱动电源。多组独立降压管线及串、并联降压阀设置，既体现了安全冗余和多样性，又体现了即使个别阀门误动时系统的可靠性。爆破阀可以做到通道零泄漏，爆破打开后不会误关闭，以确保安全可靠。

5.10.1.4　安全壳 pH 控制

置于安全壳内一定高度的 pH 调节剂（颗粒状磷酸三钠）篮，用于事故下含硼水淹没安全壳时，溶解 pH 调节剂，使含硼酸水 pH 值保持在 7.0～9.5，以有利于降低不锈钢设备在酸性介质中的应力腐蚀。

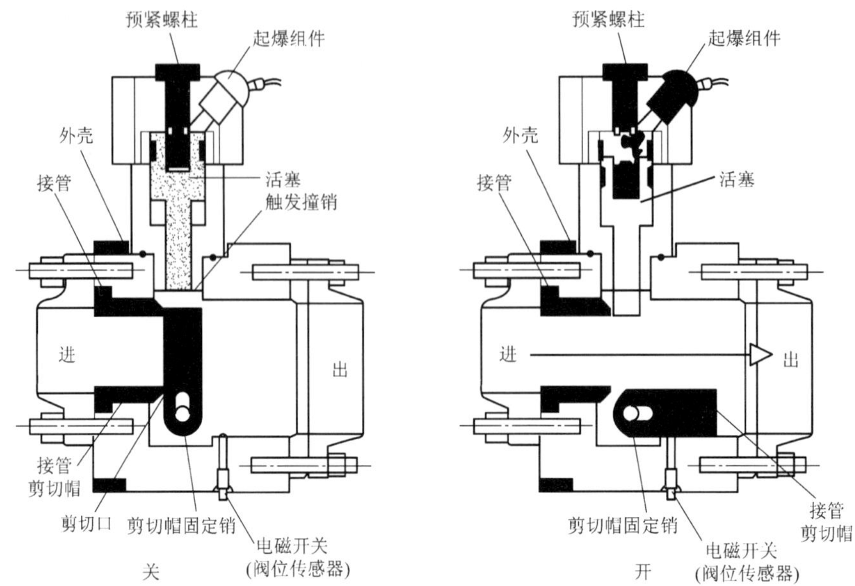

图 5-10-5　自动降压系统第 4 级爆破阀示意图

5.10.2　安全壳及非能动安全壳冷却系统

5.10.2.1　安全壳

AP1000 核电厂安全壳(图 5-10-6)与通常压水堆预应力混凝土安全壳不同,由内层钢制容器和外层钢筋混凝土构筑物两层组成。

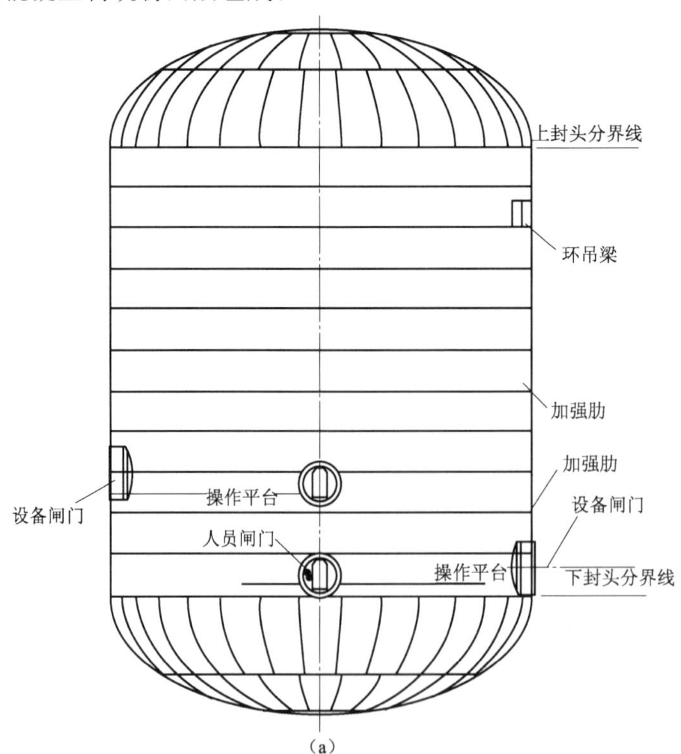

(a)

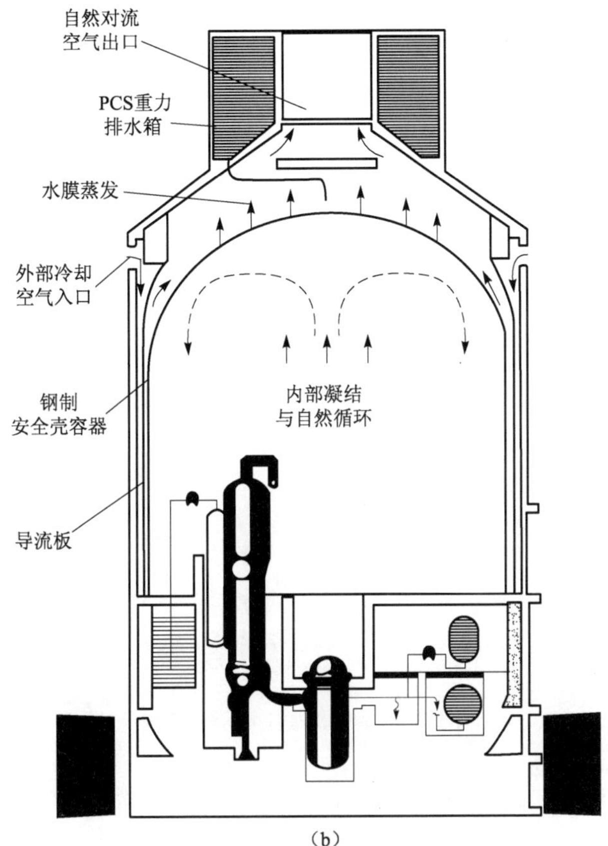

(b)

图 5-10-6 AP1000 核电厂安全壳

(a)AP1000 钢制安全壳;(b) AP1000 安全壳与屏蔽构筑物

1. 钢制安全壳容器

钢制安全壳为上下椭圆球封头的圆柱形密封容器,直径约 40 m,总高约 65 m,厚度在 40～48 mm,上封头较薄,被埋设在混凝土中的下部位置则最厚。钢制容器除了像普通安全壳一样需要包容放射性物质,承受一定的温度、压力,支撑顶部环形吊车,布置冷却剂系统设备,设置人员、设备阀门、燃料运输通道及各种贯穿外,容器还是非能动安全壳冷却系统的一个重要部件。

2. 安全壳屏蔽构筑物

外层钢筋混凝土构筑物用于对安全壳内放射性辐射的屏蔽,避免外部飓风、飞射物的袭击。构筑物同时也是非能动安全壳冷却系统的一个重要组成部分。构筑物与安全壳钢容器、核辅助厂房共用基础底板。钢筋混凝土壁厚约 0.9 m,标高在 90 m 以上。在钢制容器之上为锥形体。筒体顶部锥形结构上支撑环形非能动安全壳冷却系统的贮水箱。贮水箱内衬不锈钢,存装约 3 000 m^3 除盐水,用于安全壳冷却。屏蔽构筑物锥形结构顶部中央设空气扩散器排气口,使构筑物内冷却钢制容器的热空气和水汽向上排出安全壳屏蔽构筑物。

5.10.2.2 非能动安全壳冷却系统

非能动安全壳冷却系统(图 5-10-7)由安全壳内层钢制容器、外层屏蔽构筑物、顶部贮水

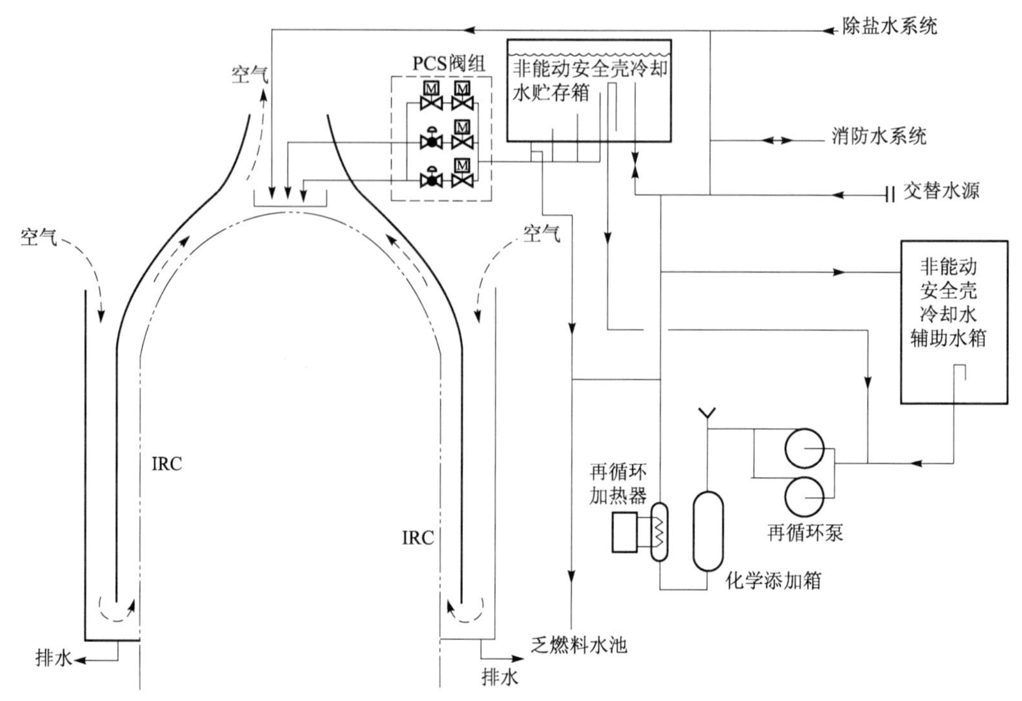

图 5-19 非能动安全壳冷却系统

箱、安全壳内、外层间隙空气导流板结构、构筑物冷空气进口和顶部中央热空气、水汽排出扩散器、贮水箱到钢制容器顶部的管线、阀门、水量分配装置等组成。

事故状态下,钢制安全壳容器内高温空气、蒸汽混合气体依靠自然对流将热量通过容器钢壁传递至安全壳容器外部,使安全壳内蒸汽冷凝,空气降温、降压。核电厂正常额定功率运行时,通过安全壳容器外部空气自然循环,可使安全壳容器内大气温度保持在10～50 ℃。

钢制安全壳外壁热量通过安全壳内、外层空气流道入口、空气水汽排放口及内外层间空气导流板结构,使环境冷空气沿外环隙下降,然后沿安全壳容器外壁上升,最终将热量转移,热空气和水汽由安全壳顶部排出,返回环境。顶部贮水箱由箱底根据不同水位高度引出4根出水管,每根管线上配置有流量孔板,用以使箱内除盐水不同水位下向安全壳容器顶洒水量相等。出水管汇合后由3组并联的隔离阀组控制是否需要向安全壳洒水。隔离阀组出口由2条独立管线连接到钢制安全壳顶部中心位置。隔离阀组中2组为1个常开电动阀和1个常闭气动阀串联配置,气动阀在信号触发或失去气源和直流电源时打开。另外1组为1个常开电动阀和另1个常闭电动阀串联,由直流电源供电,体现了多重性和多样性的安全理念。安全壳顶部的水量分配装置用来将贮水箱出水管流出的低温除盐水通过分水斗、分水堰均匀地洒向壳顶每个部位。壳顶贮水箱向安全壳顶洒水由安全壳内温度、压力过高信号触发。除盐水从壳顶均匀向壳壁流动,洒湿面水膜不断吸收热量蒸发,与自然循环通道中空气一起不断通过壳顶中央高位排风口向最终热阱环境排放热量。非能动安全壳冷却系统这种事故下运行模式,至少在72 h内不需要操纵人员干预。

非能动安全壳冷却系统还附设有1台辅助水箱、2台再循环泵、1个化学添加箱、1个再循环加热器和相应再循环管线。辅助水箱除盐水容量约3 000 m^3。附加再循环管线利用再循环泵给安全壳顶贮水箱补充水;加热提高水温防冻或添加化学药物。再循环泵也可将辅助水箱中的除盐水直接洒向安全壳容器顶部。系统另外还设有与消防水系统、乏燃料池水系统相连接的接口。

复习思考题

1. 专设安全设施怎么定义?
2. 专设安全设施的功能是什么?其在一些事故中起什么作用?
3. 专设安全设施有哪些设计准则?
4. 安注系统有哪些功能?
5. 安注系统在核电厂一般怎么设置?
6. 描述非能动蓄压安注箱的安注原理,系统流程和主要设备。
7. 描述高压、低压能动安注系统的工作原理,系统流程和主要设备。
8. 有哪些信号启动安注系统投运?
9. 描述能动安注系统投运后的运行方式。
10. 安全壳喷淋系统有哪些功能?
11. 描述安全壳喷淋系统流程及主要设备。
12. 为什么喷淋液需要加药?
13. 描述安全壳喷淋系统的触发信号。
14. 辅助给水系统为什么归属专设安全设施?有哪些安全功能?
15. 描述辅助给水系统的流程和主要设备。
16. 描述脱气装置的工作原理。
17. 有哪些信号触发启动辅助给水系统?
18. 描述电厂压水堆安全壳内的布置。
19. 安全壳有哪些功能?
20. 电厂堆安全壳有哪些主要类型?典型核电厂压水堆安全壳属于哪种类型?
21. 试述典型压水堆安全壳结构特点。
22. 安全壳贯穿件结构主要有哪些类型?画出典型贯穿件结构示意图。
23. 安全壳定期试验包括哪些内容?试验合格标准是什么?
24. 说出安全壳内通风系统功能、流程及运行方式,它们之间的相互关系。
25. 描述安全壳内消氢系统功能、工作原理和运行方式。
26. 描述安全壳隔离系统功能、运行方式。
27. 描述安全壳贯穿管道隔离阀的各类配置方式。
28. 描述主蒸汽隔离系统的功能、触发动作及信号。

第六章　压水堆换料及其换料水池、乏燃料水池冷却处理系统

核电厂压水堆属于一次装载核燃料，定期停堆换料类型的反应堆。堆芯核燃料的合理管理，停堆后的换料操作，及其换料水池、乏燃料水池冷却、处理系统的正常运行直接关系到核电厂的经济效益和安全。本章将简单介绍堆芯核燃料管理、装卸料操作及相关系统的运行原理。

6.1　堆芯核燃料管理

堆芯核燃料管理是一个特殊的、强制性的、复杂的工作。燃料管理规定了在燃耗尽可能均匀的情况下，燃料在堆芯的最佳使用时间，然后进行停堆卸料、装料，也即是换料操作。

6.1.1　功率分布展平

核反应堆的功率正比于中子注量率[$n/(cm^2 \cdot s)$]。由于核反应堆边缘中子会向外泄漏而使反应堆中心的中子数要比外围中子数多很多，形成堆芯中子注量率在径向、轴向分布不均。这样使得核反应堆中央和外缘处的局部功率有很大差异，从而使反应堆总功率受中央处核燃料最大局部功率限制，导致核燃料燃耗不均匀，使用效果不佳，经济性差。

让核反应堆获得一个尽可能均匀的功率分布，也即尽量让平均中子注量率与最大中子注量率接近，使核反应堆总的功率尽可能接近最大值，称为反应堆功率分布展平。

反应堆功率分布展平可以通过增加堆芯边缘裂变核来补偿边缘处中子数较少的办法实现。这就是堆芯铀-235 富集度分区法，即在堆中心使用较低富集度核燃料，而在外围使用较高富集度的核燃料，由堆中心从径向和轴向向边缘逐渐提高富集度。但核电厂实际上仅在径向作了核燃料铀-235 富集度的变化，仅划分了 3 个区域。这样做是为了避免核燃料组件制造过于复杂，富集度类别太多易造成操作错误。

6.1.2　堆芯换料管理

核反应堆两次更换核燃料之间的间隔，一般称为“运行循环”。核燃料运行循环期限取决于核燃料堆芯装量和核燃料燃耗。

堆芯核燃料装载数量及其富集度是根据核设计和安全法规确定的。反应堆运行中可裂变燃料被消耗掉一般称为燃料燃耗。在压水堆中，随着反应堆运行时间增长，燃料燃耗加深，当控制棒被抽到最大允许高度，慢化剂中硼酸浓度被稀释到接近于零状态时，即说明该反应堆需要停堆换料。目前典型压水堆核电厂一般运行循环期限在 12～18 个月。

对于富集度以三区划分的压水堆核电厂而言，每次换料更换 1/3 堆芯核燃料组件。换料基本遵循以下原则：

(1) 卸出一区燃料组件；

(2) 将二区燃料组件装入一区栅格位置；

(3) 将三区燃料组件装入二区栅格位置；

(4) 将富集度相应较高的新燃料组件装入三区栅格位置。

由上可见，对于新堆首炉料而言，一区低富集度的燃料组件在堆芯只停留 1 个循环。二区中等富集度的燃料组件在堆芯经历 2 个循环。三区较高富集度的燃料组件在堆芯需经过 3 个循环后才能卸出。由此也可看出，之后换料，所有入堆的燃料组件均需在堆芯三个区内各停留 1 个运行循环，以尽量展平功率分布，加深核燃料燃耗。

6.2　压水堆换料

6.2.1　换料状态

压水堆在决定进行换料操作前，必须进行换料前的各种准备，使反应堆及相关系统、设备进入换料状态。

1. 反应堆处于换料冷停堆状态。冷却剂中硼浓度在(2 200±100) mg/L，冷却剂温度在 60 ℃以下，堆芯热量靠余热排出系统导出。

2. 乏燃料贮存水池冷却系统正常运行，以保证能够顺利导出乏燃料组件放出的余热。

3. 换料期间使用的设备均事先经过检验，并处于备用状态。

4. 换料水池充水前，冷却剂已得到净化。

5. 专用装置安装就续并已处于备用状态，如：

(1) 换料水池内尤其在堆芯部位的水下照明；

(2) 换料水池水位探测器和意外排水低水位报警装置；

(3) 换料水池和乏燃料水池池面附近放射性裂变气体意外释放监测报警装置。

6.2.2　换料设备

图 6-2-1 为核电厂压水堆主要换料设备和所在厂房的位置。

1. 反应堆换料水池

核燃料组件装卸时，位于安全壳内反应堆顶部位置的换料水池成为辐射防护生物屏蔽。核燃料组件装卸操作在水下由水池上部可移动的装卸料机实现。装卸料机借助 2 个直角坐标指示器进行定位，找到堆芯相应的燃料组件栅格位置。反应堆换料水池包括换料腔和堆内构件贮存 2 个隔室。换料水池在换料期间才充水，平时被排空。

2. 核燃料厂房内燃料水池

核燃料厂房内设置有燃料输送水池、乏燃料贮存水池、乏燃料装罐水池和乏燃料屏蔽运输罐冲洗水池。乏燃料贮存水池一直处于充满水的状态。它用于放置从堆芯卸出的乏燃料组件。水池中设有许多贮存架，可以存放 10 a 加 1 个堆芯的乏燃料组件。燃料输送水池通过水下输送通道，与安全壳内换料水池相连，用来接收或输送燃料组件。燃料厂房内设可移动燃料装卸机，通过直角坐标指标器，进行操作定位。乏燃料装罐水池用来在水下将乏燃料组件装入屏蔽运输罐，以备外运。屏蔽运输罐冲洗池用来冲洗清洁准备外运的屏蔽运输罐。

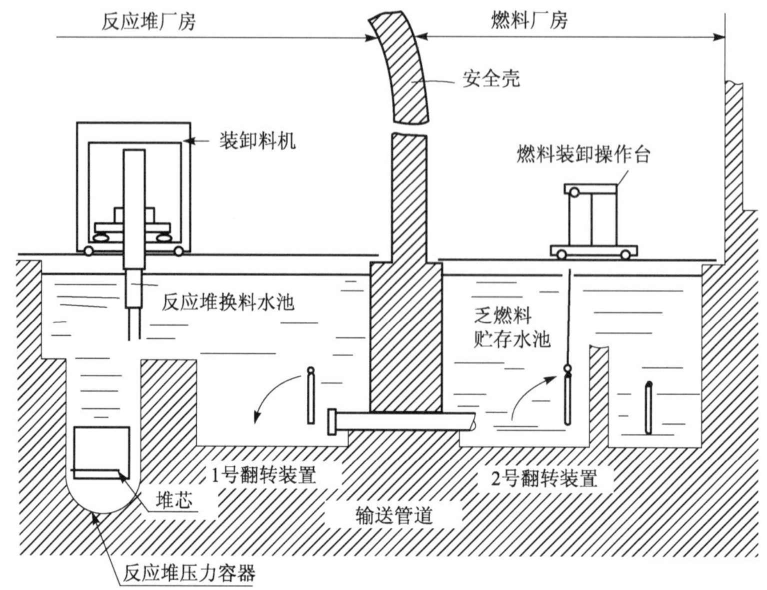

图 6-2-1　压水堆换料水池、乏燃料贮存水池和输送系统

屏蔽运输罐用燃料厂房内吊车吊运。装罐池、冲洗池与换料操作无关。

3. 输送系统

反应堆换料水池堆内构件贮存隔室与燃料输送水池通过输送系统连接并传送核燃料组件。该系统包括 1 个输送管道和管道内的机械传送装置，2 个分别置于两端水池内的翻转装置。装卸料机在堆芯抓取 1 个乏燃料组件后，将它垂直放入位于换料水池的 1 号翻转装置内。翻转机将乏燃料组件转到水平位置并送入输送管道。机械传送装置将乏燃料组件送至燃料输送水池并放入置于水池内已在水平位置的 2 号翻转装置内。2 号翻转机将乏燃料组件转到垂直位置。装卸料机取出乏燃料组件，将其转运至乏燃料贮存水池，放入相应的贮存架内。位于燃料厂房的新燃料组件同样利用输送系统装入堆芯，操作程序相反。

6.2.3　装卸料操作

1. 拆除堆顶附件

拆除堆顶附件的目的是为堆顶开盖操作创造条件。这些附件包括防飞射物板；控制棒驱动机构通风、电缆、热电偶装置连接附件；压力容器顶盖保温层。

2. 拆除压力容器顶盖螺栓

用螺栓张力器松开螺母，拆下螺母和螺栓，将螺母、螺栓、垫圈放入螺栓篮内。在螺栓孔内装上塞子及 3 根导向杆。同时在压力容器和换料水池底部间放置 1 个密封垫环；拆除燃料运输通道安全壳侧盲板，以备换料池充水。

3. 起吊顶盖

使用安全壳顶部环形吊车，挂上带有测力计的起吊装置，借助 3 根导向杆导向，边观察测力计，边缓慢将顶盖吊起。同时向换料水池注水，使池水位一直低于顶盖法兰的下表面。池水硼浓度应与冷却剂硼浓度相同。顶盖吊离导向杆后，将顶盖放于换料水池外的支承架上。操作过程中对放射性进行监测。

4. 脱开控制棒驱动杆

控制棒驱动机构的传运轴杆，由一个装在装卸料机上的专用工具完成解锁、拆开并运走。

5. 起吊上部堆内构件

操作装有测力计和专用装卸工具的环形吊车，借助 3 根导向杆将专用装卸工具置于压力容器上方，挂上挂钩，边观察测力计边缓慢吊起上部堆内构件。将上部堆内构件放置在反应堆换料水池内的支承台上。

6. 燃料组件装卸

操作装卸料机，进行堆芯核燃料组件的装卸。燃料组件在反应堆换料水池与燃料输送水池间的传送，由输送系统完成。

在燃料组件装卸中，可出现 3 种情况，即新堆首次第一炉装料、首次运行循环后的第一次换料及以后的换料 3 种。

（1）首次装料

将放在核燃料厂房内的新燃料组件直接按 3 区富集度要求装入堆芯，且在装料时已在燃料组件上部按首炉装料要求配备好各种功能性组件。

（2）首次换料

将新燃料组件集中存放于乏燃料水池的某个区域。将堆芯燃料组件全部卸出，输送到核燃料厂房，放在乏燃料贮存水池贮存架内。然后以同样的方法将下部堆内构件吊运出，放在换料水池的支承台上，以便进行压水堆首次在役检查。

在役检查结束，将下部堆内构件吊运回来就位后，将新燃料组件装入堆芯Ⅲ区栅格位置内。将原Ⅱ区和Ⅲ区的燃料组件分别重新装入堆芯Ⅰ区和Ⅱ区栅格位置内（燃料组件顶部功能组件已在乏燃料贮存水池内调整好）。此操作要特别注意临界安全问题。

（3）以后的换料

将新燃料组件集中存放于乏燃料水池的某个区域。将堆芯Ⅰ区燃料组件卸至乏燃料水池，将Ⅱ区燃料组件倒入Ⅰ区栅格位置，将Ⅲ区燃料组件倒入Ⅱ区栅格位置，将新燃料组件装入Ⅲ区栅格位置。随时调整燃料组件上部的功能组件，且要特别关注反应堆的临界安全。

应该指出，上述装卸料操作和功能组件的倒换仅是简单描述。实际操作需要制订出详细计划和程序。换料中燃料组件区间倒换需根据实际情况经堆芯换料计算决定。

6.2.4　卸出压力容器钢辐照样品

为了在核电厂整个寿期内跟踪监督压力容器钢材的性能变化，压水堆在首次装料时将与压力容器相同材料的辐照样品装入下部堆内构件热屏外侧的辐照样品管内，以随堆辐照考验。以后每次换料将分批卸出该辐照样品送往实验室进行分析。卸出辐照样品，利用安全壳内环形吊车和专用工具实现。

6.2.5　装卸料后恢复

装卸料结束后，反应堆上部堆内构件、控制棒驱动杆、压力容器顶盖以及顶部诸多附件都必须重新连接、装配好，以便进行下一个循环的运行。这些工作应按装卸料前所有操作的相反方向重新进行。压力容器顶盖就位前应更换密封环、压紧弹簧等零部件。压力容器顶盖就位时应将反应堆换料水池的水逐渐全部排出，以避免含硼水长期与压力容器铁素体钢外表面接触。

6.3 反应堆换料水池和乏燃料水池的冷却和处理系统

6.3.1 系统的功能

1. 对安全壳内反应堆换料水池（包括换料腔隔室和堆内构件贮存隔室）、乏燃料厂房内乏燃料贮存水池、燃料输送水池、乏燃料装罐水池进行充、排水，冷却和净化。

2. 使存放在水池内的核燃料保持在次临界状态。

3. 充满水的水池对操作人员起生物屏蔽作用。

4. 为安全壳喷淋系统及安全注入系统贮存必要的含硼水。

5. 作反应堆余热排出系统的应急备用。

6.3.2 系统结构及流程

6.3.2.1 系统结构

冷却和处理系统（图 6-3-1）涉及 5 个水池，它们是反应堆换料水池（包括堆压力容器顶部的换料腔隔室和堆内构件贮存隔室）、燃料输送水池、乏燃料贮存水池、乏燃料装罐水池及乏燃料屏蔽运输容器罐冲洗水池。整个系统由 2 个水箱、5 台水泵、2 台热交换器、1 台除盐器（净化柱）、5 台过滤器（其中 2 台电厂两个机组共用）、2 个撇沫器以及相应管道、阀门构成。

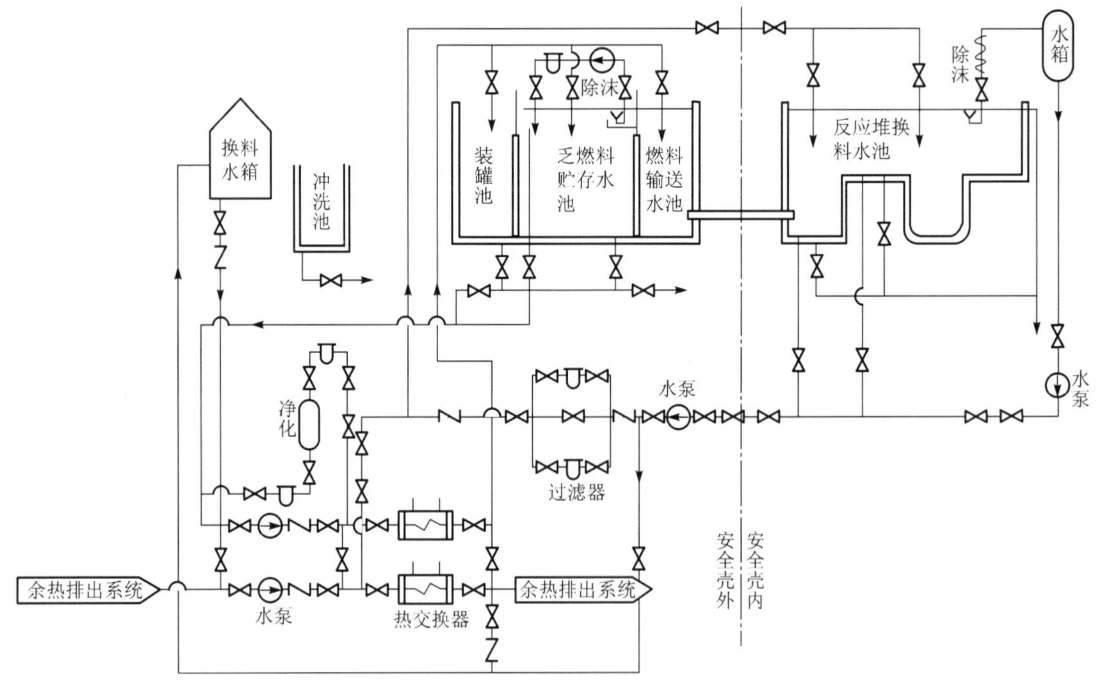

图 6-3-1 反应堆换料水池和乏燃料水池的冷却处理系统

6.3.2.2　乏燃料贮存水池、燃料输送水池和乏燃料装罐水池的冷却，充、排水和净化

1. 冷却

乏燃料贮存水池、燃料输送水池及乏燃料装罐水池的冷却(主要针对乏燃料贮存水池发热)，由并联的2台水泵和2台冷却能力100 %的热交换器构成2套非对称布置的管线实现。每套都能独立保证系统的冷却或作余热排出系统的应急备用。热交换器二次侧由设备冷却水系统供水。回路水泵入口、热交换器出口均与乏燃料贮存水池、燃料输送水池和乏燃料装罐水池相连接。同时与换料水箱、余热排出系统并联。

2. 充、排水

乏燃料贮存水池、燃料输送水池及乏燃料装罐水池充水，利用换料水箱内的含硼水经冷却管线水泵和热交换器充入。乏燃料贮存水池的水，为了屏蔽安全，一般不能被排掉。必要时(如乏燃料外运后的检修)，可使用临时接管用潜水泵进行特殊情况下的排空。其他2个水池，可通过冷却管线水泵向换料水箱排水，也可直接排往排气疏水系统。

3. 净化

(1) 过滤和除盐

过滤和除盐回路是利用跨接在冷却管线水泵进出口两端的旁通管线实现。由前、后过滤器和中间的除盐器组成。前过滤器去除水中的颗粒状杂质(>5 μm)，后过滤器防止破碎树脂进入系统。除盐器去除离子状态的腐蚀杂质和裂变产物。

(2) 水面除沫

水面除沫回路用来去除水池水面的泡沫、浮渣，以提高水的透明度。回路由撇沫器、水泵和过滤器组成独立的管线。为了防止水表面扰动而影响能见度，撇沫器不采用漂浮式可移动撇沫，而采用固定于水池壁水下吸入的撇沫器。过滤器用来去除水中大颗粒状杂质。

6.3.2.3　反应堆换料水池的净化和充、排水

1. 净化

(1) 过滤

核电厂换料时，反应堆换料水池2个隔室内的水需要过滤。池水经过2个隔室底部排水管经阀门进入1台专用水泵。水泵出口经2台并联的过滤器，滤除水中大颗粒杂质后，将池水送回换料水池2个隔室。该回路2台过滤器为核电厂2个机组共用。

(2) 水面除沫

反应堆换料水池水面去除浮渣、泡沫等杂质采用可移动漂浮式撇沫器。池水经撇沫器、水箱进入水泵将水送到换料水池过滤管线水泵的吸入口，增压后通过过滤管线的2台并联的过滤器返回换料水池。水箱用于启动时为水泵自动灌水，并使水泵有足够的吸入压头；排除撇沫器吸入的气体。撇沫水泵运行一段时间，在除沫管线内充满水并到达换料水池过滤管线水泵后，即可停止，可仅靠换料水池过滤管线水泵运行。

2. 充、排水

堆顶换料水池充水，用换料水箱的含硼水。换料水池排水，则将池水送回换料水箱。操作方法和管线走向与乏燃料池充排水相同。换料水池含硼水也可排向排气疏水系统。另外，必要时可借助安注系统泵充水；借助反应堆余热排出系统泵排水。

6.3.2.4 乏燃料屏蔽罐冲洗池充排水

已装入乏燃料组件的屏蔽运输罐，在运出燃料厂房之前，为了确保屏蔽运输罐表面清洁，基本不污染，必须在乏燃料屏蔽罐冲洗水池进行冲洗，合格后方允许运出厂外。冲洗用水来自核岛除盐水系统。冲洗使用过的水则排向排气疏水系统。

6.3.3 系统的设计和运行要求

6.3.3.1 换料水箱

换料水箱每个机组设置 1 个，可贮存约 1 600 m^3 硼浓度大于 2 000 mg/L 的含硼水，用以满足事故时堆芯安注和安全壳喷淋(约 20 min)；换料时向反应堆换料水池内充水。水箱内水温要求保持在 7～40 ℃，以防水温低于 7 ℃水中硼酸结晶析出，温度高容易产生水汽(最高温度限值为 60 ℃)。换料水箱内设电加热器用以升温。降温则借助安全壳喷淋系统热交换器。换料水箱含硼水由核岛硼和水补给系统补充。

6.3.3.2 水池

核燃料厂房内乏燃料贮存水池容积 1 326 m^3，燃料输送水池 235 m^3，乏燃料装罐水池 230 m^3，池水同样要求含硼浓度大于 2 000 mg/L。为确保核燃料临界安全，设计上除了考虑燃料组件贮存架间距和水中硼浓度要求外，在贮存架上设置有中子吸收材料金属镉条。安全壳内换料水池堆顶换料隔室容积 520 m^3，堆内构件贮存隔室 790 m^3。上述水池水位均要求达到 19.5 m，用以操作过程中对工作人员起到有效的生物屏蔽作用。水池之间设有闸门，闸门用压缩空气胀封。换料水池与燃料输送水池之间的运输通道，换料后通过输送水池侧的闸门和安全壳侧的盲板进行隔离。

6.3.3.3 冷却

乏燃料贮存水池一般按每年卸出 1/3 堆芯燃料组件计，其总设计贮存容量为 13/3 堆芯。正常最大贮存量 10/3 堆芯，另外一个堆芯的容量为核安全法规规定，必须空出，以备贮存水池已贮满 10/3 堆芯燃料组件情况下，因堆内各种异常需要将堆芯全部燃料组件卸入贮存水池。正常情况，只要乏燃料贮存水池内贮存有乏燃料组件，乏燃料水池冷却系统应有 1 台泵、1 台热交换器连续运行进行冷却，热量由热交换器二次侧设备冷却水带出，池水温度可以保持在 65 ℃以下。特殊情况 13/3 堆芯燃料组件全部在水池内时，水池需要排出约 7.22 MW 衰变热，冷却系统 2 台泵、2 台换交换器投运，池水温度在 80 ℃以下。此时对乏燃料贮存水池影响最大的是 2 台能动设备冷却用水泵全部故障失效。这样，如 10/3 堆芯贮存量且最大衰变热量状态，池水在约 13 h 内由 50 ℃升至 80 ℃，21.5 h 内升至 100 ℃；13/3 堆芯贮存量时，则在 3 h 内由 65 ℃升至 80 ℃，约在 7.5 h 内升至 100 ℃。为此要求水泵备有足够量的备品备件，并在 7 h 内抢修恢复其功能。

6.3.3.4 充、排水

核电厂换料时，燃料输送水池充满水。换料后，如需将乏燃料组件装罐外运，则可将燃料输送水池中的水，通过系统水泵、热交换器冷却管线倒换至装罐水池。核电厂正常带功率运行，安全壳内换料水池排空。换料前，压力容器开盖时，则需通过系统冷却管线水泵或安注系统水泵，从换料水箱吸水充入换料水池。此时换料水箱排空，不能补充水，以便换料后接收换料水池的含硼水。换料完成后，安全壳内换料水池排水则依靠水池过滤管线水泵或余热排出系统水泵向换料水箱排水。

6.3.3.5 净化、除沫

核燃料厂房内乏燃料贮存水池不但需要连续冷却运行，使池温一般不超过 60 ℃，为了确保池水水质，还要求并联于冷却管线水泵进出口的过滤、除盐净化柱长期旁通运行。换料期间安全壳内换料水池也需通过其过滤管线水泵和过滤器对池水进行净化。另外，燃料厂房和安全壳内水池，需要时还应投入各自的除沫管线，以提高池水透明度。

6.3.3.6 接口和兼容

换料期间安全壳内换料水池的冷却，依靠与冷却剂环路系统相连接的余热排出系统实现，使环路冷却剂、堆芯温度及其上部的换料池水温度保持在 60 ℃以下。如余热排出系统失效时，则乏燃料池冷却管线 2 台水泵、2 台热交换器可作为余热排出系统的应急备用，执行冷却任务，甚至用来带出停堆初期的堆芯余热。

系统管线还和安全注入系统、化容系统、硼回收系统等设置有接口，用来给换料水池充水、净化去除水中裂变产物、脱气除氧。

复习思考题

1. 试述压水堆核电厂堆芯核燃料管理模式。
2. 试述压水堆装卸料操作程序及应注意的事项。
3. 试述反应堆换料水池和乏燃料水池的冷却和处理系统的功能。
4. 简述反应堆换料水池和乏燃料水池的冷却和处理系统的结构、流程及运行。

第七章　放射性废液收集及硼回收系统

7.1　概　述

压水堆核电厂投运发电后，会产生废气、废液和固体废物，而且其中相当部分是带放射性的。为确保环境免遭污染，确保周围居民和核电厂工作人员免遭过量放射性辐射危害，所有放射性物质在排放或回收利用之前，必须对其进行处理并达到法定的允许标准。对不能回收、不能向环境排放的放射性物质，则必须进行收集、处理，使其达到要求后贮存。

核电厂对放射性废物一般进行以下分类处理。

7.1.1　放射性废气

来自于压水堆冷却剂相关的管线、容器排水、排气、扫气、脱气等操作时，会从冷却剂水中释放出放射性裂变气体、被活化的放射性气体，以及许多过量溶解的氢气，因此核电厂也称此类带有较大放射性的气体为含氢废气。此类气体通过排气疏水系统收集后，需要压缩到缓冲衰变箱中长期衰变，待放射性浓度降到排放标准后，经由烟囱过滤器、除碘器，稀释排放到环境。

核电厂有些系统排放出的与冷却剂无直接关系的，暴露在空气中的可能稍有放射性的废气，称为含氧废气。这部分气体经检测允许排放时，也通过烟囱过滤除碘后向环境稀释排放。

7.1.2　放射性废液

放射性废液分为两大类。

1. 可回收复用的废液

这部分废液来自系统含硼冷却剂，因容积控制、反应性控制、加药、系统冲洗、卸压排放、压力容器密封引漏、主泵轴封水泄漏回流等原因排出系统，但未与空气中氧接触。这些带有放射性的废液通过排气疏水系统收集后被送往硼回收系统，经处理、分离成不含硼除盐除氧蒸馏水和硼浓度约 7 000 mg/L 的高浓硼酸溶液。这两部分产品被输送到硼和水补给系统，以备复用。硼回收系统处理过程中产生的少量不合格的放射性废液和浓缩物，分别被送往废液处理系统和废物处理系统水泥固化车间。

2. 不可复用废液

这部分废液包括已暴露在空气中与氧接触的带放射性的各类工艺系统排水；从地面上收集到可能带有放射性的废水；来自辅助系统去污液、实验室等处受化学污染或带酸、碱的废液；来自淋浴、洗衣房等处可能带有很弱放射性的废液。这些废液从经济成本考虑，不再回收复用，而需要处理排放。化学废液需要分解、消除毒性、中和酸碱度。对于经检测合格，放射性核素浓度低于允许排放值的废液送往废液排放系统。放射性检测超标的废液则需经废液处理系统过滤、净化或蒸馏分离，合格后才能输往废液排放系统。处理系统产生的废过滤器芯、饱和的废树脂及蒸馏浓缩液等强放射性物质，则送往固体废物处理系统进行水泥固化。废液排放系统设置有多个大容量（约 500 m^3）贮存衰变罐，输送来的废液首先贮存在罐内，然后定期检测向环境稀释排放。

7.1.3　固体放射性废物

核电厂产生的固体放射性废物主要来自于核岛各工艺系统产生的放射性较强的废过滤器芯、饱和的废树脂和浓缩液，它们最终被水泥固化后封装贮存或外运。另一类废物为核电厂检修、事故中产生的带放射性的更换下的仪器、设备、零部件；废放射性工夹具；工作人员废弃的防护用品、杂物等，这些废物将被分类压缩减容后封装贮存或外运。核电厂不对乏燃料进行处理，只在贮存一定时间后外运。

本章将只对排气疏水系统可复用废水收集部分和硼回收系统作简单介绍。

7.2　核岛排气疏水系统

压水堆核电厂核岛排气疏水系统主要用来收集核电厂核岛产生的废液和废气，然后送往相应的处理系统进行处理。废液收集系统分可复用废液收集和不可复用废液收集两部分。不可复用废液又对工艺系统排放废液、地面收集的废液、化学类废液以及洗衣房洗涤液、淋浴水等进行分类收集、输送。同理，对待核岛系统产生的废气，排气疏水系统也对带有裂变气体等较强放射性的气体和基本不带放射性或可能带有较弱放射性的气体进行分类收集和输送。

7.2.1　可复用废液的收集和输送系统

系统（图 7-2-1）由安全壳内冷却剂排水箱、2 台输送水泵和管道、阀门组成。冷却剂排水箱容积 5 m^3。为防止空气中进入氧溶入冷却剂，箱内充氮气。当箱内压力低于0.12 MPa时，减压阀自动开启补氮气以恢复压力。箱内压力高于 0.16 MPa 卸压阀自动开启卸压至 0.14 MPa 后关闭。卸压阀回座失效，压力降至 0.11 MPa 隔离阀自动隔离。冷却剂排水箱上部气体排放至废气处理系统。排水箱水位高时，输送水泵启动，向硼回收系统输送含硼冷却剂水。排水箱低水位时输送水泵自动停止。输水管线贯穿出安全壳后与化容系统下泄三通阀直接排放管线汇合，一起通往硼回收系统。

7.2.2　可复用废水来源

1. 排向安全壳内冷却剂排水箱的水源，主要来自于化容系统过剩下泄、压力容器 2 个密封环间的冷却剂引漏、冷却剂泵轴密封泄漏回流、卸压箱的间断性排水、蒸汽发生器 U 形管冲洗排水以及冷却剂系统和相关系统的冷却剂泄漏排水。这部分水温度低于 60 ℃。而温度高于 60 ℃的稳压器、余热排出系统安全阀的卸压排放，则先排入卸压箱冷却降温后再排入冷却剂排水箱。

2. 对于核电厂停堆冷却、启动升温过程中的排水，改变冷却剂硼浓度的排水，电厂负荷

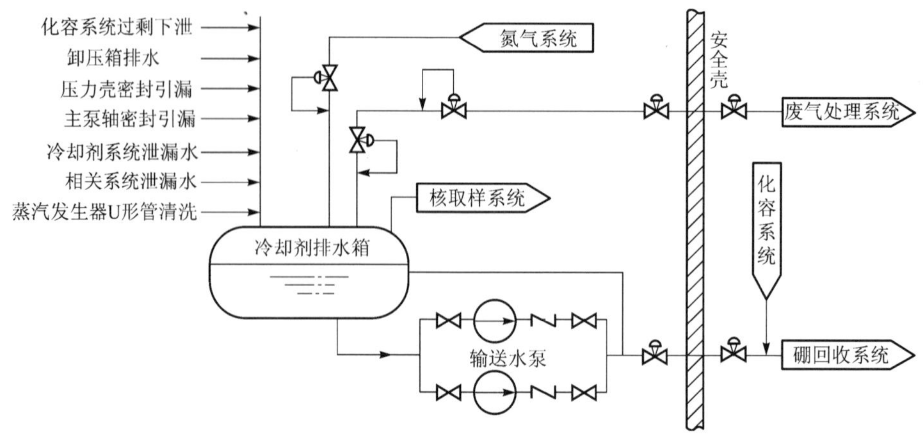

图 7-2-1 可复用废液收集和输送

变化引起冷却剂温度变化的排水，由于排水量大，故一般通过化容系统下泄管线三通阀直接向硼回收系统排放。

典型 900 MW 电功率压水堆核电厂，基本负荷稳态运行时，2 台机组每个运行循环排出可复用废水约7 500 m^3。在跟踪负荷状态运行时，则排出的废水可高达约 33 000 m^3。

7.3 硼回收系统

7.3.1 硼回收系统的功能和要求

硼回收系统用来收集贮存来自核岛排气疏水系统可回收复用的放射性废水，并对这些放射性废水进行除盐除气处理，为核电厂分离出再生的合格的一回路补给水和高浓度的硼酸溶液，供冷却剂系统复用，以减少放射性废水的处理费用和排放量。

硼回收系统的处理容量与冷却剂系统正常升降温度程度和次数，与电厂升降负荷程度和次数，以及与补偿核燃料消耗的硼稀释排水、冷却剂系统泄漏、维修排水等有关。一个大型压水堆核电厂预计每年待处理这类废水近万吨，所接收处理废水的硼含量在 10～1 100 mg/L。硼回收系统属于间歇运行系统，时间负荷因子约为 30%。硼回收系统的处理废水能力约在 4～6 t/h，年回收硼约 70 t。硼回收系统提供的再生冷却剂纯水含硼量要求低于5 mg/L，氧含量低于 0.1 mg/L；再生硼酸溶液的含硼量要求达到 7 000 mg/L。系统去除放射性产物的效率为 99.9%。

7.3.2 硼回收系统的组成

硼回收系统由前置贮存、净化、除气、中间贮存、蒸发分离、蒸馏液监测、浓缩液监测和除硼等环节组成。图 7-3-1 为硼回收系统流程原理。压水堆核电厂硼回收系统一般 2 个机组设 2 个各自独立又可相互兼容的系列。

7.3.2.1 前置贮存

前置贮存位于硼回收系统的最前端，用来接收暂存来自排气疏水系统可复用的含硼废

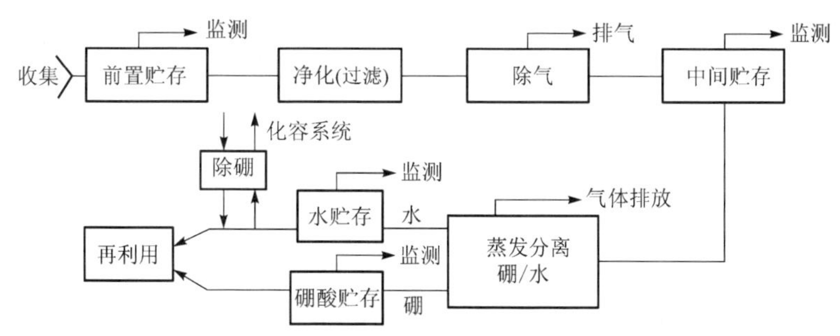

图 7-3-1 硼回收系统流程原理

水，并向净化段输送废水。对应于电厂 2 台机组，前置贮存段设 2 套并列的管线。每个管线由 1 个前置暂存箱、1 台供料泵和相应的仪表、阀门、管道组成。

前置暂存箱容积 80 m^3。利用暂存箱可以去除废水中部分寿命较短的放射性产物(即半衰期较短的放射性核素)。前置暂存箱内液体保持在氮气覆盖下，氮气压力在 0.12～0.32 MPa，以防止空气进入。前置暂存箱配备有 1 个辅助蒸汽加热的系统，以维持硼酸溶液温度在 50 ℃左右。核取样系统用来对暂存箱中废液进行分析监测。每台前置暂存箱配备 1 台供料泵，用来将暂存箱中废液送往净化段。供料泵还兼作循环泵，用以尽量减少沉淀物在箱底部沉积。必要时 2 台泵可相互替代使用。

前置暂存箱设水位、压力监控信号，压力、水位低时自动停运供料泵；向水箱补氮气；停运系统脱气装置。暂存箱压力高时，根据不同值，可分别手动卸压、自动卸压或安全阀动作，向废气处理系统排放废气。暂存箱装满水，则闭锁所有排气阀，通过溢流阀排向房间地坑，并最终送往废液处理系统。暂存箱在中间水位的设定范围内触发供料泵和后续环节脱气装置启动进行除气。

7.3.2.2 净化

对应于核电厂 2 台机组，净化段同样设有 2 套并列的管线。每条管线由前后过滤器、2 个离子交换器，以及相应的仪表、管道阀门组成。来自前置暂存箱的一回路废水经净化段除盐、过滤后，将被送往脱气装置。

1. 过滤器

过滤器为细网眼机械过滤器。前过滤器用于去除废液中悬浮物和直径大于 5 μm 的不溶性颗粒杂质。过滤器的滤芯可由远距离操作进行更换。过滤器过滤效率达到 98%。后过滤器用来滞留离子交换器出口净化水中可能夹带的树脂或碎树脂(直径大于 25 μm)，防止其进入下一环节脱气器。

2. 除盐装置

除盐装置是用来使排出液中呈离子状态的放射性产物和腐蚀产物能与树脂中离子进行交换，从而达到降低水中放射性水平和提高水质的目的。由于排出液中含有的阳离子杂质多于阴离子杂质(不包括硼)，所以排出液首先通过阳离子交换树脂床，然后再通过装有阳离子和阴离子交换树脂的混合床。阳床有较强去除阳离子杂质的能力，并对铯具有高选择性能和较好的拦截作用。混合床按一定配比装入阳离子交换树脂和阴离子交换树脂，具有全面除盐和调节 pH 酸碱度的功能。为防止树脂分解，除盐床最高温度被限制在 60 ℃。每个离子交换器的去污因子为 10～100。

7.3.2.3 除气

硼回收系统除气环节同样按 2 个机组 2 个系列设置。每个系列包括 1 台脱气塔、1 台再生热交换器、1 台冷却器、1 台排气冷凝器、1 台水泵，以及相应的仪表、阀门管道组成。系统除气环节设备通称为脱气装置，它用来去除溶解在排出液中的氢气、裂变气体和其他气体，脱气塔的除气因子达到 10^6。脱气装置采用热力除气法（图 7-3-2）。经过滤除盐后的一回路废水首先进入再生热交换器管侧，料液被加热到 70～95 ℃后进入脱气塔。料液从塔顶以雾状喷入脱气塔内，使大部分气体从水中释出。脱气塔下部由辅助蒸汽系统蒸汽加热，使料液处于饱和状态，促使水中剩余气体继续释出。蒸汽流量由塔顶压力控制。脱气塔温度

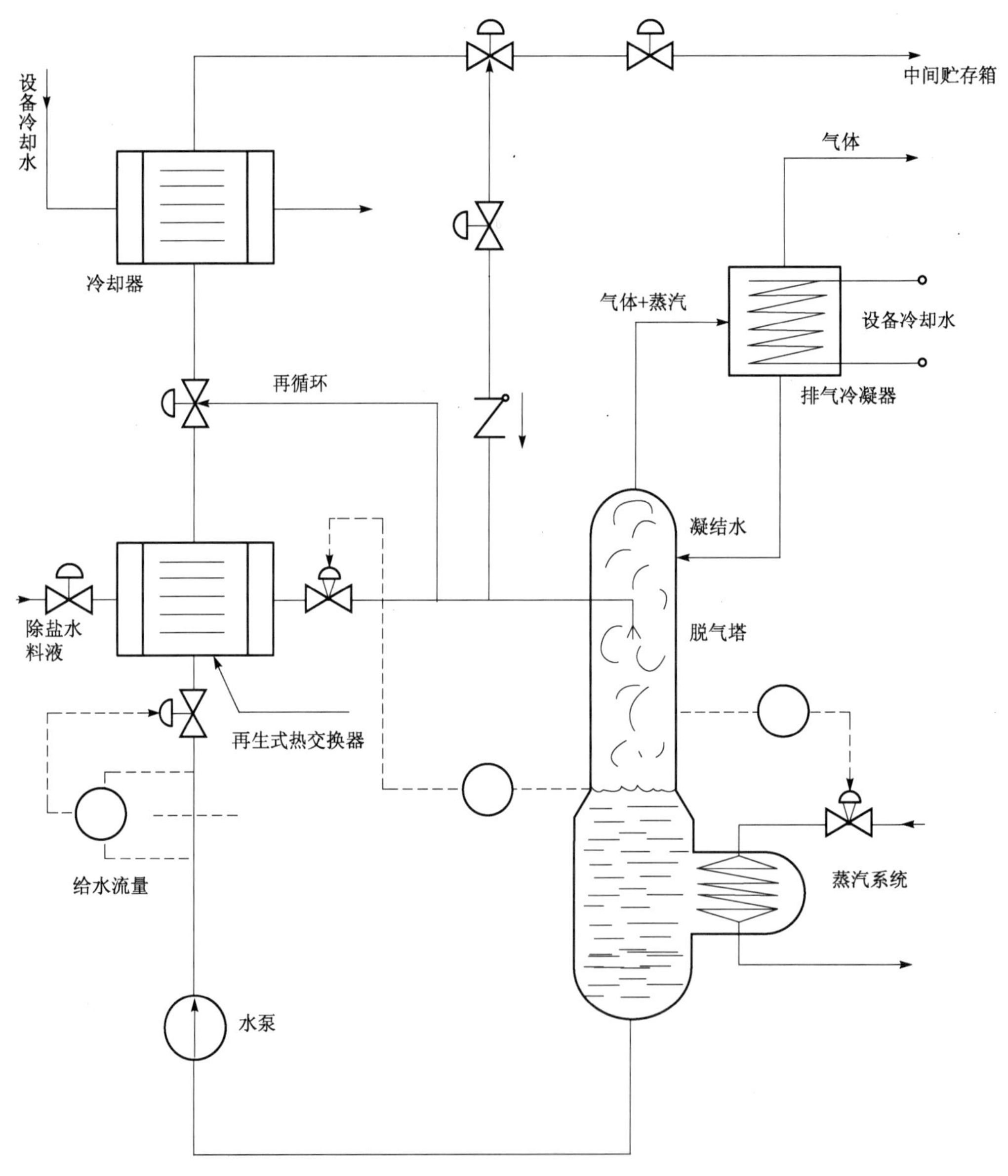

图 7-3-2 硼回收系统脱气装置

为 113 ℃，塔顶蒸汽压力为 0.15 MPa。塔顶不凝结气体和蒸汽从顶部排入排气冷凝器中。冷凝器由设备冷却水冷却。凝结水靠重力流回脱气塔，不凝结气体则排往废气处理系统。脱气后的料液由水泵输送到再生热交换器壳侧，温度降至 50～75 ℃。然后再经过冷却器壳侧降温至 50 ℃以下，送往中间贮存箱。冷却器由设冷水冷却。经过滤除盐的一回路废液进入脱气塔的流量由脱气塔水位控制。在脱气塔投运加热阶段或除气因子不满足要求时，脱气装置可使料液进行再循环。

除气是硼回收系统重要环节，在冷却剂放射性组分中，裂变气体占 90%以上，因此为了使再生可复用的一回路补给水放射性水平显著降低，脱气塔除气率应尽量高。

7.3.2.4　中间贮存

来自净化、除气的一回路排水被送入中间贮存环节，作为硼回收系统净化、除气与蒸发分离之间的缓冲。电厂 2 台机组共设 3 个 350 m^3 的中间贮存箱，相当于每个机组各 1 个贮存箱，第 3 个贮存箱共用。这样为一回路冷却剂提供了足够的贮存容量。贮存箱顶部与废气处理系统连接，进行连续抽气保持负压，防止有害气体在贮存箱上部积聚。每个贮存箱均设有电加热装置，用以维持硼酸溶液的温度。3 个中间贮存箱配备 1 台共用水泵，用来对贮存箱中的水进行循环搅拌，使水中成分混合均匀，以便取样监测。必要时利用该水泵可将 1 个中间贮存箱内液体转送到另 1 个中间贮存箱。中间贮存箱中的水由 2 台并列的供料水泵定期输送至蒸发分离环节进行蒸发分离。当蒸发分离装置不能使用或中间贮存箱内水的含氧量过高时，利用共用水泵可将中间贮存箱内液体送往废液处理系统，放弃回收复用。

7.3.2.5　蒸发分离

来自中间贮存箱的一回路水分别由供料水泵送入 2 个系列的蒸发分离装置。蒸发分离装置由蒸发器、再生热交换器、冷却器、加热器、冷凝器、供料水泵、再循环水泵和蒸馏液水泵及仪表、管道、阀门等设备组成(图 7-3-3)。

蒸发装置用来将可复用的一回路排水分离成硼含量低于 5 mg/L，氧含量低于 0.1 mg/L 的蒸馏凝结水和硼含量为 7 000 mg/L 的浓硼酸溶液，并分别送往蒸馏液监测箱和浓缩液监测箱。

来自中间贮存箱的料液首先由供料水泵通过再生热交换器管侧升温后送到蒸发器与再循环泵入口之间的再循环管线，由再循环泵进行再循环。再循环管线中的加热器是管壳式热交换器。料液被壳侧的蒸汽加热后进入蒸发器中汽化。蒸汽流在蒸发柱中上升经过上部金属筛网与回流液接触，对蒸汽进行洗涤，使蒸汽达到低硼浓度。蒸发柱顶部压力约 0.11 MPa(相应饱和温度 102.3 ℃)。蒸汽进入冷凝器之前经蒸发器上部的旋风式汽水分离器除去蒸汽中夹带的液滴。分离出的液体定期回流至蒸发柱中。

冷凝器由管侧设冷水进行冷却，蒸汽在 0.096 MPa 负压下冷凝(相当于蒸馏液温度 98.5 ℃)，蒸馏液沿管壁向下流动至冷凝器底部，由蒸馏液输送泵以 4.0 m^3/h 流量经过再生热交换器和冷却器冷却到低于 50 ℃后送往蒸馏液监测箱。冷却器由管侧设冷水进行冷却。冷凝器内不凝结气体从顶部排往废气处理系统，使冷凝器的除氧因子达到 10^2。蒸发器供料液流量由蒸发器水位信号控制，蒸发器的蒸发率由加热器的蒸汽流量控制。当蒸发器中浓缩液的硼浓度达到 7 000 mg/L 时，由再循环泵将浓缩液经冷却器冷却后送往浓缩液监测箱。每次输送 250 L，间断进行。冷却器由管侧设冷水冷却。

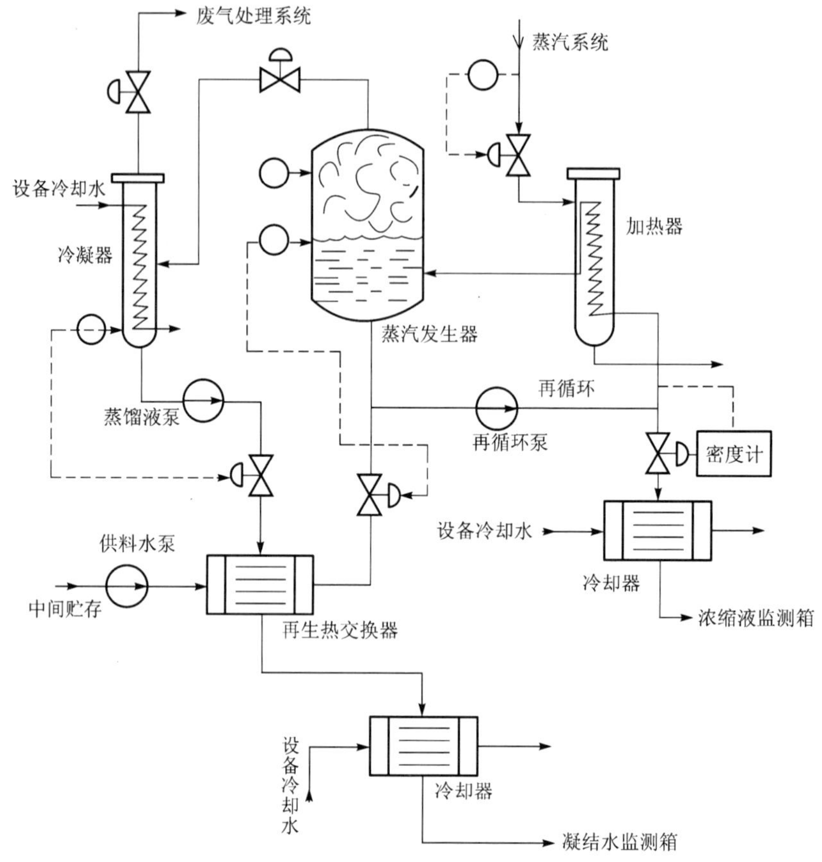

图 7-3-3 硼回收系统蒸发分离装置

7.3.2.6 蒸馏液监测

2 个容积为 70 m^3 的蒸馏液监测箱接收来自蒸发器的蒸馏液，用来暂存蒸馏液并对其进行取样监测。每个监测箱顶部设置由核岛除盐水润滑密封，上下可移动的弹性薄膜顶盖。箱内不充覆盖气体，以避免蒸发器冷凝下来的蒸馏液再次吸气。每个监测箱配备 1 台水泵，用来在取样前将监测箱内的液体循环搅拌均匀混合，使其获得正确的取样分析结果；用来将液体从一个监测箱转送到另一个监测箱；用来将液体直接送到硼和水补给系统除盐水贮存箱。当硼浓度高于 5 mg/L 时通过除盐器(阴床)除硼并由过滤器过滤后再送往硼和水补给系统。蒸馏液如需要再处理时可返回中间贮存箱。如监测结果不合格，又无再处理价值时，也可决定利用水泵将蒸馏液直接排向废水处理系统。

7.3.2.7 浓缩液监测

1 个 10 m^3 的浓缩液监测箱接收来自蒸发器底部的浓缩液，用来暂存浓缩液并对其进行取样监测。监测箱具有与蒸馏液监测箱相同的浮动密封顶盖，以防止空气混入监测箱内。1 台硼酸输送泵用来搅拌均匀混合箱内浓缩液，以利于取样分析出正确的结果；用来将含硼量为 7 000 mg/L，含氧量小于 0.1 mg/L 的浓缩液送往硼和水补给系统的浓硼酸贮存箱。当浓缩液含硼量小于 7 000 mg/L，氧含量大于 0.1 mg/L 或放射性水平过高时，可将浓缩液送往中间贮存箱进行再次蒸发分离或直接送往废液处理系统。浓缩液监测箱设有与蒸馏液监测箱相连接的管线、2 个隔离阀和水表,必要时用来适当调低浓硼酸溶液的浓度。在再循环搅拌管线上还设有 1 台硼酸溶液过滤器用来过滤循环搅拌出的杂质。

7.3.2.8　除硼

在两个蒸馏液监测箱的 2 台水泵的出口还设有 3 台并联的除硼阴床除盐器和 1 个过滤器。其中 1 个除盐器及其随后的过滤器,必要时专门用来在蒸馏液向硼和水补给系统输送时,再次除去所含的少量硼。另外 2 个除盐器则用于承担来自化容系统低浓硼水的除硼。必要时 3 套除硼装置可互换使用。每台除硼床可以将 200 m^3 反应堆冷却剂的硼浓度从 10～150 mg/L降到 5 mg/L 以下。

7.3.3　硼回收系统的运行

7.3.3.1　再利用和排放

硼回收系统料液来自核岛排气疏水系统收集的可复用的一回路排水。这部分放射性废液经硼回收系统处理后,可获得用于一回路的水和浓硼酸溶液。这两种产品被分别输送到硼和水补给系统的补给水和浓硼酸贮存箱,最终将通过化容系统上充到冷却剂环路。

在正常运行状态下,系统不向外排放废水。在特殊情况下,为限制冷却剂系统含硼水的放射性水平不超标,特别是需要降低水中氚这一极难处理的核素时,可以通过废液处理系统处理后向外排放部分蒸馏液监测箱或中间贮存箱中的水。

7.3.3.2　常规运行

硼回收系统处理一回路排水采用前后两个流程独立运行的方式。这两个流程是净化除气中间贮存流程和具有监测和除硼功能的蒸发分离流程。

1. 净化除气中间贮存流程

前置暂存箱水位达到一定高度时,使流程自动投入,并报警,提醒运行人员确认流程已启动。水位降至设定值时流程自动停止,并报警,提醒运行人员确认流程已停止。

当净化除气的排水送往中间贮存箱,中间贮存箱达到高水位时,打开第 2 个贮存箱进口阀,隔离达到高水位的贮存箱。被隔离的充满料液的中间贮存箱投入再循环运行,以达到料液均匀化并提供监测。根据取样分析结果,中间贮存箱内料液将被送往后面的蒸发分离流程,或排往废水处理系统。

2. 蒸发分离流程

蒸发器由手动控制投运。流程在进行整体调节后,通过进料液流量和压力监测,使流程稳定运行。蒸馏冷凝水被送往蒸馏液监测箱,当监测箱充满水后被隔离,第 2 个监测箱投入使用。浓缩液自动从蒸发器底部抽出进行硼浓度测量,检测合格后送往浓缩液监测箱中。

7.3.3.3　脱气装置的运行

脱气装置采用:由脱气料液出口流量调节阀使流量稳定在设定范围运行;由脱气塔进料调节阀使脱气塔水位维持在设定范围运行;由脱气塔蒸汽流量调节阀使脱气塔压力稳定在设定范围运行。经脱气的料液冷却后被送往正在使用的中间贮存箱。

7.3.3.4　蒸发器的运行

蒸发器从某一中间贮存箱进料,由 1 个带有泵和加热器的再循环管路加热,热源来自蒸汽系统。与脱气装置运行控制相类似，根据蒸发器压力信号，控制蒸汽流量调节阀，调整对料液的加热使蒸发器保持稳定压力；用蒸发器水位信号控制进料调节阀，使蒸发器水位保持在设定范围运行；用冷凝器水位信号控制蒸馏液出口流量，使冷凝水位保持在设定范围内运行；用再循环泵出口料液硼浓度测量仪控制浓硼酸溶液输送阀，硼浓度达到 7 000 mg/L 指标后，定期输送至浓硼酸监测箱。

复习思考题

1. 压水堆核电厂放射性废物一般怎样进行分类处理？
2. 排气疏水系统的功能是什么？
3. 描述可复用废水来源。
4. 描述可复用废水的收集和输送系统。
5. 硼回收系统有哪些功能？对系统提出什么要求？
6. 简述硼回收系统及其主要设备。
7. 简述硼回收系统脱气装置的工作原理。
8. 简述硼回收系统蒸发分离的工作原理。
9. 简述硼回收系统控制和运行要点。

参考文献

[1] 朱继洲编. 大亚湾核电站系统及运行(320 教材). 大亚湾核电站培训中心,1998.

[2] 濮继龙主编. 高级运行(353 教材). 大亚湾核电站培训中心,1998.

[3] 陈铁镛,唐炳生,韩维奋编. 压水堆核电站基础培训. 大亚湾核电站培训中心,1994.

[4] 苏州热工所译自《FORMATION PREPARATOIRE SIMULATEUR PWR 900》. 90 万千瓦压水堆系统及运行课程. 广东核电合营有限公司生产部,1987.

[5] 核能与热能发电站技术手册. 广东核电合营有限公司生产部,1989.

[6] 邬国伟编. 核反应堆设计原理. 上海交大动力机械系,1987.

[7] 姜正发编. 核反应堆结构与教材. 上海交大动力机械系,1988.

[8] 薛汉俊编. 核电站系统设备. 上海交大动力机械系,1985.

[9] 薛汉俊编. 核能动力装置. 上海交大动力机械系,1989.

[10] 朱继洲,俞保安编. 压水堆核电站运行. 北京:原子能出版社,1982.

[11] 陈济东主编. 大亚湾核电站系统及运行. 北京:原子能出版社,1994.

[12] Erik S. Pedersen Nuclear Power Volume 1、2《Nuclear Power Plant Design》《Nuclear Power Project Management》. Ann Arbor Science Publishers, 1978.

[13] 夏延龄编. 大亚湾核电站核岛系统与设备(培训教材). 大亚湾核电站培训中心,核工业研究生部,2000.

[14] 连培生编著. 原子能工业. 北京:原子能出版社,2002.

[15] 孔昭育等译. 龚云峰等校. 核电厂培训教程. 北京:原子能出版社,1992.

[16] 林诚格主编. 非能动安全先进核电厂 AP1000. 北京:原子能出版社,2008.

[17] 秋穗正等编. 反应堆结构与动力设备. 西安交大核电站系列教材 811,1998.

中文索引

（本索引按汉语拼音排序，每个词条后面的数字是它在本书中首次出现的页码）